“十四五”时期国家重点出版物出版专项规划项目

新一代人工智能理论、技术及应用丛书

众智仿真理论与实践

范文慧　孙宏波　编著

科学出版社

北　京

内 容 简 介

众智建模与仿真方法主要用于研究众智科学的基本原理和规律。其主要内容包括众决策、众协作、众进化等仿真，用于研究众决策、众协作、众进化等群体智能问题。本书共7章。第1章为众智仿真理论。第2章为众智仿真方法。第3章为众智仿真平台。第4章为众智仿真方法在生产系统分析中的应用。第5章为众智仿真方法在装备保障体系分析中的应用。第6章为基于Agent的众智仿真案例。第7章为基于HLA的众智仿真案例。

本书可供人工智能、自动化、机械工程、经济管理、系统工程、工业工程等专业研究生学习，也可作为相关科技工作者和工程技术人员的参考书。

图书在版编目（CIP）数据

众智仿真理论与实践／范文慧，孙宏波编著．—北京：科学出版社，2023.12

(新一代人工智能理论、技术及应用丛书)

ISBN 978-7-03-068727-2

Ⅰ．①众… Ⅱ．①范…②孙… Ⅲ．①人工智能-应用-计算机仿真-理论 Ⅳ．①TP391.91

中国版本图书馆CIP数据核字（2021）第081529号

责任编辑：孙伯元／责任校对：崔向琳
责任印制：师艳茹／封面设计：陈 敬

科学出版社 出版
北京东黄城根北街16号
邮政编码：100717
http://www.sciencep.com

北京中科印刷有限公司 印刷

科学出版社发行 各地新华书店经销

*

2023年12月第 一 版 开本：720×1000 B5
2023年12月第一次印刷 印张：15 1/2
字数：313 000

定价：138.00元

（如有印装质量问题，我社负责调换）

“新一代人工智能理论、技术及应用丛书”序

科学技术发展的历史就是一部不断模拟和扩展人类能力的历史。按照人类能力复杂的程度和科技发展成熟的程度，科学技术最早聚焦于模拟和扩展人类的体质能力，这就是从古代就已经启动的材料科学技术。在此基础上，模拟和扩展人类的体力能力是近代才蓬勃兴起的能量科学技术。有了上述的成就作基础，科学技术进展到模拟和扩展人类的智力能力,这便是20世纪中叶迅速崛起的现代信息科学技术，包括它的高端产物——智能科学技术。

人工智能，是以自然智能(特别是人类智能)为原型、以扩展人类的智能为目的、以相关的现代科学技术为手段而发展起来的一门科学技术。这是有史以来科学技术最高级、最复杂、最精彩、最有意义的篇章。人工智能对于人类的进步和人类社会的发展的重要性，已是不言而喻。

有鉴于此，世界各主要国家都高度重视人工智能的发展，纷纷把发展人工智能作为战略国策。越来越多的国家也在陆续跟进。可以预料，人工智能的发展和应用必将成为推动世界发展和改变世界面貌的世纪大潮。

我国的人工智能研究与应用，已经获得可喜的发展与长足的进步：涌现了一批具有世界水平的理论研究成果，造就了一批朝气蓬勃的龙头企业，培育了大批富有创新意识和创新能力的人才，实现了越来越多的实际应用，为公众提供了越来越好、越来越多的人工智能惠益。我国的人工智能事业正在开足马力，向世界强国的目标努力奋进。

“新一代人工智能理论、技术及应用丛书”是科学出版社在长期跟踪我国科技发展前沿，广泛征求专家意见的基础上，经过长期考察、反复论证后组织出版的。人工智能是众多学科交叉互促的结晶，因此丛书将高度重视与人工智能紧密交叉的相关学科的优秀研究成果，包括脑神经科学、认知科学、信息科学、逻辑科学、数学、人文科学、人类学、社会学和相关哲学等学科的研究成果。特别鼓励创造性的研究成果，着重出版我国的人工智能创新著作，同时介绍一些优秀的国外人工智能成果。

尤其值得注意的是，我们所处的时代是工业时代向信息时代转变的时代，也是传统科学向信息科学转变的时代，是传统科学的科学观和方法论向信息科学的科学观和方法论转变的时代。因此，丛书将以极大的热情期待与欢迎具有跨越时代的开创性科学研究成果。

“新一代人工智能理论、技术及应用丛书”是一个开放的出版平台，将长期为我国人工智能的发展提供交流和出版服务。我们相信，正在朝着“两个百年”目标奋力前进的这个英雄时代，必将是一个人才辈出百业繁荣的时代。

希望这套丛书的出版，能为我国一代又一代科技工作者不断为人工智能的发展做出引领性的积极贡献带来一些启迪和帮助。

李衍达

前　言

众智现象广泛存在于人类社会，既有“三个臭皮匠顶个诸葛亮”的经典案例，又有“三个和尚没水喝”的经验教训。随着人类进入网络时代，众智现象更加广泛而复杂。物理空间的自然人、企业、政府、智能装备和物品越来越智能。众多智能主体之间的联结深度、广度和方式不断拓展，形成大量众智网络系统(如电子商务平台、网络化生产制造供应链、维基百科、网络大选等)，即物理空间的智能主体及其意识空间的思想，统一映射到信息空间的智能体。智能体通过互连构成众智网络。众智网络呈现物理空间、意识空间与信息空间三元深度融合特征。

众智科学建模与仿真方法主要用于研究众智科学的基本原理和规律。其主要内容包括基于众智机模型，面向众决策、众协作、众进化等典型问题类型，给出用于研究的众决策、众协作、众进化问题模型的步骤和工具；基于众决策、众协作、众进化问题模型，给出用于仿真分析的步骤和工具；基于众决策、众协作、众进化问题模型与仿真方法，给出用于分析研究众决策、众协作、众进化等问题的仿真事件或仿真场景的设计原则与方法。

仿真科学与技术是以建模与仿真理论为基础，建立并利用模型，以计算机系统、物理效应设备及仿真器为工具，对研究对象进行分析、设计、运行和评估的一门综合性、交叉性学科。仿真科学与技术已经成为与理论研究、实验研究并行的人类认识世界的重要方法，在关系国家实力和安全的关键领域，如航空航天、信息、生物、材料、能源、先进制造、农业、教育、军事、交通、医学等领域，发挥着不可或缺的作用。

经过近一个世纪的发展，仿真科学与技术已形成独立的知识体系，包括由仿真建模理论、仿真系统理论和仿真应用理论构成的理论体系；由自然科学的公共基础知识，各应用领域内的基础专业知识和仿真科学与技术的基础专业知识综合构成的知识基础；由基于相似理论的仿真建模，基于整体论的网络化、智能化、协同化、普适化的仿真系统构建，与全系统、全寿命周期、全方位的仿真应用思想综合而成的方法论。

全书共 7 章。第 1 章是众智仿真理论。第 2 章是众智仿真方法。第 3 章是众智仿真平台。其余四章为众智仿真技术的应用实践 (第 4～7 章)。第 4 章为众智仿真方法在生产系统分析中的应用。第 5 章为众智仿真方法在装备保障体系分析中的应用。第 6 章为基于 Agent 的众智仿真实例。第 7 章为基于 HLA 的众智仿真实例。

限于作者水平，书中难免存在不妥之处，恳请读者批评指正。

作　者

目　　录

第 1 章　众智仿真理论

众智网络系统是现代服务业及未来经济和社会的主要形态，以众智网络为研究对象，研究其运行机理和基本规律，可以为构建高效科学的未来网络化众智经济社会形态提供理论基础。围绕众智网络的研究问题，本章提出众智单元仿真成员通用模型，从众进化仿真理论、众决策仿真理论、众协作仿真理论、众演化仿真理论、多源信息传播仿真理论等五个方面展开介绍[1-6]。

1.1　众智单元仿真成员通用模型

众智网络是将现实中的智能主体连同其意识借助网络和数据统一映射到信息空间中形成各自的镜像。我们称这些智能主体的映射为信息空间的智能体。在众智网络仿真中，这些智能体以众智仿真成员的形式出现。众智单元有两种类型，即原子型众智单元和集合型众智单元。原子型众智单元对应不能分解的原子智能主体，如人、物品或企业(作为最小单位讨论时)。集合型众智单元对应由原子型众智单元汇聚而成的智能主体群体，如虚拟企业、小组、供应链等。众智网络仿真成员通用模型如图 1-1 所示[1-9]。

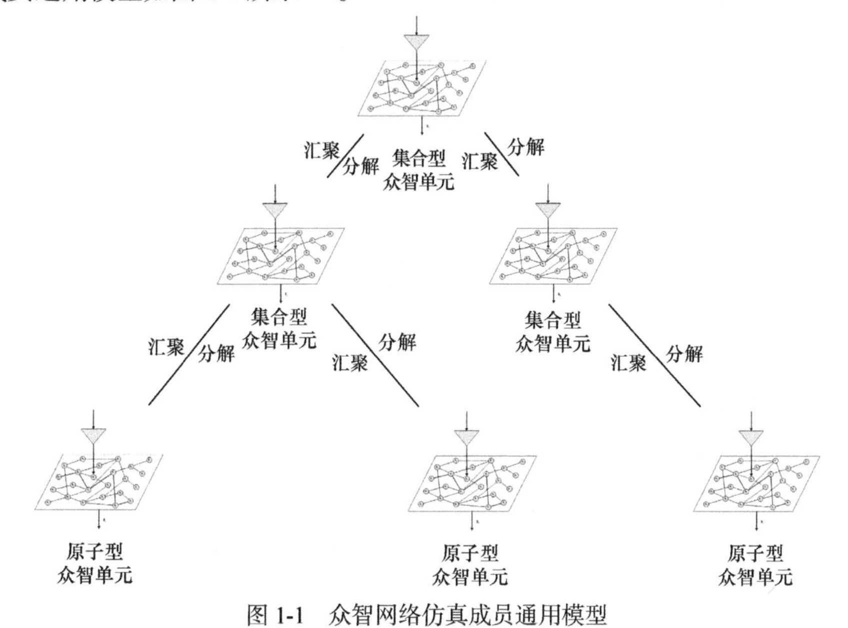

图 1-1　众智网络仿真成员通用模型

1.1.1 集合型众智单元模型

一个集合型众智单元由格局、影响器、分解器/选择器、汇聚器、决策器、执行器、监控器和连接器组成。其输入是目标或者承诺，输出是行为的结果(收益与付出的比值)。集合型众智单元模型如图 1-2 所示。

① 格局是由在时间序列上的决策构成的有向无环图(directed acyclic graph，DAG)。弧表示行为，弧上的权重表示行为的代价。节点表示行为的结果，节点的权重表示行为的收益。在格局上存在一条全局最优路径，由于资源限制或者判断的局限性，众智单元本身往往只能找到局部的最优路径。

② 影响器是若干建议者众智单元决策的影响。其影响强度由互连规则决定。建议者的建议与决策器的决策在执行器汇总。影响器的其他部分(例如建议的出发点、智能水平和能力)对众智单元来说并不可见。

③ 分解器是针对原始目标/承诺的分解能力。选择器根据分解的结果选择下层的众智单元，部分体现智能的广度，在群体智慧中主要将目标/承诺进行水平分解(在时间上可以并发的几个部分)。

④ 汇聚器综合分解器分解后的结果，供决策器进行下一步决策。

⑤ 决策器根据汇聚器汇聚的子目标执行情况，综合考虑资源情况(大于等于格局中弧的权重才可以选择该条路径)和能力(在时间序列上能够看到的回合数，体现深度、禀赋的一个方面)进行决策。

⑥ 执行器根据决策器的决策和影响器的建议进行选择，其比例受自信水平的影响。另外，它还会受到自退化现象的影响(智慧体总是趋向于对自己最有利的方向退化，是扰动的一个主要方面)。

⑦ 监控器根据具体目标/承诺对偏离进行修正。其中的自律水平代表众智单元自纠正的能力；监控者的干涉代表外部的纠正能力。其监控强度由互连规则确定。

⑧ 连接器连接与众智单元相关的其他众智单元，从其他众智单元的行为结果中学习。该结果作为负反馈能够作用于下一轮的选择，其连接强度由互连规则确定。

1.1.2 原子型众智单元模型

一个原子型众智单元由格局、影响器、决策器、执行器、监控器和连接器组成。其输入是目标或者承诺，输出是行为的结果(收益与付出的比值)。与集合型众智单元相比，它没有分解器与汇聚器。原子型众智单元模型如图 1-3 所示。

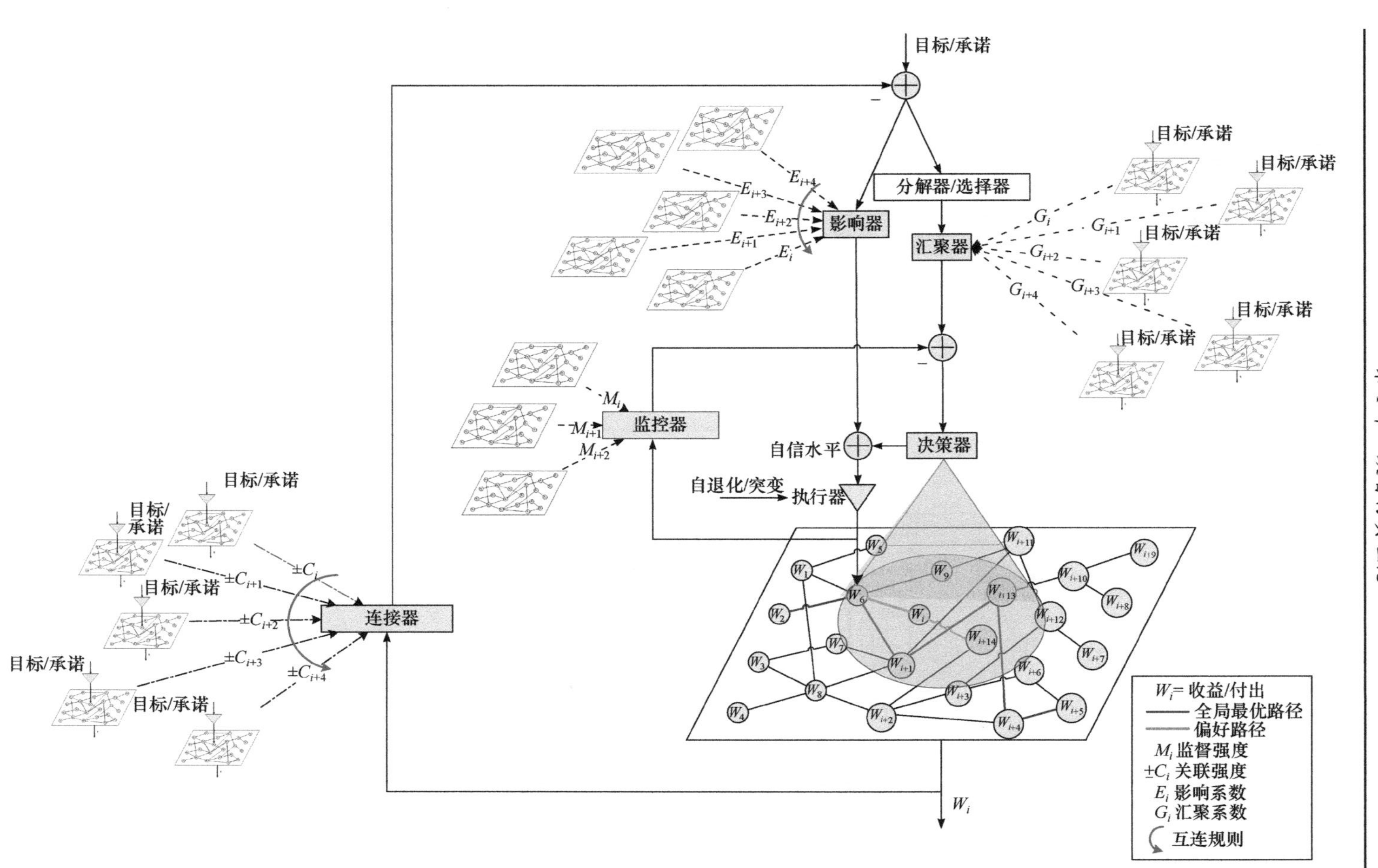

图1-2　集合型众智单元模型

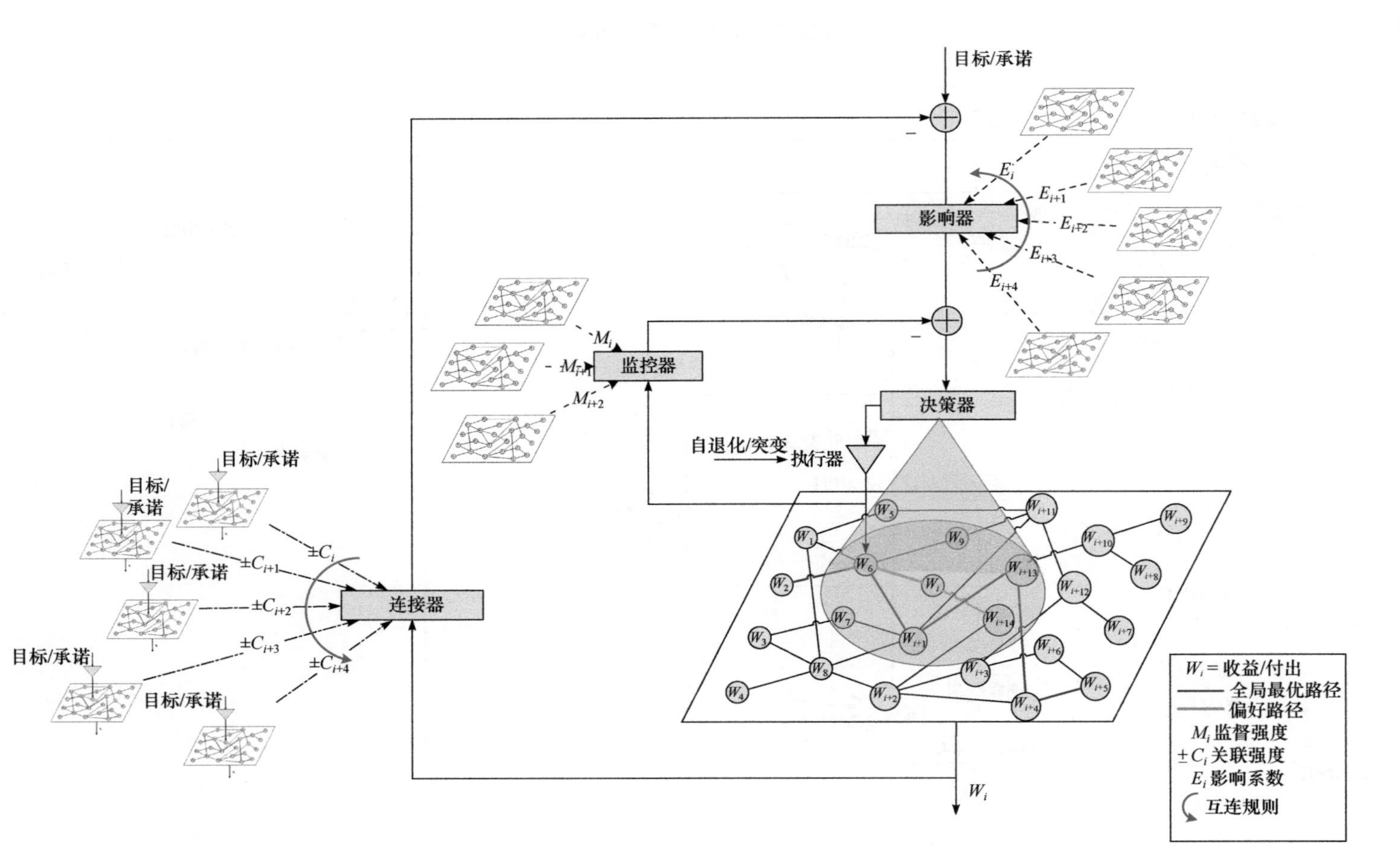

图1-3　原子型众智单元模型

原子型众智单元的前进格局如图 1-4 所示。

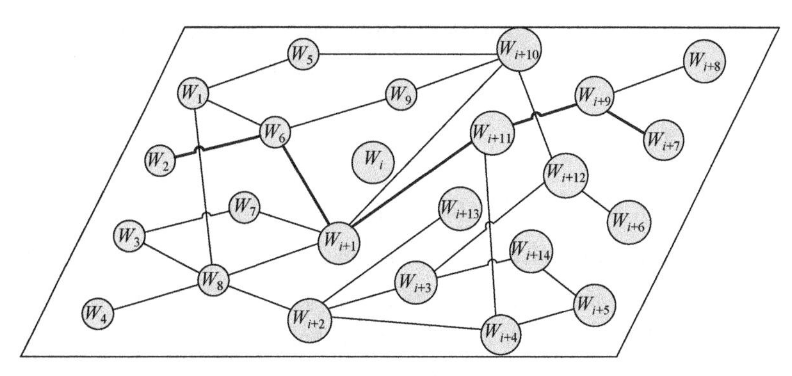

图 1-4　原子型众智单元的前进格局

原子型众智成员在作为普通成员的同时，还可以具有其他两个身份，即建议者和监控者。

建议者根据自己的偏好建议他人的行为。一个建议者的主要内容是格局，在格局上针对不同的被建议者和目标存在一条建议路径。建议者格局如图 1-5 所示。

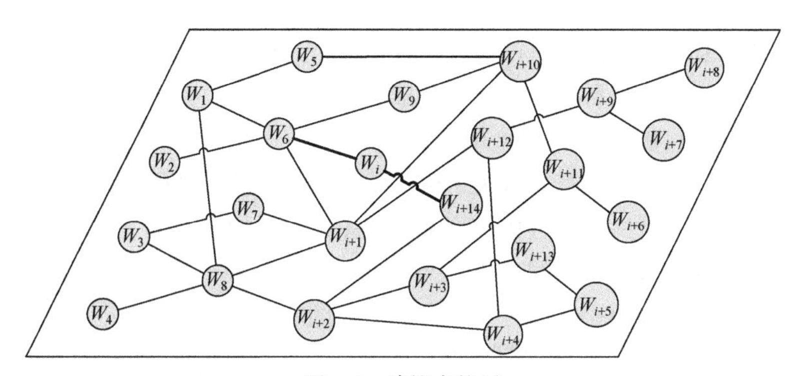

图 1-5　建议者格局

监控者根据格局上的偏好解监控众智单元行为和偏好解的偏离程度。其主要内容是一个给定的格局及其偏好路径。

1.2　众进化仿真理论

1.2.1　自我进化问题

众智网络中个体和群体的智能随着自身的发展和协同交互而不断变化发展，

时刻处于自我进化的过程中，但是进化的方向和结果是不确定的。如何确保智能体向好的方向实现有效进化，不断提高自我智能，就需要探索众智网络智能体的有效进化机理、方式和手段，实现“三人行必有我师”。

1.2.2 众进化仿真

众进化仿真以众多人、企业、机构、机器人等智能物品通过网络互连而成的众智网络为研究对象，以完成特定任务为目标，考虑智能体之间连接的广度、深度和交互规则等因素，仿真众智网络中众多异构异质智能体协同运作的机理和高效实现目标的机制与条件；模拟个体在一个特定的协作情境中，通过自身的学习，在禀赋、能力、资源、自律水平等固有约束下，优化自身的决策机制(主要是与其他个体间的连接关系)达到全局最优决策的目的，从而形成自组织、生态化、可持续创新、可控的众智网络系统[10-12]。

与传统的仿真相比，众进化仿真中的个体既不是经济学进化中的纯理性个体，也不同于生物学进化中的纯非理性个体，更贴近实际的情况。在众智环境下，它更强调其他个体的连接关系和连接强度。这也是众智智能的一个方面，比传统进化更贴近众智网络的现实。

众进化仿真以单体众智机模型为基础模型，只从众智单元局部去推解如何协同运作和高效实现全局目标，并在此基础上优化执行器、关联强度和影响系数的进化过程。众进化仿真模型如图 1-6 所示。

众进化仿真的实用性基本取决于格局的设计。合理的格局设计才能体现仿真结果对现实的参考意义。众进化仿真格局如图 1-7 所示。

格局包含开始节点、中间节点、终止节点。

开始节点(B|S_0)是仿真单元在格局中运行的起点。每个仿真单元在仿真过程刚开始的时候，初始点都在格局的开始节点上。B 意为开始(Beginning)。S_0 是仿真单元在初始点获得的原始资源(Source)。

中间节点(P|W)是仿真过程中尚未结束的中间点，可以理解为个人目前所处的境地。不同的境地有不同的选择，所以 P 意为境地(Position)。个人在到达某一境地时定会有所收获，W 代表仿真单元到达该境地 Position 时能获得的收益(Wealth)。

终止节点(E|W)，若仿真单元运行到这种节点，则停止运行。E 指终止(Ending)。

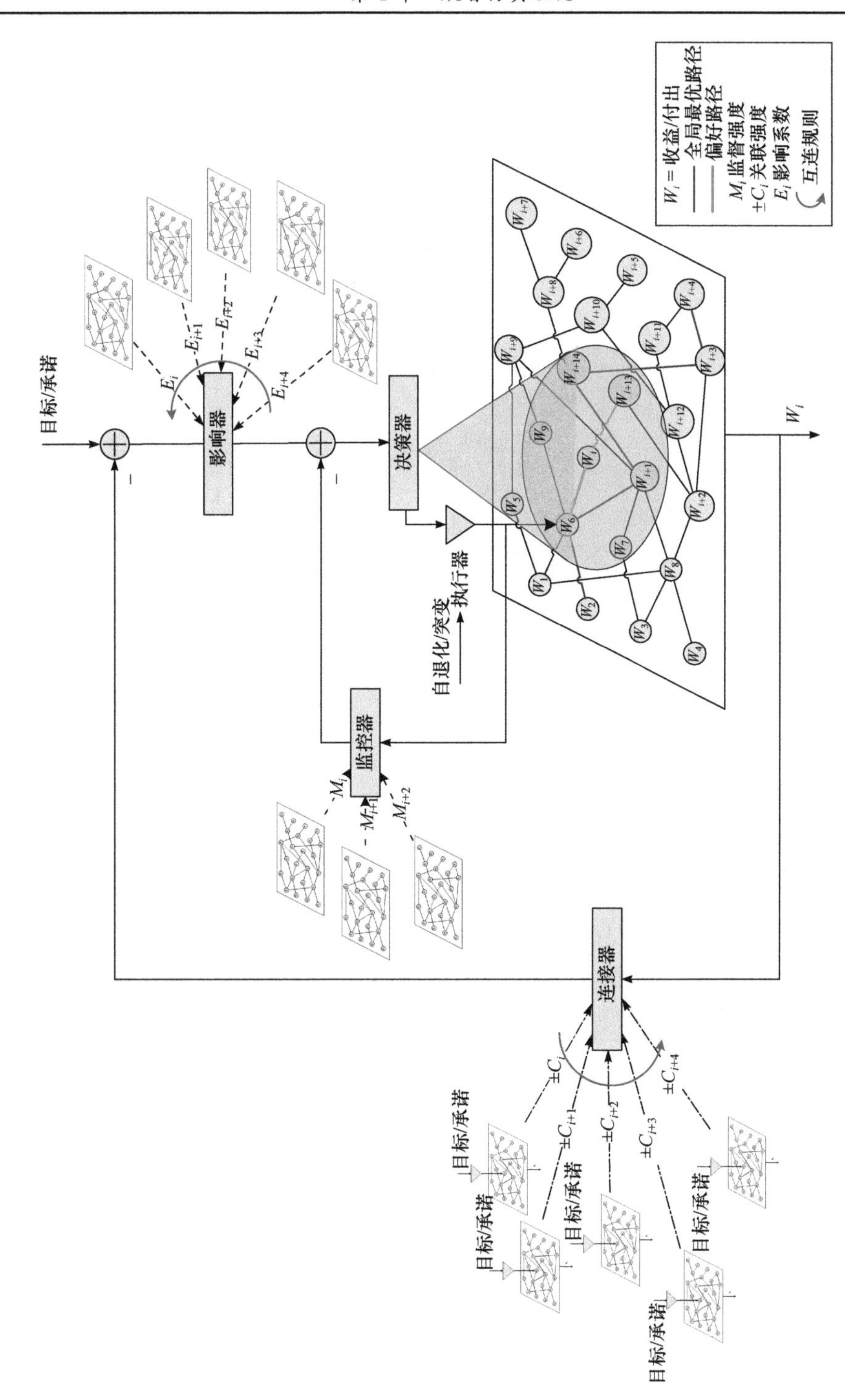

目标/承诺
影响器
决策器
执行器
自退化/突变
监控器
连接器
W_i = 收益/付出
全局最优路径
偏好路径
M_i 监督强度
$\pm C_i$ 关联强度
E_i 影响系数
互连规则

图1-6　众进化仿真模型

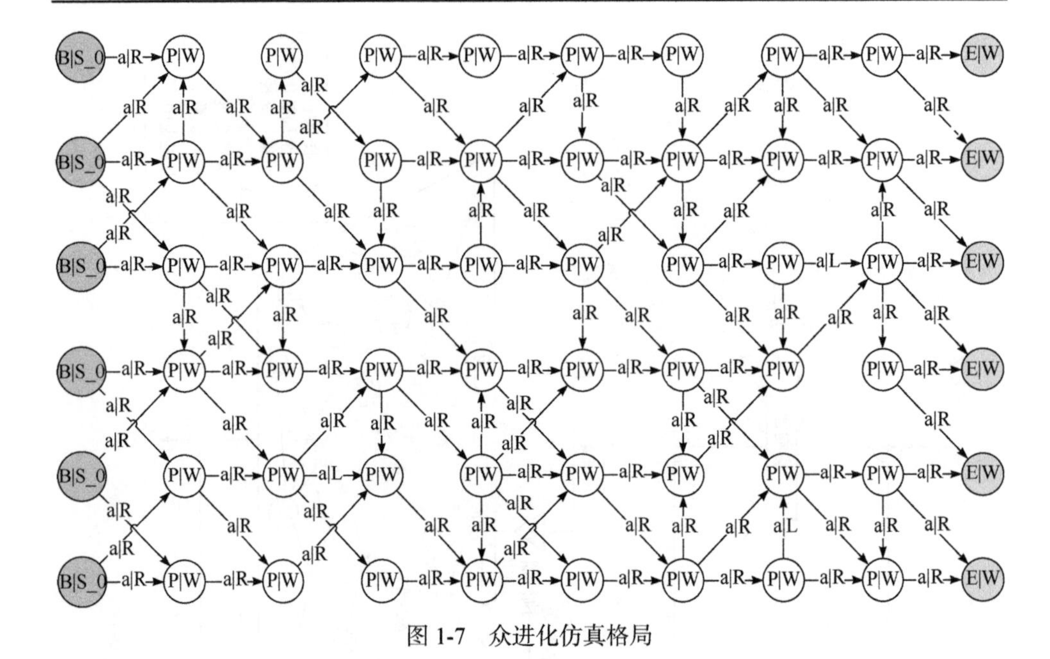

图 1-7　众进化仿真格局

1.3　众决策仿真理论

1.3.1　众决策仿真

众决策仿真主要研究不同的投票规则组合与最终结果之间的对应关系。

假设有一个新的管理规定，有 *A*、*B*、*C* 三种方案，客观上 *A* 方案优于 *B* 方案、*B* 方案优于 *C* 方案，现在通过网络进行全民投票决策，任意设定网络投票规则，通过计算机仿真分析不同规则组合与最终结果之间的对应关系，探讨在万物互连的状态下群体智能(最终得票数)与个体智能(每个人)之间的定量关系。众决策仿真模型如图 1-8 所示[13-16]。

在众决策仿真中，重点探讨不同分解器和汇聚器的形态对众决策结果的影响，其他部分的模型可能相对简单。

1.3.2　投票方式

投票是现代公共决策中最基本、最普遍、最重要的一种选择机制，由于可以有效地表达投票成员的决策，因此应用非常广泛，包括国内外公职的选举、公司股东选举、网络平台对相关调查对象的民意选择等。同时，可以通过经济或者数学建模的方式进行分析、检测与验证，更好地实现决策。对同一个决策问题选择不同的投票机制可能会产生较大差异的结果，投票方式如表 1-1 所示。

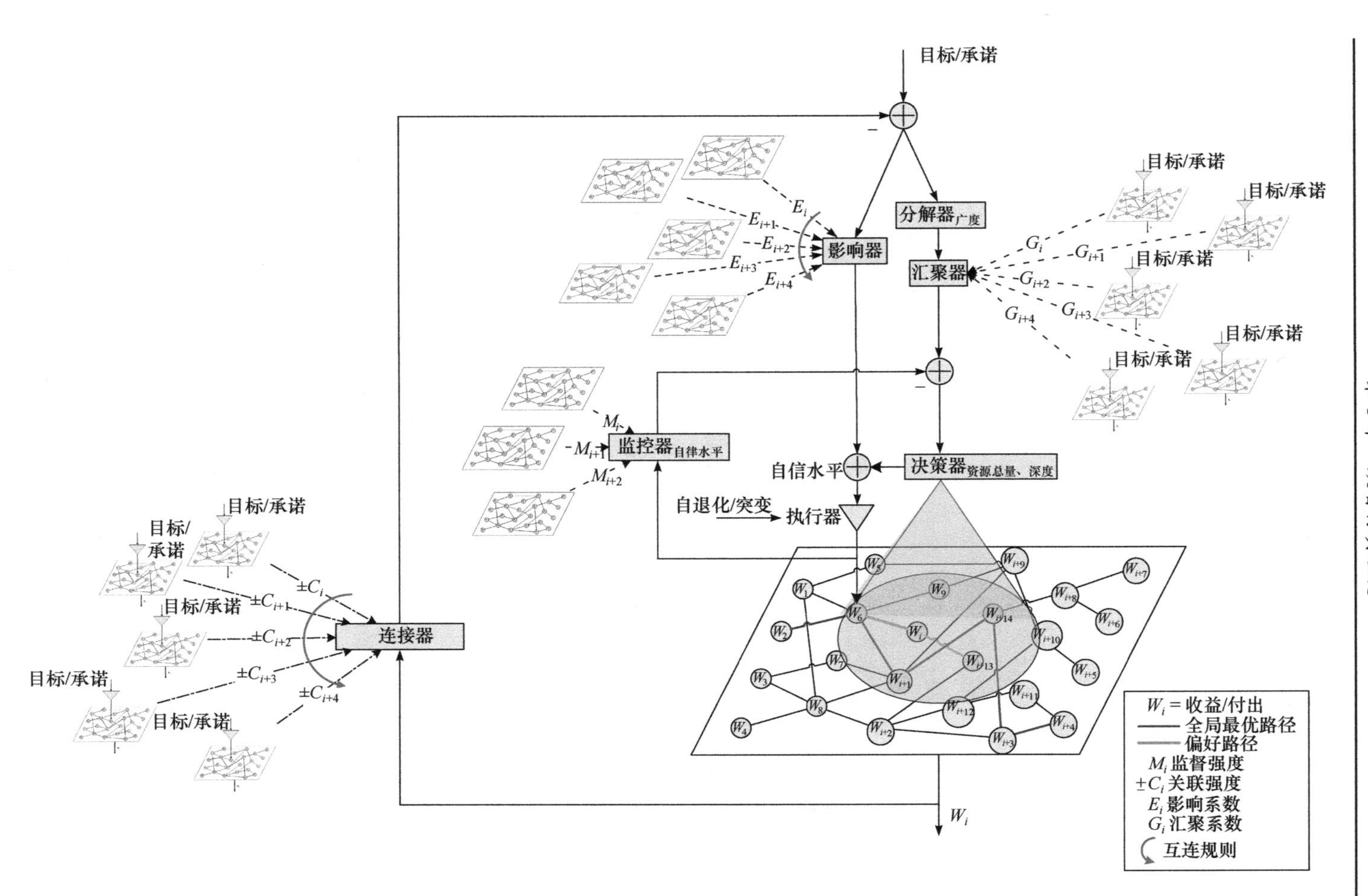

目标/承诺
分解器广度
汇聚器
影响器
监控器自律水平
自信水平
决策器资源总量、深度
自退化/突变
执行器
连接器
W_i=收益/付出
全局最优路径
偏好路径
M_i 监督强度
$\pm C_i$ 关联强度
E_i 影响系数
G_i 汇聚系数
互连规则

图1-8 众决策仿真模型

表 1-1　投票方式

分类	名称
二元投票制	多数投票制 认可投票制 与能投票制 决赛投票制 随机投票制
排序投票制	波达计数法 排序复选投票制
积分投票制	累积投票制 计分投票制
多重获胜者	比例投票制 半比例投票制

(1) 多数投票制

每个投票成员有一张选票，根据自己的偏好对候选成员排序，对所有候选成员统计其分数，然后获得一个最终投票排名。多数投票制采用对候选成员两两比较的方法，比较一对候选成员之间相对排名位置的得票数。哪个候选人排在对方前面的得票数多，他就在这场一对一比较中获胜。如果某候选人能在所有与其他候选人的两两对决中全部获胜，那他就是最终的赢家。

多数投票制也存在许多缺点，例如候选成员进行两两比较时，需要花费较多的时间去清点选票。

(2) 排序复选投票制

排序复选投票制与其他排序制投票一样，都要求投票成员对候选成员进行排序，统计候选人排在第一名的得票数量。如果存在某个候选成员排在第一名的票数超过选票总数的一半，则确定其为最终获胜者；否则，将排在第一名得票数量最少的候选成员淘汰，并将其票数转移至排名最靠近的一位，以此循环，直到最终选出排在第一位的票数超过选票的候选成员。

排序复选投票制的选票利用率高，即使候选成员被淘汰，其选票也会通过转移给其他候选人的方式得以保留。与多数投票制相比，排序复选投票制可以减少工作量，尽可能地避免阿罗不可能定理；在候选人较多的情况下，无须对所有候选成员投票，只需对认为有价值的某几个候选人投票。

(3) 累积投票制

累积投票制是股东实行选举权的一种形式，是指在公司的选举会上，每个股份持有者按其有表决权的股份数与被选人数的乘积作为其应有的选举权力，选举者可以将这一定数的权力进行集中或分散投票的选举方法。

(4) 计分投票制

给定一个打分范围，打分者根据自身的喜好对某一种或者某一类事物打分，使投票成员的意愿得到量化。虽然这种投票制可以避免对某一候选人的过强喜爱而恶意拔高或踩低竞争者导致的不公平性，但是在投票过程中，可能因为投票成员打分的严格度不同而使结果产生差异。

1.3.3　投票机制划分原则

投票机制有多重划分原则，包括按投票次数分为单轮投票和多轮投票；按投票结果分为单一候选成员获胜者投票和多重获胜者投票；按投票成员在每次投票中持有的投票份额分为一票制投票和多票制投票；按对投票对象的评价方式分为排序投票和非排序投票；按投票同意通过方式分为一致同意和多数同意。

(1) 单轮投票和多轮投票

单轮投票和多轮投票说的是投票轮次。一些简单的决策经过一轮投票便可获取最终选票结果。多轮投票是指为了决策的准确性、公正性，在多轮投票结束后才可获得最终获胜者的一种投票方式。在多轮投票下，每轮选择的投票制可以相同也可以不同，需要根据具体规定而定。

(2) 单一候选成员获胜者投票和多重获胜者投票

单一候选成员获胜者投票的最终决策结果是选取一名作为优胜者。多重获胜者和最终获胜者可能是两个或者多个候选成员，如立法机构医院的选举。

(3) 一票制投票和多票制投票

一票制投票是指每位投票成员在单次投票中只能拥有一张选票，按照个人的喜好将选票投给一位意愿候选成员。多票制投票是指参与投票的每位成员在单次投票中由于投票份额的限定可拥有多张选票。例如，股东大会中的投票方式为每个人持有多张选票，按照个人的偏好将选票投给候选成员。

(4) 排序投票和非排序投票

排序投票是指在投票过程中，投票成员按照自己的喜好对候选成员以投票打分的形式进行排序。非排序投票是指投票成员将选票直接投给某一候选成员表示赞成票，无法表达对所有候选成员的喜好。

(5) 一致同意和多数同意

一致同意和多数同意主要对选票结果做出是否通过的决定或确认最终候选成员，一致同意是指在一次投票中，投票成员全体赞同某项决策才可通过的投票行为。多数同意是指在一致同意需要花费很高决策成本的基础上提出的一种只需要半数以上投票成员通过的机制。

1.3.4 众决策仿真的智能表达、比较与运算方法

对于众决策仿真来说，智能主体的投票更多地取决于候选成员的特征和智能主体自身偏好的吻合程度，因此可以将候选特征和偏好在一个三维空间中进行描述。候选特征与偏好的关系表示如图 1-9 所示。

图中 Z 轴代表信息或者特征所属的领域，以 Z 轴为法向可以形成领域平面。领域平面以极坐标表示，存在智能主体的偏好矢量和候选特征矢量。偏好矢量的方向表明该智能主体在该偏好领域的倾向性，大小表示倾向性的强度。候选特征矢量的方向表明候选成员在该偏好领域的倾向性，大小表示倾向性的强度。单个领域中的偏好与候选特征矢量表示如图 1-10 所示。候选特征与偏好在该领域的倾向性求解示意图如图 1-11 所示。

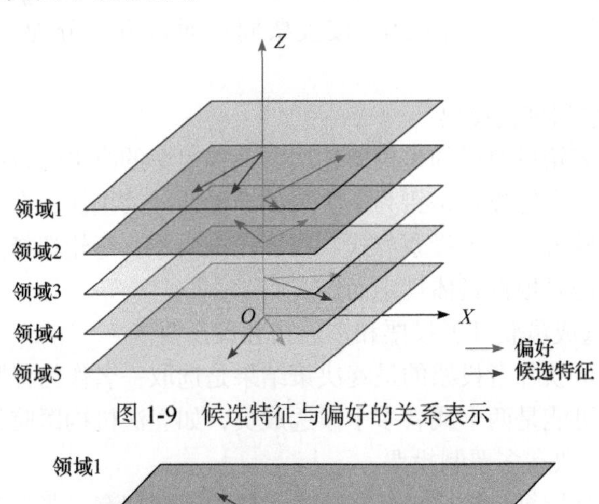

图 1-9　候选特征与偏好的关系表示

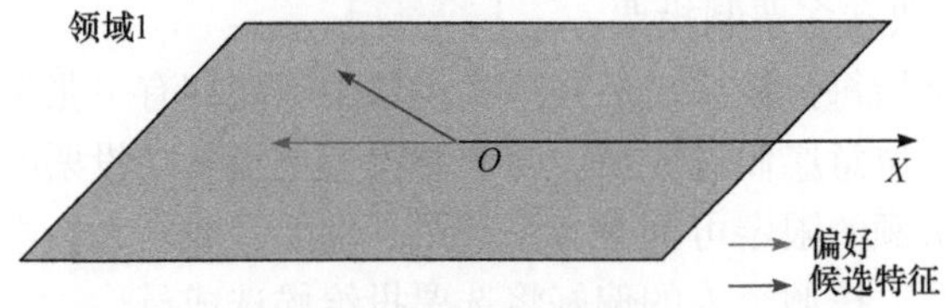

图 1-10　单个领域中的偏好与候选特征矢量表示

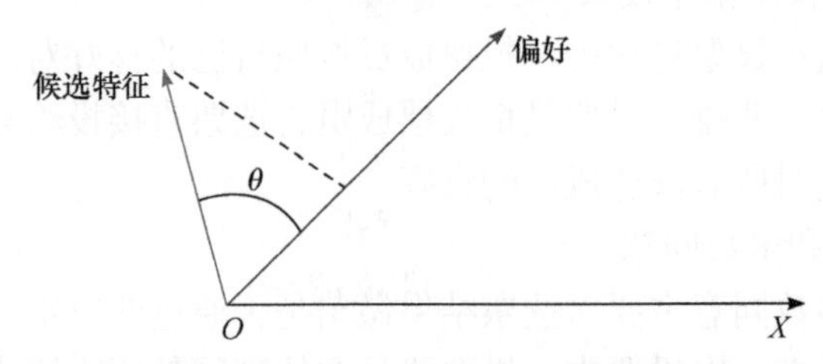

图 1-11　候选特征与偏好在该领域的倾向性求解示意图

分析同一领域下候选特征偏好向量与智能主体在该领域倾向性的投影，就可以得出候选特征在该领域某一投票成员上投影的强度。

1.4　众协作仿真理论

1.4.1　智能主体间的微观交易协作问题

在未来网络化产业运作体系中，从微观来看，物理空间中的任何智能主体之间均存在某种意义上的供需关系，其基本行为可归结为某种意义上的交易活动。因此，要想实现更加智能、高效的交易，需要以众智网络及映射后的智能主体之间的交互和交易行为作为研究对象，研究智能主体之间交易的主要协作模式、协作规则、精准供需识别，以及智能供需交易匹配和评估。

1.4.2　众协作仿真

在众智网络中，多个智能体通过交互、竞争与合作协同完成特定的目标任务。众协作仿真[17-20]以复杂供应链协同运作过程(如电商的订单履行过程或者众包等)为研究对象。该过程由多个相互关联的供应链节点企业或个人(智能个体)形成供应链网络(多个智能个体构成的众智网络)，建立供应链节点企业或个人，以及供应链网络解析模型或计算机仿真模型，采取解析方法或计算机仿真方法，分析个体智能(供应链节点企业或个人)与群体智能(供应链协同运作效果)的关系，探讨影响群体智能的关键因素(如供应链节点企业或个人的数量、节点之间的信息交互规则和交互程度等)及其与个体智能之间的定量关系；研究如何根据认识众协作群体协同初始条件对其分类，以有效识别协同失败的风险；对众协作进行计算、评估和比较；认识众协作演化规律，有效地控制其向有利的方向演化。众协作仿真模型如图 1-12 所示。

在众协作仿真中，重点讨论分解器/选择器的机理、影响系数，以及关联强度对群体目标的影响机制。

1.4.3　众协作仿真的智能表达、比较与运算方法

对于众协作仿真来说，传统众协作环境由于快消品大多已经被明确定义，因此可以在卖家和买家之间划分一个明确的界限。供需匹配往往发生在某个点，协同基本上不需要发生，或者说协同问题更多的是一个选择问题，对于产品的评价只需要针对最终产品的供应商即可，协调/沟通的成本可控。买家、卖家的传统供需匹配图如图 1-13 所示。

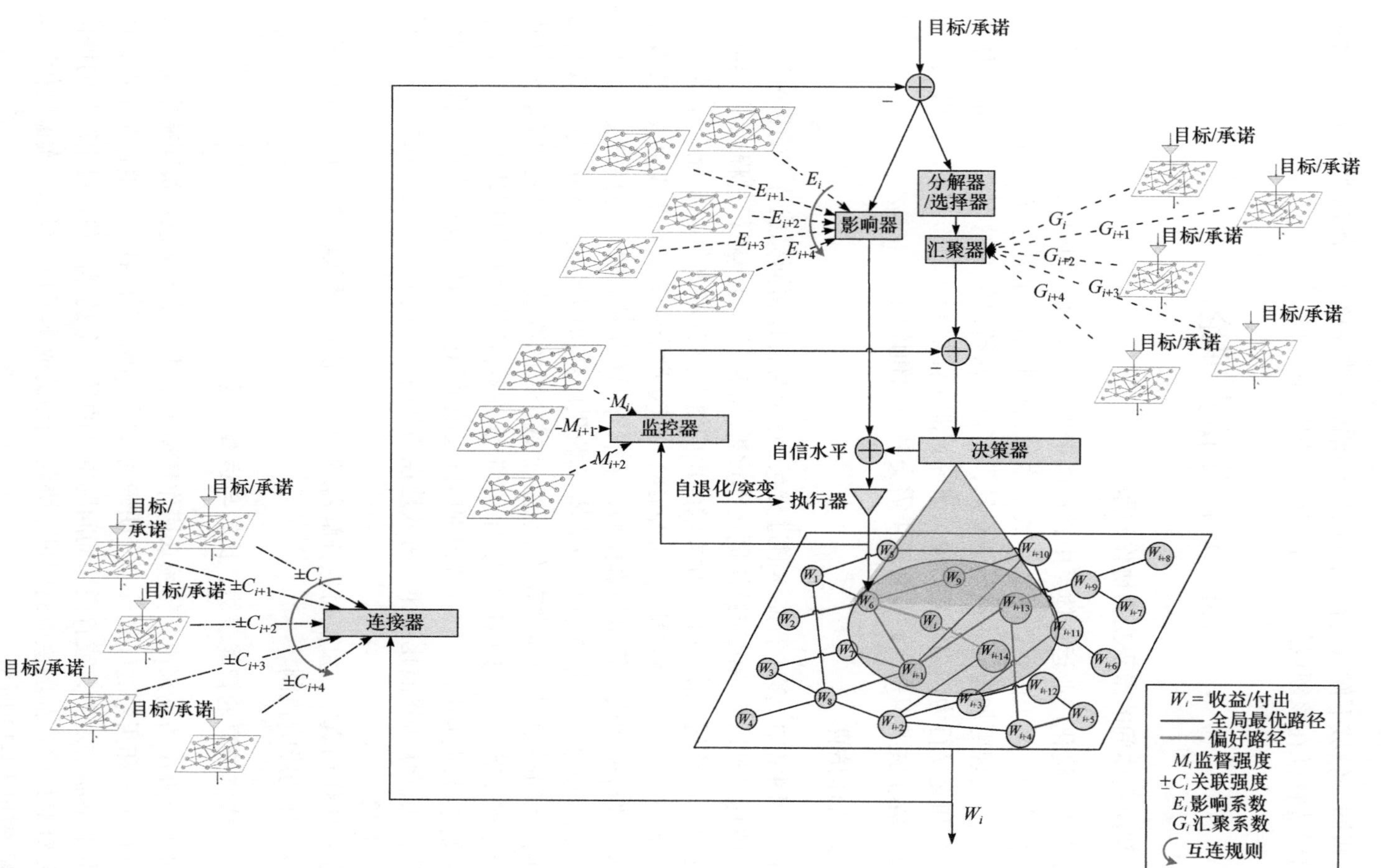

图1-12　众协作仿真模型

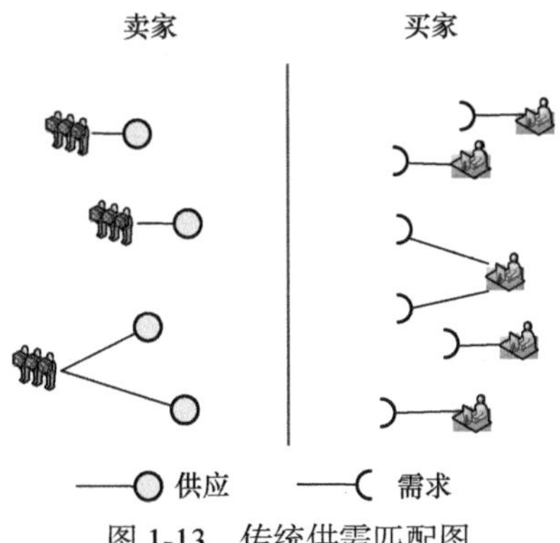

图 1-13　传统供需匹配图

众智型协作往往是定制化/创新生产。由于供应链的存在，卖家同时也可能需要购买其他供应商的半成品，协同的链条更长，关系也更复杂，因此需要综合考虑供应链上相关的供应商，以及供应特定产品形成的协同系统，协调/沟通的成本较大，对产品的评价也较为困难。供应链中的协同关系如图 1-14 所示。

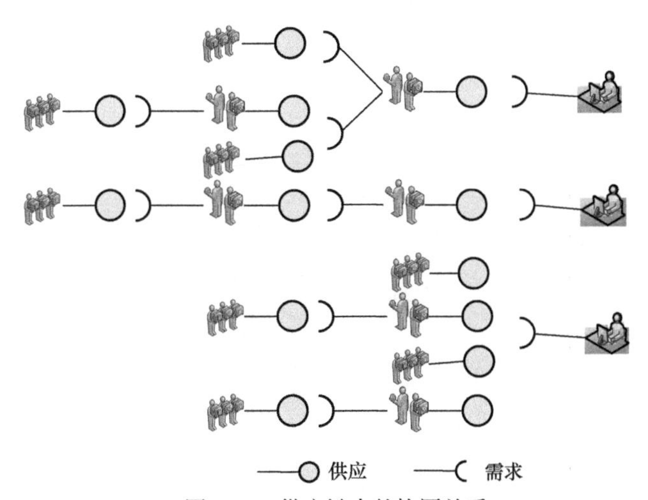

图 1-14　供应链中的协同关系

此外，传统电子商务交易的产品通常是已经界定好的，供需匹配相对容易。对于众智型工业来说，定制化/创新产品往往没有清晰的定义，供需双方的表达和匹配并不容易。虽然需求方一般来讲有一个大概的意向，但是供应方很难针对几个固定的意向表达其能力。供应方的能力往往在某几个方向具备较强的优势，而在其他方向的优势并不明显。各类型产品成本表示图如图 1-15 所示。

对于某供应商来说，制造成型产品 *A* 和 *B* 的成本优势最明显，但是制造相关产品的成本则没有特别的优势。为简化起见，图 1-15(a)往往简化成图 1-15(b)的形式。

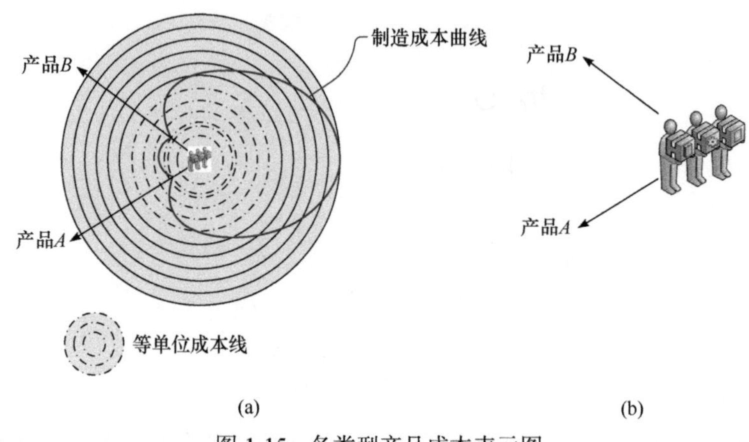

图 1-15　各类型产品成本表示图

由于众协作问题内在的特征，在协同系统的内部，供应商需要生产的不一定是定型产品。在考察不同协同系统效益的时候，最小成本方向的一致性就成了核心问题。协同一致性对竞争的影响如图 1-16 所示。

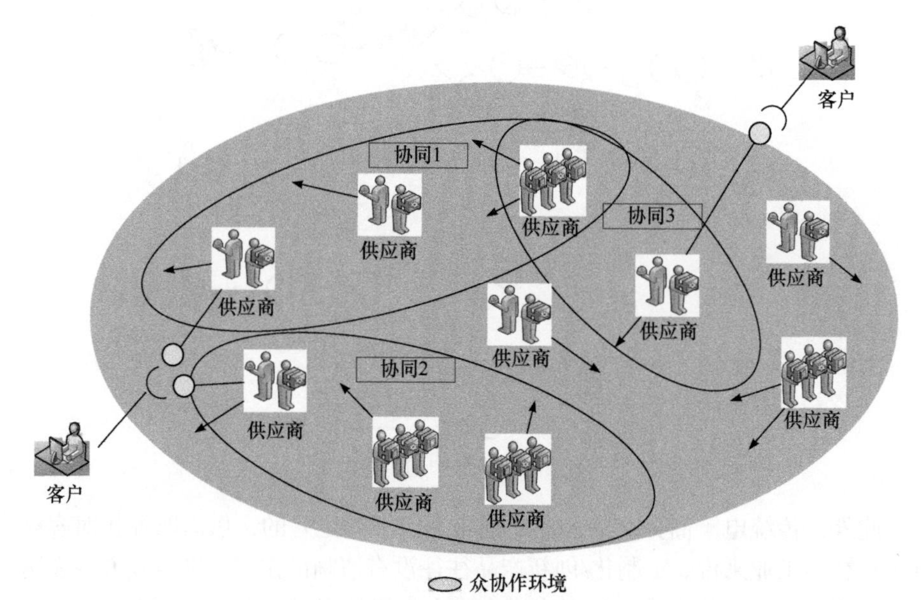

图 1-16　协同一致性对竞争的影响

根据经验，在竞争时，协同 1 的一致性好于协同 2 的一致性，因此协同 1 更有可能获得竞争的胜利。

当指明协同能力或者需求的“方向”后，在协同能力和协同需求匹配的过程中，它们的差异可以界定为协同方向的“夹角”。

由于协同群体是若干组供需关系构成的 DAG，因此协同群体的协同矢量的计算可由该图简化得到。

协同矢量是定义在 DAG 上的一个矢量值，由以下原则确定。

① 单个节点 A 的协同矢量就是自身供需关系的协同矢量。

② 若节点 B 是节点 A 唯一的直接后继，则节点 A 和节点 B 合并为节点 C。节点 C 的协同矢量方向取节点 A 的协同矢量方向，大小是节点 A 和节点 B 的协同矢量和。

③ 若节点 A 和节点 B 有共同的直接前驱和直接后继节点，则节点 A 和节点 B 合并为节点 C。节点 C 的协同矢量为节点 A 与节点 B 中的大者。

④ 重复②、③，直至该 DAG 剩一个节点。该节点的协同矢量就是协同群体的协同矢量。

1.5　众演化仿真理论

1.5.1　智能主体间的宏观产业分工生态结构演化问题

在未来网络化产业形态下，从宏观角度来说，智能主体在不同时期有不同的社会分工。社会分工不同，构成的网络化产业形态结构也不同，究竟哪种结构最"生态"，最有效？它如何演化？例如，经济领域存在大量的各类网络平台、生产制造单元或工厂，以及各类从业人员，究竟是综合平台有效，还是专业化平台有效？是少量综合平台与众多生产制造单元配合，还是众多专业化平台与众多生产制造单元配合？要解决这些问题就必须以众智网络的结构为研究对象，参考生态系统结构和演化，研究众智网络产业分工带来的生态结构演化问题，通过量化分析智能体之间呈现的生态结构，发现网络化经济社会形态演化路径，以便预测未来网络产业和众智协作分工的发展方向，实现众智网络系统的高效运行。

1.5.2　众演化仿真

众演化仿真[21-23]通过构建智能体专业化决策模型，求解其最优专业化模式和水平。仿真众智网络生态结构分工协作，分析研究随着交易效率的变化，众智网络的最优专业化模式和水平的演进过程，并在宏观层面对生态结构的演化路径和趋势进行仿真，绘制得到生态结构最优形态演进路径图。

在电子商务市场中，中介商、服务商等流通环节交易主体的核心功能是提供交易必须的服务，如物流服务、支付服务、信息服务等。这些服务对商品的交易而言是必不可少的，一个销售商品的交易主体必须拥有与商品数量相匹配的交易必须服务量，才能完成商品的销售。因此，交易主体需要对交易必须服务量做出决策。在总劳动禀赋有限的条件下，选择生产越多种类的交易必须服务，意味着每种服务的产量越低，最终销售商品的数量越少；选择生产越少种类的交易必须服务，意味着每种服务的产量越高，最终销售商品的数量越多。但是，需要购买的交易必须服务越多，交易成本也可能越高。因此，交易必须服务专业化与否的核心要素是交易效率的高低，交易效率越低，交易主体购买交易必须服务的成本越高，单件商品的利润越低，交易主体越不会倾向专业化生产；交易效率越高，交易主体购买交易必须服务的成本越低，单件商品的利润越高，且销售量越大，交易主体越倾向专业化生产。

众演化仿真环境是由海量众智单元组成的网状结构。每一个众智单元内部的格局包含选择/不选择与另外一个供应商合作，与另外的众智单元合并或者众智单元分裂等行为，根据给定的交易效率、资源总量、深度及广度水平，仿真众智单元的专业化模式，以及水平的变化。生态结构演化仿真环境如图 1-17 所示。

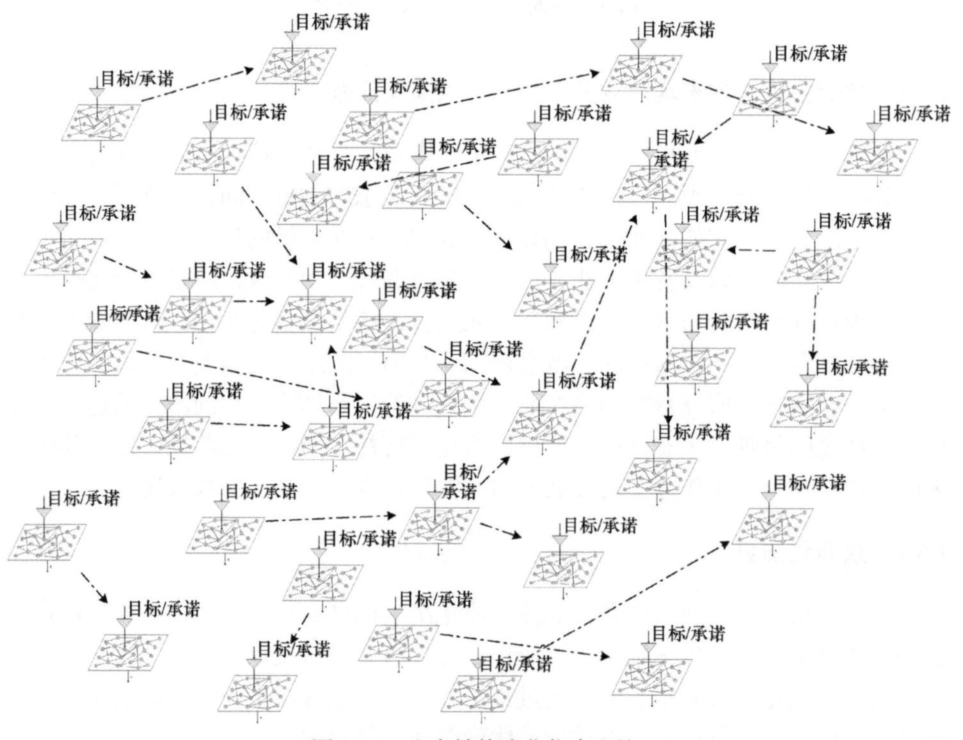

图 1-17 生态结构演化仿真环境

根据生态学理论可以得出众智网络生态结构的概念。众智网络生态结构是众智单元时空分布和信息交流、资源利用的途径，是可被有效控制和构建的众智单元结构网络。众智网络生态结构中的众智单元独立又相互联系。众智单元的种类、数量、空间分布、自身的进化具有不同的结构特点和功效。

1.6 多源信息传播仿真理论

众智网络系统中的众多智能体均是以自我为中心的自主体，具有意识及行为的多样性和个性化。众多智能体共生在相对拥挤的网络空间，如何保持网络系统的相对稳定性，不发生突变或崩溃，对应于现实世界就是避免发生破坏性的负面性群体事件，如企业破产、经济危机、破坏性的社会革命。

为了降低发生负面事件或破坏性变革的可能性，如何通过控制和引导信息在网络系统中的传播来影响智能体在网络系统和实体世界中的行为，从而实现对事件演进过程的可控性是多源信息传播仿真理论研究的重点。

多源信息传播仿真的研究目标是通过控制和引导信息在网络系统中的传播来影响智能体的行为，实现对事件演进过程的可控性，降低发生负面事件或破坏性变革的可能性。

1.6.1 信息传播及事件演进仿真

已有的信息传播模型主要针对社交网络中单个信息传播的情况，或者是一个事件的发展过程，并没有考虑信息的多源性，也没有考虑多个信息在传播过程中的相互作用和影响。

众智网络环境下信息传播研究[24-26]的创新点在于考虑信息传播的多源性，着眼多源信息同时并行存在于相对拥挤的网络空间的特点，采用信息融合的机制，研究多源条件下信息传播的内在特性与规律，体现多个信息在传播过程中的相互影响。

在信息传播模型中，众智单元重点研究影响器的机理，其中的格局可能相对简单。通过不同的众智单元关联模型(点云模型、小世界模型、六度空间模型等)，仿真信息传播的演进过程和速度也不同。常见的传播模型如图 1-18 所示。

下面对信息传播模型包含的几类属性进行定义。

(1) 信息矢量

众智网络环境中存在大量信息同时传播的现象，在信息传播模型中为了体现信息之间的相互影响，使用极坐标系下的矢量数据对信息进行量化和分类，即

$$M = (\alpha,\ \theta) \tag{1-1}$$

其中，α 为传播信息类型；θ 为信息传播方向。

$$M = (\alpha\cos\theta,\ \alpha\sin\theta) \tag{1-2}$$

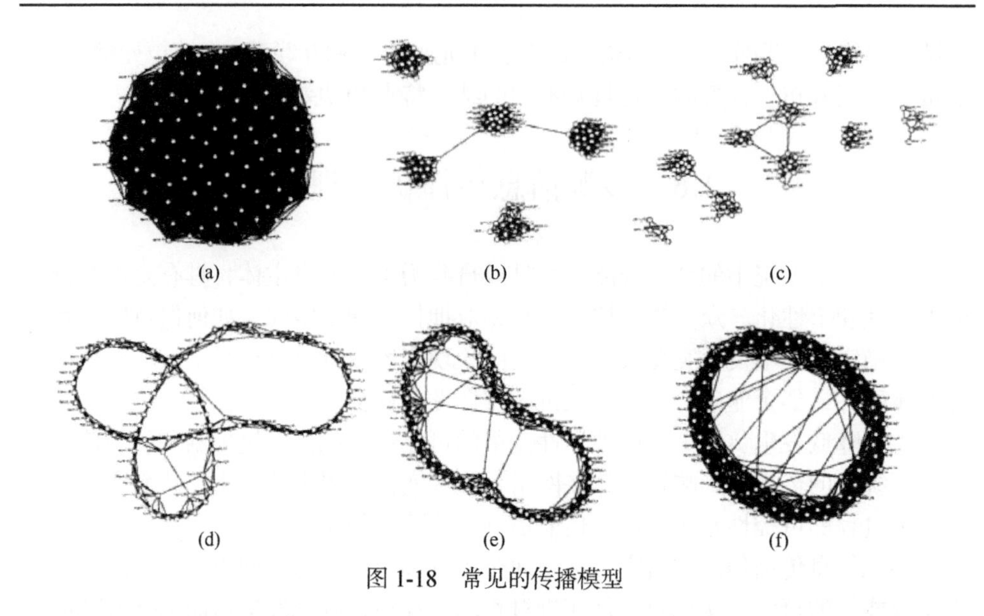

图 1-18　常见的传播模型

(2) 成员偏好矢量

众智网络环境中存在行为不同的仿真成员，并且不同仿真成员有不同的行为偏好。在信息传播过程中，成员的偏好往往决定信息传播方向 θ 与强度 β 的大小，可以使用极坐标系下的矢量数据对成员偏好进行度量，即

$$N=(\beta,\ \theta) \tag{1-3}$$

$$N=(\beta\cos\theta,\ \beta\sin\theta) \tag{1-4}$$

(3) 信息存储禀赋

每一个成员对接收到的信息都具有一定的存储禀赋。存储禀赋主要体现在仿真成员已经收到的信息存储的条数上。每一个仿真成员的存储禀赋都是有限的，当信息存储达到极限时，新的信息会按照某些规律替换旧的信息。

1.6.2　基于多源信息传播的不动点仿真

在众智网络的大背景下，信息以一种近乎自由的状态在网络中传播。由于智能主体的共生与互连具有一定的不确定性与偶然性，信息的传播状态和传播路径不可预测，在多源信息交替传播的情况下，智能主体间的关联结构和行为使众智网络处于稳态与混沌交替出现的状态。稳定状态下的系统会保持在周期性的稳定轨迹中。当某个信息传播的持续时间或者影响力超出正常的范围，系统的状态会发生变化[27,28]。如果系统稳定，那么随着时间的推移，系统的各个参数会恢复到稳定状态；如果系统不稳定，那么即使外部扰动很微弱，系统的参数也会发生变化。就算扰动消失，系统也不能回到稳定轨迹中，系统开始处于混沌状态。此时，系统极有可能出现涌现现象。

涌现可视为系统内部的突发情况，造成系统的整体性发生质的变化。涌现的发生会破坏系统的稳态，甚至导致整个系统崩溃。显然，不稳定的系统是无法正常工作的，因此要通过控制和引导信息在网络系统中的传播影响智能体在网络系统和实体世界中的行为，从而实现对事件演进过程的可控性，使系统保持稳态。

本节在研究信息传播模型的基础上，通过仿真找到在多源信息共同传播的环境下系统状态的变化规律，识别系统状态变化的慢变量，并以此界定系统不动点的(稳态)范围。

对于信息传播仿真来说，仿真成员的行为更多地取决于该成员接收到的信息和自身偏好的关系，因此本节提出一种仿真多源信息共同传播环境下系统状态变化的仿真方法，将信息和偏好在三维空间进行描述。对信息进行大小与方向的设定，并假定仿真成员对不同类型的信息具有不同的偏好强度与方向，采用一种基于矢量的智能表达方法。多领域的矢量关系如图 1-19 所示。

Z 轴表示信息或者偏好所属的领域。以 Z 轴为方向可以形成多个垂直于 Z 轴的领域平面。领域平面以极坐标表示，存在仿真成员的偏好矢量。该矢量的方向表明仿真成员在该偏好领域的倾向性，大小表示倾向性强度。与此同时，信息也在相应的领域平面存在矢量。矢量的方向表明信息在该领域的所属范围，大小表示与该领域相关性的强度。

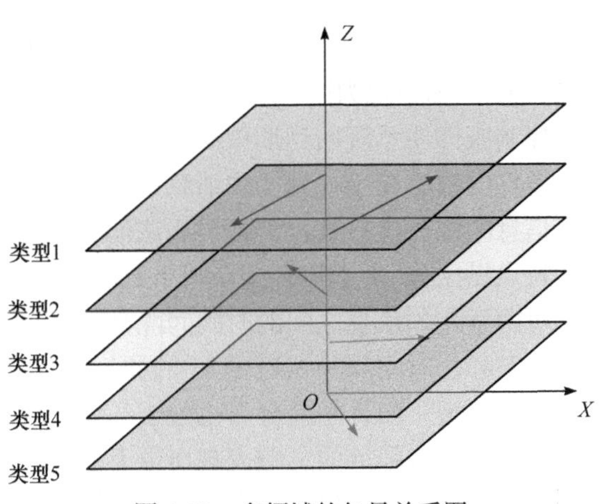

图 1-19　多领域的矢量关系图

偏好矢量和信息矢量之间的关系决定智能主体下一步的行为。其界定的依据是信息矢量在偏好矢量上投影的长度。偏好矢量与信息矢量在单个领域的矢量关系如图 1-20 所示。

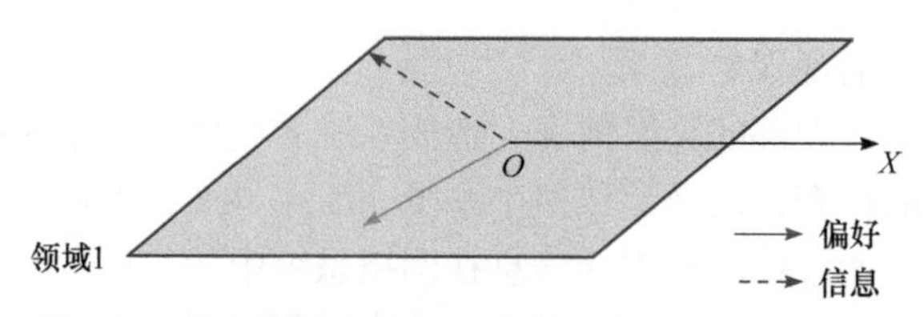

图 1-20 偏好矢量与信息矢量在单个领域的矢量关系

在多源信息共同传播的状态下，成员的行为影响信息的传播，最终影响系统状态。通过基于矢量的智能表达算法求出每一个仿真成员的行为格局，就可以仿真出成员行为导致的系统状态变化折线图，从而找到系统不动点(稳态)。系统状态变化过程中可能存在一个或多个不动点。

1.6.3 基于多源信息传播的控制条件仿真

在众智网络系统信息传播仿真的基础上，本章提出一种多源信息传播模型下的多种控制条件相结合的控制方法。该方法跟踪系统状态，辨识系统变化的慢参数，仿真识别系统开放的边界，通过禁言、改变监控区域、投放新信息等方式保持系统的稳态。

在众智网络控制条件仿真系统中，核心算法负责监控系统的状态，对系统施加控制条件，控制系统与信息传播系统同时运行，同时控制系统实时监测信息传播系统。在稳态情况下，两者互不干扰；在非稳态情况下，控制系统施加控制条件管控。给定系统的期望状态为 Y_{sp}，当信息源在系统中传播时，某条信息在系统成员中的状态($y1$，$y2$，$y3$，…)表现为同一趋向。当该趋向不是 Y_{sp} 时，可视为系统出现涌现，应施加控制条件使系统回到期望状态。

对系统施加控制条件的核心在于找到非法消息，只有这样才能对该信息投放新信息源，对发布该信息的源头进行禁言。搜寻非法消息需要根据传播过程中非法信息与普通信息的特点做区分。由于集合型众智单元的行为多集中在短时间内，呈现突发特性，因此每两条相邻信息之间的时间间隔都很小。普通众智单元发布的信息出于个体偏好的差异，时间间隔相对更大。同时，集合型众智单元的行为突发性不但表现在时间间隔短，而且间隔分布也处于一个相对较小的范围内。普通众智单元的行为受偏好和影响强度的影响表现出更大的差异性。

非法信息的检测采用传播时间间隔方差来推断。传播时间间隔方差用来描述一条信息在众智网络信息传播系统中时间间隔的差异程度。

第 2 章　众智仿真方法

2.1　离散事件系统仿真

2.1.1　离散事件系统的基本概念

根据系统建模的方法对仿真进行分类，可以分为连续系统仿真和离散事件系统仿真。本章主要研究离散事件系统仿真。离散事件系统的状态在某些离散的随机时间点上发生离散变化。它区别于连续系统仿真的一点就是，状态变化的时间点是离散的。引起状态变化的行为称为事件。由于事件往往发生在随机的时间点上，因此也被称为随机事件。离散事件系统仿真一般具有随机性。例如，对于典型的排队系统，顾客的状态可分为排队和被服务，服务台的状态可分为忙和闲。当有顾客被服务时，服务台的状态为忙，否则为闲。当服务结束或有顾客到达这些事件发生时，服务台的状态都会发生改变。这种动态特性很难用数学方程式来描述，只能使用流程图或状态活动图来描述。单服务台和多服务台排队系统示意图如图 2-1 所示。

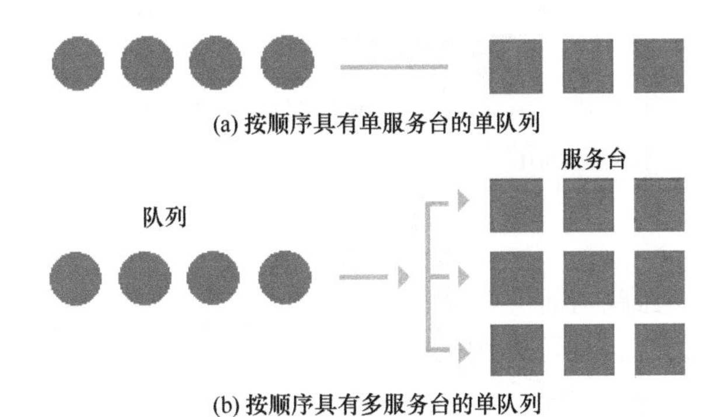

图 2-1　单服务台和多服务台排队系统示意图

由于无法得到系统动态过程的解析表达，因此只能对系统行为的性能进行统计和分析。这也是离散事件系统仿真的一个特点。

2.1.2　离散事件系统的基本组成

1. 实体

系统中的实体是仿真必不可少的要素。实体可分为临时实体和永久实体两类。永久实体是永久存在于系统中的实体，是系统的支撑，可推动系统中临时实体的运行。临时实体是在系统中只存在一段时间的实体。它们从系统外进入系统，然后离开系统。可以说，整个系统的过程是这样的，即临时实体按照一定的规律不断到达系统，然后在永久实体的作用下通过系统，最后离开系统。

2. 事件

事件也是仿真中必不可少的要素。它是引起系统状态发生变化的关键元素。系统中有很多事件，它们的发生往往与实体有关联。一个事件也可引起另一个事件的发生。事件是控制仿真进程的要素。事件的发生可以推动仿真运行。

3. 活动

活动表示两个事件之间的过程，标志着系统状态的转移。活动的发生也会使系统的状态发生变化，将两个离散的时间点进行关联的元素。

4. 进程

进程是由若干个事件和活动组成的，它们之间必须是有序的。进程描述其包括的事件和活动的时序关系与逻辑关系。

5. 状态

系统状态是一组变量，可以研究系统的突出特性。状态轨迹可以在数学上表示为一个阶跃函数来对应离散事件的变化。

6. 仿真

仿真过程必须跟踪当前仿真时间，计量单位适用于系统建模。在离散事件仿真中，不是实时仿真，时间是跳跃的，因为事件发生在瞬间，所以仿真推动时间跳跃到下一个活动开始时间。

7. 事件表

仿真至少有一个仿真事件表，有时被称为等待事件集。一个事件通过其发生的时间和类型进行描述。代码用来表示仿真该事件。事件代码被参数化是很常见的。在这种情况下，事件的描述还包括含有参数的事件代码。如果事件是瞬时的，活动延长一段时间被建模为事件序列。一些仿真框架允许指定一个事件的时间间隔，给每个事件一个开始时间和一个结束时间。

8. 随机数生成器

仿真需要根据系统模型生成各种随机变量。这是通过一个或多个伪随机数生成器得到的。使用伪随机数的一个好处是，仿真需要对一个完全相同的行为重复运行。

9. 统计

仿真通常需要跟踪统计系统中的数据，量化其中感兴趣的方面。在仿真模型中，性能指标不是来自概率分布的分析，而是在不同模型的运行中取平均值。通常通过构造置信区间，评估产出的质量。

10. 结束条件

因为活动是自举的，理论上，一个离散事件仿真可以一直运行下去。因此，仿真设计师必须确定仿真的结束条件。

2.1.3 国外离散事件系统仿真研究现状

目前国外对于各类仿真方法(离散、连续等)的研究都在稳步进行中，但是系统仿真的重点仍然在离散事件系统仿真层面。Law 等[29]将系统仿真分为离散系统与连续系统两种，同时介绍了离散系统与连续系统的划分依据，以及两类系统在仿真中的区别。在离散系统仿真技术的具体实施方面， Gordon[30]对离散事件系统仿真研究步骤进行了分析与讨论，提出深入和完善仿真研究的步骤，同时分析了仿真步骤的可行性。仿真模型是反映现实世界实际情况的另一种表达方式。实际应用时必须对仿真模型进行检验和验证。Shannon[31]对有关验证仿真模型的各类统计方法进行了深入探讨。在仿真结果的验证与评价方面，Shechter 等[32]研究了模型的检验与验证,系统分析了仿真模型与现实世界之间的检验与验证的方法。对于仿真模型的输出分析, Balci[33]对分析单一仿真模型输出结果的统计技术进行了进一步的研究，对经过分析后的仿真模型结果制定系统优化设计方案，比较与评价了系统优化设计方案。

Montgomery[34]同样对多种系统优化设计方案的比较方法进行了细致的研究。*Winter Simulation Conference* 每年都将其列为一个专题来研讨。2000 年, *Simulation Modeling and Analysis* 与 *Discrete Event Systems Simulation* 首次将仿真优化作为一个专题进行讨论，并指出仿真优化对仿真的推广应用具有重要的影响[35]。系统仿真理论经过数十年的发展，2001 年 Nelson 等[36]系统分析了离散事件系统仿真的理论与步骤，发表著作 *Discrete Event System Simulation*，为离散事件系统仿真提供了强大的理论依据，促进了离散系统仿真的完整化、系统化、全面化。

在仿真工具发展方面，国外在仿真工具上的发展也日渐成熟。在经过探索阶段、成形阶段、发展阶段、巩固和改进阶段，直到现在的集成环境阶段，仿真软件已经形成规模化，数量更是达到 50 多个。特别是，独立仿真软件的开发、二维仿真软件的形成，以及三维仿真软件等。目前热门的 Plant Simulation 仿真软件更是推出一系列的教学用书，如 Bangsow[37]介绍了 Plant Simulation 的运用和 Simtalk 仿真语言。随着仿真软件的成熟，国外企业对仿真软件的应用也日趋成熟，特别是大型企业已经对仿真分析有了长期持续的运作。目前以仿真软件为依托，以生产仿真分析与优化为服务的公司，形成了生产仿真分析与优化的全过程标准化作业。仿真技术的不断应用有效促进了仿真技术转化为生产力，为生产仿真技术的进一步发展提供了持续动力。

2.1.4 国内离散事件系统仿真研究现状

国内离散事件系统仿真研究起步较晚，主要研究仿真技术的应用。1999 年，熊光楞等[38]介绍了仿真技术在制造业中的应用与发展。按照仿真技术应用的对象不同，可将制造业中应用的仿真分为面向产品的仿真、面向制造工艺和装备的仿真、面向生产管理的仿真、面向企业其他环节的仿真。他们从以上四个方面，介绍计算机仿真在制造业中的具体应用。此外，还介绍虚拟现实和虚拟制造的概念，作为计算机仿真在制造业中应用的展望。卫军胡等[39]研究了离散事件系统仿真技术在制造系统调度中的应用，分析仿真调度方法的原理、特点，介绍其在生产调度中的应用和最新发展。王万良等[40]提出遗传算法求解混合 Flow-shop 调度问题的方法，给出一种新的编码方法，设计了相应的交叉和变异操作算子，能够保证个体的合法性，同时又具有遗传算法本身要求的随机性，最后给出某汽车发动机厂金加工车间的生产调度实例，验证了算法的有效性。

卫东[41]提出以业务流程与对象为主体的生产系统建模仿真的方法，以概念模型、环境模型和语义模型对生产系统进行划分，对每个层次的模型建模方法进行描述，以敏捷制造条件下的生产系统模型为例，介绍面向对象建模过程的仿真方法。王建青等[42]运用专业的生产系统仿真软件，研究如何利用 WITNESS 软件解决生产系统中排队系统的仿真问题。王红军介绍了常用的 FMS 仿真建模方法，并分析其特点，提出结合活动循环图法，利用 Plant Simulation 软件进行仿真的建模方法。针对生产线，王红军[43]使用柔性制造系统(flexible manufacturing system, FMS)仿真模型对不同的生产调度方案进行仿真。张晓光等[44]利用 Quest 实现对该系统的优化仿真，指出系统出现的瓶颈环节并分析造成该问题的原因。

国内对生产系统仿真的研究由理论研究开始面向应用，可以为仿真技术的应用提出更多可借鉴的方案，促进生产系统仿真的进一步发展。

2.2　系统动力学仿真

2.2.1　系统动力学的起源

系统动力学(system dynamics)的出现始于 1956 年，由麻省理工学院斯隆管理学院的 Forrester 创立。在系统动力学建立的初期，其主要应用于工业企业管理，处理生产和雇员情况的波动、市场股票与市场增长的不确定性问题。1958 年，Forrester[45]发表系统动力学的奠基之作 *Industrial dynamics: a major breakthrough for decision makers*。随后，Forrester[46, 47]出版《系统原理》，重点讲述系统中产生动态行为的基本原理，以及系统结构和动态行为的概念。《系统原理》在系统的分析、决策和预测中具有普遍性和广泛的实用性。接下来，Forrester[48]又从宏观层次研究城市的兴衰问题，并于 1969 年出版《城市动力学》。Mass[49]对城市动力学模型进行了扩充，于 1974 年出版《对〈城市动力学〉阐释 · 第一卷》。Schroeder 等[50]对城市动力学模型进行了更深入的扩展与研究，于 1975 年出版《对〈城市动力学〉阐释 · 第二卷》。Alfeld 等[51]利用更简明的方法以城市模型为例，讲授系统动力学的建模方法，并于 1976 年出版《城市动力学导论》。

2.2.2　系统动力学的基本概念

系统动力学与其他科学方法的区别在于，它着眼于系统的内部结构，关注系统内部组成要素，认为要素之间的因果关系和相互作用形成的反馈机制是系统行为变化的本质，正是由于非线性因素的作用，高阶次、复杂时变系统往往表现出反直观、千态万状的动力学特征。系统动力学的目的是理解一个系统的基本结构和系统运作的机制。从宏观结构到微观结构，从要素之间的环状关系、连锁作用到时间延迟特性，系统动力学可以分析系统整体展现出的属性，获得一个系统的工作原理或者产生一项决策结果的本质原因。

系统动力学把系统的运动假想成流体的运动。运动中存在节点和影响因素，即系统动力学理论含有两个重要的变量，分别是存量和流量。存量是某种流在一段时间内的累积量，代表系统在某一时刻的状态。流量是某种流的流动速率，是单位时间内的存量。例如，可以将装备保障体系的库存物流等抽象成一个系统，那么这个组织中可能存在订单流、人员流、资金流、设备流、物料流和咨询流。这六种流总结归纳了组织运作中的基本结构，存量可以是可见的存货水平、人员数、设备数量等，也可以是虚拟的认知水平、利率大小等。实际系统多是时间延迟的。例如，组织中不论是有形的生产、运输和传递，还是无形的决策判断过程，都连接同一种流的不同存量状态，决定存量变化的快慢。存量的变化又依靠流量随时间的积分实现，因此存量和流量之间的关系是多个微分方程。系统中的存量、流量和各种因素(辅助变量)组成因果反馈的环，互相影响，环环相扣，反映系统组成要素之间错综复杂的关系。例如，用系统动力学描述的系统因果关系图可以直观而清楚地表示系统中存在大大小小、相互交织的反馈环，以及每个变量对其他变量的作用方式是正向的，还是负向的。系统动力学基本结构图如图 2-2 所示。

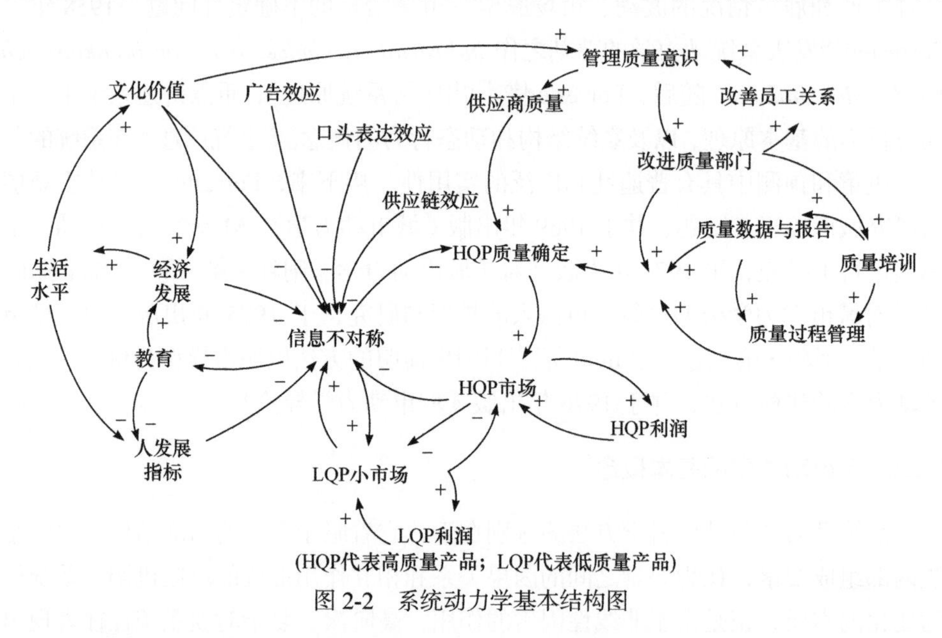

图 2-2　系统动力学基本结构图

具体来说，系统动力学模型涉及以下几个基本概念。

(1) 系统

系统是一个由相互作用、相互区别的单元或要素有机地连接在一起的，为了完成某种功能的集合。

(2) 反馈

系统内同一单元或同一子模块的输出与输入之间的关系。对整个系统而言，反馈指系统输出与来自外部环境输入之间的关系。

(3) 因果关系图

因果关系图是系统动力学模型的基础，可以说明系统的边界和内部要素，包括正因果关系和负因果关系。因果箭头将系统要素连接成因果链。多个因果链构成因果(反馈)回路。

(4) 流图

流图是反馈回路中各存量和各流量相互联系形式及反馈系统中各回路之间互连关系的图示模型。它反映系统的四个基本要素，即信息、存量、流量和流(实物流、信息流)，其中存量和流量是基本变量。整个流图的基本思想是反馈控制。系统动力学系统流图示意图如图 2-3 所示。

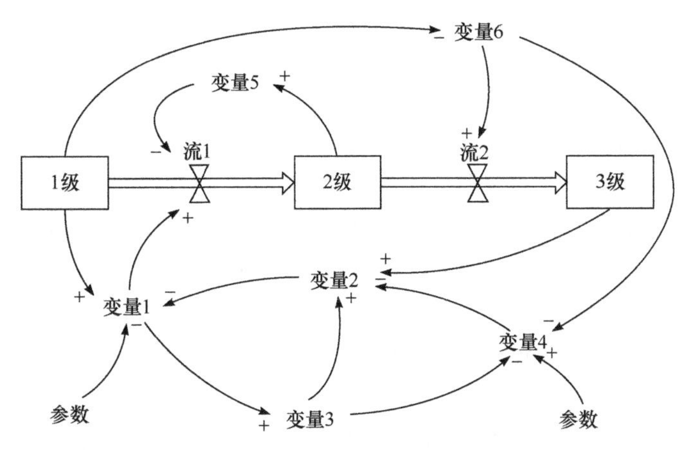

图 2-3　系统动力学系统流图示意图

存量也称为状态变量或水平变量，代表实物的积累，表示某个系统变量在某个时刻的状况。它是流入率和流出率的净差额，必须由流量的作用才能从某个数值状态改变到另一个数值状态。流量也称变化率或速度变量，随着时间的推移，使存量增加或减少。流量可以表示某个存量变化的快慢。

(5) 系统动力学方程

系统流图中的每个存量都需要一个微分方程表示物质、能量或信息流的明确的数量关系，即

$$\frac{\mathrm{d}}{\mathrm{d}t}x(t)=f(x,p) \tag{2-1}$$

其中，x 为存量；p 一组参数；f 为非线性的向量函数。

由于 x 及其他参数是前一时刻值的函数，因此式(2-1)是含时滞的方程。一个系统动力学模型就是一系列非线性的微分方程组。

2.2.3　国外系统动力学研究现状

从 1972 年开始，Forrester 的系统动力学小组在数十家企业、本国和外国政府

的资助下，完成一个方程数量达 4000 的全国系统动力学模型。该模型把美国的经济社会问题作为一个整体进行研究，解开了一些在经济方面长期存在的疑团。

此后，系统动力学的应用范围逐渐扩大，几乎遍及社会的各个领域。

(1) 项目管理领域

传统的项目管理方法假定项目能够按照开始时编制的最优计划进行，但是往往忽略返工的影响，导致对时间和成本的低估。由于项目的独特性，与之相关的各种信息随着项目的展开不断完备，因此在实际项目中返工常常不可避免，而且其影响也不可忽视。但是，这种影响往往是非线性的，在传统的网络图中难以表达，会超出项目管理者能达到的理解范围[52]。系统动力学可以提供一种自上而下的基于战略层面的描述项目进展、估计项目时间和成本风险的方法。这种方法将项目视为一个整体，而不是一系列任务的简单组合。系统动力学能够有效地描述项目中返工等回路和任务间的非线性关系，有助于项目管理者理解项目过程对项目表现的影响，从宏观上对项目进行估计和把握。系统动力学在项目管理领域典型的研究成果是 Abdel-Hamid 等[53]于 1991 年出版的《软件项目动力学：一种综合方法》。

(2) 学习型组织领域

20 世纪 90 年代，Senge 等[54]在 Forrester 对企业设计理念的基础上，出版《第五条准则：学习型组织的艺术和实务》。Senge[55]从系统的、整体的角度，运用系统动力学的方法和工具，对学习型组织的特点、构建方法做了比较全面的论述。学习型组织的灵魂是系统思考，以系统思考为核心、共同脑力模型、共同前景、团队学习、个人进取的五条准则相互融会贯通，成为建立学习型组织的基本方法。

(3) 物流与供应链领域

20 世纪 60 年代，Forrester 用系统动力学方法研究生产库存与销售波动问题。这被认为是供应链研究的经典，即牛鞭效应。1987 年，Sterman[56]对啤酒分销的反馈回路、非先行性、时间延迟、管理行为绩效进行分析，获得 1988 年的 Forrester 奖。20 世纪 90 年代起的研究成果较多[57, 58]。供应链的高效性取决于物流与信息流的协调，系统动力学中物质流、信息流的概念有利于描述供应链问题，因此在供应链动态模拟分析与诊断、协调、优化与决策研究中是一种非常有效的方法。

(4) 公司战略领域

1980 年，Lyneis[59]出版《公司战略计划与政策设计：系统动力学的视角》。2002 年 Warren[60]出版《竞争战略动力学》，并获得 2005 年度的 Forrester 奖。2007 年，Morecroft[61]出版《企业战略动态学》。2008 年，Warren[62]出版《战略管理动力学》。

2.2.4 国内系统动力学研究现状

20 世纪 70 年代末，系统动力学引入中国。杨通谊、王其藩、许庆瑞、陶在朴、胡玉奎等是系统动力学在国内普及的先驱和积极倡导者。此后，系统动力学在中国得到飞跃式发展。1986 年，我国成立系统动力学学会筹委会，1990 年成立国际系统动力学学会中国分会，1993 年成立中国系统工程学会系统动力学专业委员会。

在应用领域，特别是在可持续发展领域，宋世涛等[63]给出了一个较全面的综述。洪佩军等[64]应用系统动力学对企业过程改进的困境进行分析，指出企业过程改进的成败根源所在和避免过程改进进入困境的基本原则。

在理论领域，王其藩[65,66]、丁荣华等[67]的著作反映了我国系统动力学研究的主要成果。贾仁安和丁荣华从系统基本的因果关系出发，利用图论的相关理论和方法，根据基本要素的因果关系研究整个系统的结构，构建系统存量流量图，是系统动力学建模方法研究的重要内容。应用图论分析方法给出系统动力学存量流量图的极大出树及反馈回路计算方法，可以得到另一种系统动力学规范化的建模方法，方便系统动力学建模与反馈分析。胡玉奎等[68]、程进等[69]提出利用遗传算法研究系统结构的变化，即利用遗传算法构造初始解。模型将不断适应环境的变化，按照优胜劣汰的原则，老模型不断向新模型传递信息，新模型在生物进化过程中不断发育，实现组织结构的进化。

2.3 多 Agent 仿真

2.3.1 多 Agent 建模与仿真的概念和特点

多 Agent 建模与仿真(agent-based modeling and simulation，ABMS)源于人工智能(artificial intelligence，AI)中的分布式人工智能[70]。尽管智能体(agent)在很多领域(如计算机科学和人工智能)都有研究，但是目前还没有让各领域都接受的确切定义。本书所指的智能体是自治的个体，能够根据得到的信息进行推理，与其他个体通信、互相协调、相互协作，从而完成某一特定的任务。在这个过程中，根据自己不同的角色和功能，每个智能体都可以有自己的目标。

基于智能体建模的基本思想来源于两个基本的推动力，即智能和交互。人们将智能体作为系统的基本抽象单位，必要的时候可赋予智能体一定的智能，然后在多个智能体之间设置具体的交互方式，从而得到相应系统的模型。这样智能体的智能和交互便是基于智能体建模思想中最基本、最重要的内容。

智能体是一个自治的计算实体，可以通过感应器(物理的或软件的)感知环境，并通过效应器作用于环境。计算实体指以程序的形式，物理地存在并运行于某种计算设备上。自治指在一定程度上可以控制自己的行为，并可在没有人或其他系统的干预下采取某种行动。为了满足系统的设计目标，智能体将追求相应的子目标并执行相应的任务。通常，这些子目标和任务可能是互为补充的，也可能是相互冲突的。

一般来说，多智能体仿真主要研究两个层面的问题。一是宏观层面的问题，包括智能体之间的通信、协调、协作，以及任务的分解和分配等方面机制、协议和策略的研究。二是微观层面的问题，包括智能体自身的动力学、推理和行动等方面的研究[71,72]。Nwana[71]根据智能体的可移动性，对环境的反应类型、属性、功能与应用等方面进行分类，并对各种不同的智能体进行了全面的综述。

传统系统仿真方法侧重采用演绎推理方法建立系统模型，然后进行实验和分析。这显然具有工程技术的特点。在复杂系统的建模中，其侧重点是采用归纳推理方法建立系统的形式化模型，即系统的抽象表示以获得对客观世界和自然现象的深刻认识。这是面向科学的。国内外的研究表明，基于还原论的传统建模方式并不能很好地刻画复杂系统；ABMS 通过对复杂系统中的基本元素及其之间的交互关系建模，可以将复杂系统的微观行为和宏观涌现现象有机地联系起来。这是一种本体论方法。本体论方法不排斥分析，分析的目的不是把元素孤立起来，而是充分暴露元素之间的关联与相互作用，从而达到从整体上把握系统的目的，是一种自顶向下分析、自底向上综合的有效建模方式。

目前，ABMS 方法学是最具有活力、有所突破的仿真方法学。Agent 的理论与技术可以为复杂系统的建模与仿真实现提供一条崭新的途径。复杂系统由大量交互的个体组成。个体的行为及其交互是系统复杂的原因。ABMS 是研究大量个体或 Agent 之间的交互及其展现的宏观尺度行为的一种方法。该方法将复杂系统中各个仿真实体用 Agent 的方式/思想自底向上对整个系统进行建模，试图通过对 Agent 的行为及其之间的交互关系、社会性的刻画来描述复杂系统的行为。这种建模仿真技术在建模的灵活性、层次性和直观性方面较传统的建模技术都有明显的优势，适合对生态系统、经济系统，以及人类组织等系统的建模与仿真。通过从个体到整体、从微观到宏观来研究复杂系统的复杂性，可以克服复杂系统难以自上而下建立传统的数学分析模型的困难，有利于研究复杂系统的涌现性、非线性和关联性等特点。Agent 的思想在各个领域的研究非常广泛，甚至已经从一种具体的技术方案中超脱而出，成为一种思维方式，一种用于复杂系统建模与仿真的方法论。

2.3.2 基于 Agent 的建模与仿真的应用研究现状

目前，基于 Agent 的建模与仿真在很多学科领域得到应用，包括社会领域、经济领域、人工生命、地理与生态领域、工业过程和军事领域等，但大部分研究还处于初级阶段，属于实验室中的“思想实验”，具有学术研究的性质，离实际复杂系统的仿真分析与控制还有一定的距离。这些关于复杂系统的 ABMS 的研究与探索正在使实际应用成为可能。

1. 社会领域

社会领域是 ABMS 应用最为广泛和活跃的领域之一。其研究的重点是人类系统的涌现行为与自组织[73]。ABMS 是最适合捕捉这些现象的方法学。社会系统中的“人”与 ABMS 中的 Agent 具有本质相似性。“人”被抽象成一个具有自主决策、学习、记忆，以及协调、组织能力的 Agent。因此，Agent 可能需要采用神经网络、进化计算或者其他学习技巧来描述“人”的学习与自适应能力。

社会领域中的 ABMS 研究应用包括流，如交通流、紧急情况下的人员撤退、消费群流动管理，以及组织形成、政治交互等[74-76]。

例如，洛斯阿拉莫斯国家实验室开发了一个基于 Agent 模型的软件包——交通分析仿真系统[77]。该软件通过创建一个虚拟城市环境，对其中的人及其日常活动(上下班、购物与娱乐等)，以及交通工具在交通网络中的运行进行建模与仿真，通过个体交通工具之间的交互观察实际交通流的动态特性，进而评估整个城市交通系统的性能，并估计交通工具尾气排放产生的空气污染等情况。该软件被用来仿真波特兰市的交通状况，仿真案例包括 120000 条交通链路、150 万个个体 Agent。类似的研究还包括圣塔菲研究所对阿尔布开克市的交通和环境状况的仿真[78]，Raney 等[79]对瑞士交通问题的研究。

另外，Axtell 等[80]开发了一个基于 Agent 模型的仿真软件 ResortScape，可用于对停车场的管理及决策；Bilge[81]开发了基于 Agent 模型的软件 SIMSTORE，用于超市的管理与监控，并实际运用到英国几家超市的管理中。

2. 经济领域

经济领域是 ABMS 应用较为广泛的一个领域。美国桑迪亚国家实验室的研究人员开发了一种基于 Agent 的美国经济仿真模型 Aspen[82]。它融合了该实验室进化学习和并行计算的最新技术，与传统的经济模型相比有许多明显优势，可以在一个单一、一致的计算环境中模拟经济，允许变化的法律、规则和政策的影响，例如更详细地对货币政策、税法和贸易政策做出模型研究；允许对经济中的不同部门进行单独分析或者与其他部门一起综合分析，以便更好地理解整个经济进程。同时，还可以对经济中基本决策部门的行为进行准确模拟，如居民、银行、公司和政策。Aspen 以个人、居民和企业等微观单位作为描述和模拟对象，分析政策对微观单位的影响及引起的宏观效果。通过对特征变量的统计、分析、推断、综合，可以得到政策变化对微观个体的影响，进而得到宏观政策，以及各层次的政策实施效果。桑迪亚国家实验室目前已经完成了简单市场经济的原形模型(美国经济的简单仿真)，并致力于一个更详细的模型，同时完成了一个过渡经济的仿真模型(过渡经济仿真)[83]。

另外，圣塔菲研究所 Arthur[84,85]带领的 Bios 小组开发的虚拟股市，已成功地运用到纳斯达克股市的仿真中。基于 Agent 的纳斯达克仿真模型成功地将 Agent 的建模思想与神经网络、强化学习等智能技术结合起来，通过采用不同的策略，从简单的到复杂的策略进行交互。模型通过 Agent 间的交互表现整个股市的动态行为。

3. 军事作战对抗领域

军事领域是 ABMS 应用的一个新领域。军事对抗、陆战系统是一个复杂适应系统[86-89]，因此可用 ABMS 研究军事对抗等战场行为[90]。现有的研究成果表明，ABMS 具有强大的生命力，相较基于兰彻斯特方程的作战模型更有效，可以为人们提供更好的模拟战场的手段。

美国国防部(United States Department of Defense，DoD)希望在未来的战场中能够具有对信息实时全方位获取的能力。为了能使 C4ISR(command，control，communication，computer，intelligence，surveillance and reconnaissance)真正有用，必须采用先进的实时分布建模与仿真工具，而复杂性科学可以帮助 C4ISR 的开发。作为复杂性科学方法论的 ABMS 方法，自然成了 DoD 的先进建模与仿真方法论。DoD 关于 ABMS 的应用包括美国海军作战开发司令部开发的 ISAAC (irreducible semi-autonomous adaptive combat)和 EINSTein(enhanced ISAAC neural simulation toolkit)等；美国陆军情报与安全司令部开发的 ACME(adaptive collection management environment)，以及海军战场开发司令部与 Argonne 国家实验室的复杂适应系统仿真中心合作开发的 TSUNAMI(the tactical sensor and ubiquitous network agent-modeling initiative)。

ISAAC 是基于 Agent 模型开发的[86,87]。通过对战争的模拟，可以回答诸如“陆战系统在多大程度上具有自组织复杂自适应系统(complex adaptive system,CAS)的特征”等问题。该软件设计的初衷并不是构造一个系统级的战场模型，而是作为仿真工具包来探索从不同的低级(如从个体战士到一个班)交互规则到高级的涌现行为。ISAAC 的长期目标是其后续产品能成为复杂系统理论分析人员的工具包，并通过它来探索战场的涌现聚集行为。ISAAC 中的 Agent 具有规则、任务、态势感知和自适应性四个特性。通过简单规则的交互，ISAAC 系统可以展现出诸如向前推进、前线攻击、当地聚集成群、渗透、撤退、攻击姿态、围堵与牵制、包抄机动、游击式攻击等作战概念。

EINSTein 是 ISAAC 的增强版本[86,87]。其主要改进包括 Windows 风格的图形界面；面向对象的 C++代码；语境相关和用户定义的 Agent 行为；个性化的脚本表示；在线遗传算法、神经网络、强化学习和模式识别工具箱，在线数据收集和多维可视化工具箱；在线分析工具箱和适应度的协同进化图例显示等。目前，EINSTein 研究的两个基本问题是指挥与控制拓扑结构和战场相关信息。

美国海军作战开发司令部同时也在 Swarm 的基础上，结合 ISAAC 的部分特征开发了 SWarrior[88]。SWarrior 的目标是将 Swarm 改造成一种新的分析工具，以期能在基于 Agent 仿真的基础上提供对未来军事对抗的洞察力。

美国陆军情报与安全司令部与圣塔菲的 Bios 小组合作开发 ACME[89]。其目标是帮助指挥官对战场信息进行实时管理与信息获取，使指挥官能在战场地图不断变化的情况下获取敌人指挥所位置。

TSUNAMI 对红、蓝和中立方的兵力进行基于 Agent 建模[89]。这些 Agent 模型具有复杂的行为和不同的属性，如不同的通信设备、不同的感知能力、不同的移动能力、不同的记忆能力、不同的燃料与电池能量。TSUNAMI 通过对真实地形的描述仿真战场空间的运动与交互，具有“克隆”各种传感器、运用规则集仿真消息流和仿真服务协议质量的功能。

此外，澳大利亚国防学院开发了 RABBLE(reducible agent battlefield behavior through life emulation)[90]。与 ISAAC 不同，RABBLE 采用多 Agent 系统(multi-agent system，MAS)结构，增加了学习机制，使仿真群体行为利于决策。澳大利亚的 AoD(Air Operations Division)开发的 SWARMM 和 Battle Model[91]，可对空战中的飞行员、战斗机管理者、传感器管理者、空战防御指挥官，以及地勤人员进行 Agent 建模。军事领域关于 ABMS 的研究还有 Heinze 等[92]基于 Agent 的模型对军事作战概念的研究，Coradeschi 等[93]设计与实现的空战(特别是超视距作战)仿真的智能 Agent 软件模型 TACSI。

2.3.3　基于 Agent 的仿真平台的研究现状

目前，国外已有多种基于 Agent 的建模与仿真平台，如圣塔菲研究所的 Swarm[94]、麻省理工学院媒体实验室的 StarLogo[95]、桑迪亚国家实验室的 Aspen[96]、芝加哥大学和 Argonne 国家实验室的 Repast[97]、芝加哥大学社会与经济动态性研究中心的 Ascape。下面对具有代表意义的仿真平台进行介绍。

1. Swarm

Swarm 是 Langton 于 1994 年提出并领导开发的，目的在于建立支持基于 Agent 复杂系统仿真的通用平台。当前 Swarm 的最新版本是 2.2，可以在 Unix/Linux，以及 Windows 环境下运行。Swarm 是使用 Objective C 语言开发的，在早期版本中，编写 Swarm 的应用程序也使用 Objective C；从 2.0 版开始，提供对 Java 的支持；未来的版本可能支持 JavaScript、C++和 Perl 等语言。

Swarm 提供建立基于 Agent 仿真模型的、可共享的基本对象类库，以及运行基于 Agent 仿真模型的控制引擎或虚拟机，同时提供建模者观察与操作模型运行的用户接口，以及一些相关的工具，如随机数生成器等。

(1) Swarm 的结构

① 模型结构。

Swarm 系统中仿真的基本单位是 Swarm。一个 Swarm 是一些个体(Agent)，以及这些个体行为时间表的集合。Agent 是能够产生动作并影响自身和其他 Agent 的实体。Swarm 代表整个模型，除作为个体的容器外，Swarm 自身也可以是一个 Agent，即 Swarm 是一个嵌套层次结构，层次模型可由多个 Swarm 嵌套构成。

层次结构使 Swarm 的建模能力非常强大。Swarm 允许用户完整地建立和测试多层次模型，因此可以明确地表达一个自然的结构，即一组 Agent 紧密联系得像一个个体一样。有关 Swarm 的详细信息可以查阅 Swarm 的官方网站。

② 系统结构。

Swarm 的系统结构如图 2-4 所示。Swarm 核心是运行仿真和图形用户界面(graphical user interface，GUI)事件的虚拟中央处理器(central processing unit，CPU)部分。模型是 Swarm 的重点，是需要开发人员根据具体运用给出的 Swarm 模型。GUI 是仿真的图形交互界面，包括数据的输入与查看、系统运行状态的监控，以及仿真数据的图形化显示，如柱状图、曲线图等。

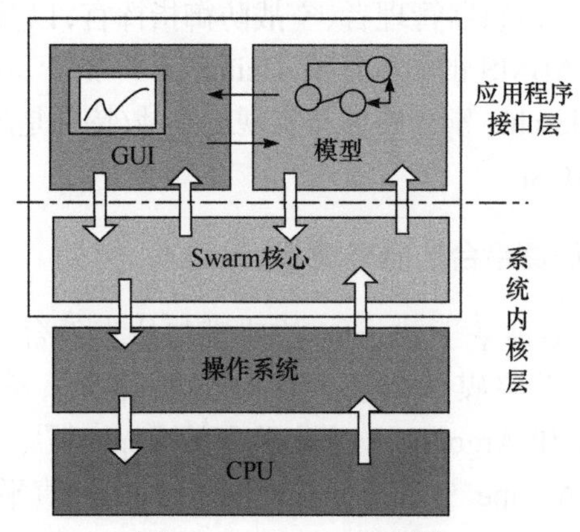

图 2-4　Swarm 系统结构

③ 逻辑结构。

Swarm 系统包括模型 Swarm(model Swarm)和观察员 Swarm(observer Swarm)。模型 Swarm 是许多个体(对象)组成的一个群体。这些个体共享一个行为时间表和内存池。整个仿真系统包括几组交互的 Swarm。观察员 Swarm 中最重要的组件是它所考察的 Swarm 模型。观察员 Swarm 可以向模型 Swarm 输入数据(通过设置模拟参数)，也可以从模型 Swarm 中读取数据(通过收集个体行为来统计数据)。观察员 Swarm 同时可与 GUI 交互。

(2) 仿真调度

Swarm 系统采用离散事件仿真的调度方式。每个 Swarm 由一群 Agent 和 Swarm 组成。一个 Swarm 是一些个体(Agent)的集合，以及这些个体行为的时间表(对 Agent 的调度)组成。时间表是一个数据结构，定义各个个体的独立事件发生的流程，即各事件的执行顺序(模型活动的调度、时间推进方式)。Swarm 的这种结构是自然的仿真封装方式,即一个 Swarm 仅代表一组 Agent 及其活动的调度。这种模块化和封装性可以提供一个灵活的应用系统。

2. GEAMAS

GEAMAS(generic architecture for multi-agent simulation)是一个复杂系统的虚拟仿真环境，目前用于火山爆发的预测、地震的仿真等自然现象的仿真研究，并且得出一些有意义的结论。GEAMAS 的体系结构分为知识抽象维、软件设计维与服务维。每一维又分为多个层。GEAMAS 体系结构的三维概念图如图 2-5 所示。GEAMAS 分为内核模块、产生环境模块，以及仿真环境模块。内核模块提供通用的 Agent 及 Agent 社会。产生环境模块允许以图形化的建模方式开发新的仿真应用。仿真环境模块允许对仿真过程进行监控与观察。Agent 的抽象分为微观层，描述元 Agent 及其确定性的简单行为；中间层，连接微观与宏观的中间结构；宏观层，也称社会，描述整个系统可被观察与分析的涌现行为。目前，GEAMAS 的最新版本为 4.0，支持基于 Java 的应用开发。GEAMAS 内部结构如图 2-6 所示。

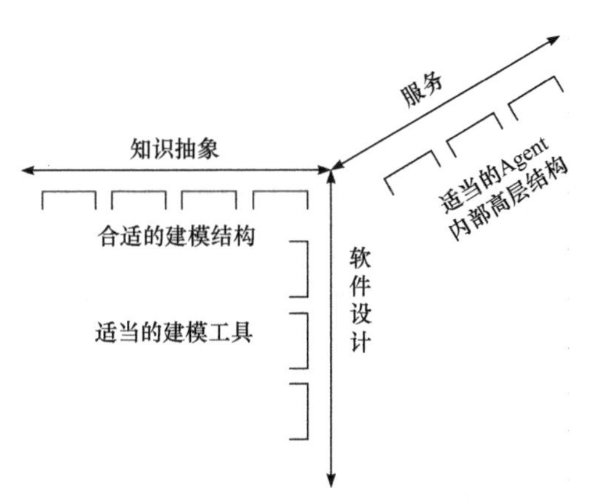

图 2-5　GEAMAS 体系结构的三维概念

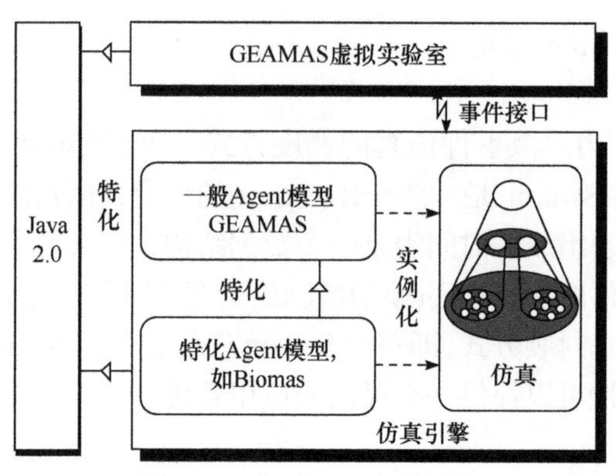

图 2-6　GEAMAS 内部结构

GEAMAS 采用自顶向下分解、自底向上综合的建模与仿真方式，仿真调度采用离散事件调度的方式。Agent 内包含邮箱，它们之间采用异步消息传递的方式进行通信。

3. Sim_Agent

Sim_Agent 是 Hepplewhite 与 Sloman 合作开发的基于 Agent 的仿真平台。它是一种串行的、集中式的、时间驱动的仿真平台，开发语言为 Pop-II。Sim_Agent 中的 Agent 具有感知、问题求解、调度和通信等能力。仿真过程分为感知、内部执行与动作选择等 3 个阶段。其中的内部执行阶段包括感知结果的处理、产生动机、调度、决策和学习等。Sim_Agent 提供一组类库和方法供用户实现特定应用的仿真，包含 sim_object 和 sim_agent 两种基本的类。Agent 的调度采用集中的时间片推进的方式。目前，Sim_Agent 正在向分布式仿真扩展，技术方案与高层体系结构(high level architecture，HLA)/运行支撑环境(run time infrastructure，RTI)结合。

Sim_Agent 在计算机生成兵力领域的应用较多，如虚拟战场的仿真。但是，总的说来，仿真应用较少。

仿真运行的基本单元是 Agent(或称 Swarm)；允许用户建立多层次的 Agent 模型，便于仿真“涌现”现象。但是，这些基于 Agent 的复杂系统建模与仿真平台也存在不足之处，主要体现在单机、串行运行方式。Swarm 主要应用于单处理器平台，即使是并行处理，也是基于单处理器或操作系统提供的并行处理能力。Agent 间的时序关系并不由 Swarm 本身提供保证，而由操作系统提供保证。Sim_gent 本身也是单机运行的，但是希望利用 HLA 的分布仿真能力提供分布式仿真应用。这种不足限制了仿真平台在大规模复杂系统的仿真中的应用。对于环境的描述，这些软件平台还不支持对自然环境的描述，只支持一般的二维或三维简单规则的网格状环境。仿真调度不够灵活，Swarm 的调度采用离散事件仿真的调度方式，且这种调度是预定义的，在建模时就已指定。Sim_Agent 采用固定时间片推进的调度方式。仿真对象不能实现充分的并发性，Swarm 将事件放在队列中进行处理与调度，不能真实反映实际系统中个体之间行为的并发性。

第 3 章　众智仿真平台

众智能仿真平台的研究涉及人工智能、数据处理、计算机仿真、智能算法等一系列环节，是一套复杂的系统工程。本书主要对群智能技术，以及基于 Agent 的仿真技术进行研究，旨在构建一套自主的通用性强，可靠性高的群智能仿真平台。

3.1　基于 Agent 的众智仿真平台

随着 Agent 研究的不断推进，目前国际上已经开发出多种 Agent 仿真平台。其中有对某领域针对性较强的典型平台，例如 Opemcss 平台能对复杂的交通系统仿真；Madkit 平台能对复杂供应链仿真；James 平台能对 Agent 间的多协商仿真。这些平台的通用性较差，只在特定领域具有较强的仿真能力。通用 Agent 仿真平台方面，具有代表性和使用广泛的平台有 JADE(java agent development framework) 平台[94]、Netlogo 平台[95]、Swarm 平台[96]、Repast 平台[97]、Mason 平台[98]、AnyLogic 平台[99,100]等。

3.1.1　JADE 平台的起源及发展

JADE 是一种提供基本中间层功能的软件平台，遵循智能物理智能体基金会 (The Foundation for Intelligent Physical Agents，FIPA)规则，可以开发标准的 Agent 程序，完成多 Agent 之间的交互和仿真。FIPA 创建于 1996 年，主要目的是规范 Agent 技术的相关标准，提高 Agent 的可用性。JADE 的起源是为了验证 FIPA 规范集，由意大利 Telecom 公司于 1998 年发起，并不断发展成为 JADE 平台。其研究重点是 Agent 软件开发的简单及可用特性。平台于 2000 年开放其源码，成为免费的开源平台。JADE 的最大优点是使用 Java 语言进行 Agent 抽象编程，使 JADE 具有 Java 语言的灵活性、可移植性强、维护性高的特点。

JADE 能够完成 Agent 的所有基本服务，如 Agent 的生命周期管理、Agent 的可移动性、Agent 的白黄页服务、Agent 的信息传输，以及 Agent 的安全管理。在 JADE 平台中，各 Agent 间采用异步模式进行通信，每个 Agent 都有自己唯一的 ID，以及各自的消息队列用于消息收发。JADE 平台未提供模型仿真的可视化窗口，需要自行开发。近年来，JADE 被越来越多地应用于各类 Agent 仿真开发中。

3.1.2　Netlogo 平台的起源及发展

Netlogo 平台最初于 1999 年由 Wilensky 提出，最终由连接学习和计算机建模中心持续维护和更新。Netlogo 是一个商用可编程建模环境，内部源码不对外开放，主要用于自然和社会的变化仿真，尤其适合对复杂系统进行仿真。Netlogo 使用扩展的 Logo 语言进行编程，内部附带多种经典 Agent 仿真模型库，以及可视化界面，提供 2D 和 3D 两种可视化界面，因此编程和使用较为容易，广泛应用于课堂教学和社会心理学等领域。Netlogo 将 Agent 分为三种，能够在世界中移动的 turtles Agent，即普通 Agent；不能移动的 patches Agent，负责将世界分为二维的网格，用于进行 Agent 位置标定；observer Agent，负责执行命令，对其余 Agent 进行监控和处理。其 Agent 间的通信均由 observer Agent 负责。Netlogo 不提供仿真时间变量，对仿真过程的推进通过重复执行程序模块进行。

3.1.3　Swarm 平台的起源及发展

Swarm 平台是最早进行 Agent 仿真建模的平台，由圣塔菲研究所发起。它也是最先提出要开发标准框架结构的平台。Swarm 可在诸如 Windows 和 Linux 等多种系统中运行和开发。平台研究的初衷是为 Agent 仿真的研究者提供现成的工具包，提高模型的构建效率。平台主要有两个特点。一是将模型的运行和结果观测分离，其结果观测在平台的虚拟实验室中进行；二是平台属于层次结构，其 Agent 和模型可能分布在不同的层。Swarm 平台开发的模型包含 Agent、环境和 Agent 的行为时序表，其模型的推进由行为时序表控制。Swarm 平台通过管理数据和内存可实现 Agent 之间的交互。Swarm 平台使用 Object C 语言进行开发，因此其维护性和支持性较差。该平台广泛应用于经济、社会、自然等交叉学科领域。

3.1.4　Repast 平台的起源及发展

Repast 平台由芝加哥大学和阿贡国家实验室共同开发，后续的维护和更新由 ROAD(Repast Organization for Architecture and Development)负责。该平台支持 Java、C#和 Python 语言。其软件架构和 Swarm 平台相近，主要用于社会学科领域，包含社会学科模型开发的专业工具。平台提供简单的模型库、类库，以及遗传和回归等算法，可以使用接口进行模型开发，并能显示 Agent 的模拟数据。

3.1.5　Mason 平台的起源及发展

Mason 平台由乔治梅森大学研制，使用 Java 语言进行编程，主要用于基于 Agent 的离散事件仿真。Mason 主要的特点是执行速度快，使用灵活，可提供图形化接口进行 2D、3D 可视化显示。由于 Mason 平台软件较小，只能进行轻量级模型仿真。

3.1.6 AnyLogic 平台的起源及发展

AnyLogic 平台由 XJ Technologies 公司开发，主要用于复杂系统、Agent 及系统动力学仿真。该平台除基础仿真部分外还包含企业库。AnyLogic 平台支持 Java 和面向实时的统一建模语言(unified modeling language for real time，HML-RT)进行开发，也可使用微分方程构建模型。其专业库覆盖领域较广，包括物流、交通和城市规划等。AnyLogic 平台是首个使用统一建模语言(unified modeling language，UML)进行仿真的平台，也是仅有的支持混合状态机语言开发仿真的商用软件。AnyLogic 平台有完备的可视化窗口，可清晰直观地对仿真过程进行观测。

3.1.7 各仿真平台的比较

针对模型的空间环境方面，除了 JADE 和 Swarm 平台仅支持二维空间环境外，其余平台都支持 2D 和 3D 两种空间环境。在算法方面，Netlogo 平台暂不支持复杂算法，Swarm 平台和 Repast 平台支持遗传算法、神经网络算法和其他 Java 计算包等。Mason 平台支持进化算法和其他 Java 计算包。AnyLogic 和 JADE 平台支持基于 Java 语言的算法。在图形及数据可视化方面，除 JADE 平台外，其他平台均配置有可视化显示模块。在性能方面，Mason、Repast 和 Swarm 平台为框架类库平台，其中 Swarm 平台发展得较为成熟。Swarm 平台为单机平台，其移植性较低，对复杂情况的仿真性能较差。Repast 平台与 Swarm 平台相似，适用于复杂性和规模较小的仿真，并且它的组织构成和设计不能自行改进。Netlogo 和 AnyLogic 均为商用软件。JADE 平台为开源平台，并且可分布在不同的主机中，使用较为灵活，可移植性强。

综上所述，这些应用广泛的 Agent 仿真平台均存在一定的局限性。对于平台在群智能仿真方面的研究还不够深入，因此需要提高平台的通用性和扩展性。

3.2 基于 HLA 的众智仿真

众智网络的演化与发展是一个漫长的过程，直接采用观察现实世界的方法研究众智网络时，有些现象是难以捕捉和解释的，因此仿真是实现众智网络研究的有效手段。与其他大规模交互仿真相比，众智网络仿真具有动态性、多样性和大规模成员的特点，以往的仿真框架难以适应众智网络仿真的特点。幸运的是，HLA 作为最著名的仿真标准已经被广泛应用于各类大规模仿真。下面对 HLA 中的协议、机制、仿真环境进行详细介绍，并提出一种新的基于 HLA 的众智网络仿真框架。

3.2.1 HLA 协议

HLA 是用于分布式计算机仿真系统的通用型建模仿真技术框架。1995 年，美国国防部发布建模与仿真主计划(M&S master plan，MSMP)，决定在国防部范围内建立一个通用的仿真技术框架，来保证国防部范围内的各种仿真应用之间可实现互操作。其技术框架的核心就是 HLA。HLA 在 1996 年 8 月完成基础定义，并于 2000 年 9 月被电气与电子工程师协会(Institute of Electrical and Electronics Engineers，IEEE)采纳，成为国际标准 IEEE 1516。

1. HLA 协议概述[101,102]

HLA 是一个开放的体系结构，以面向对象的思想和方法构建仿真系统，在面向对象分析与设计的基础上划分仿真成员，构建仿真联邦。HLA 的主要目的是促进仿真系统间的互操作性，提高仿真系统的重用能力。基于 HLA 的仿真系统的层次结构如图 3-1 所示。

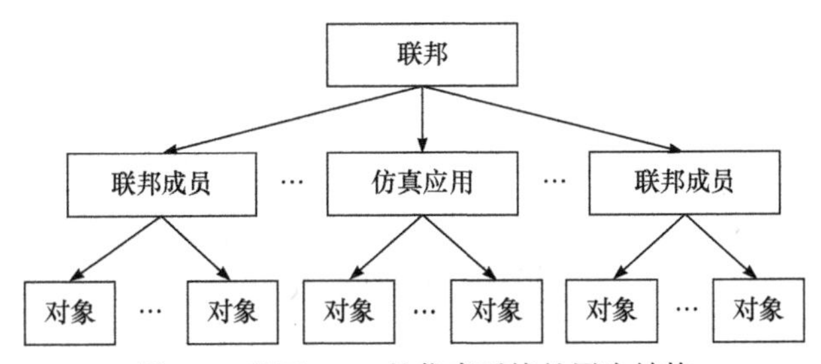

图 3-1　基于 HLA 的仿真系统的层次结构

在基于 HLA 的仿真系统中，用于达到某一特定仿真目的的分布仿真系统被称为联邦(federation)。每个联邦由若干个相互作用的联邦成员构成。所有参与联邦运行的应用程序都可以称为联邦成员。联邦成员分为多种类型，例如数据记录器成员负责联邦数据采集，实物仿真代理成员负责和实物接口，联邦管理器成员负责联邦管理(federation management，FM)等。其中，仿真应用是典型的联邦成员。仿真应用是使用实体的模型来产生联邦中某一实体的动态行为。每个联邦成员由若干个相互作用的对象构成，对象是联邦的基本元素。

HLA 定义了联邦和联邦成员构建、描述和交互的基本准则和方法。同时，每个联邦可以作为一个成员加入更大的联邦中。

2. HLA 的组成

① HLA 规则(HLA rules)：定义联邦设计阶段必须要遵守的基本原则，保证

联邦中仿真应用间接正确的方式进行交互。

② HLA 接口规范(HLA specification)：HLA 的关键组成部分，定义仿真系统运行过程中联邦成员与联邦其他成员进行信息交互的方式，即支持联邦成员之间互操作的标准服务。这些服务可分为六大类，包括联邦管理服务、声明管理(declaration management，DM)服务、对象管理(object management，OM)服务、时间管理服务、所有权管理(ownership management，OM)服务、数据分发管理服务(data distribution management，DDM)。

③ HLA 对象模型模板(object model template，OMT)：定义一套描述 HLA 对象模型的部件，即定义 HLA 对象模型信息的通用方法，提供一种标准格式 HLA 对象模型信息，以促进互操作性和资源的可重用性。

HLA 体系结构如图 3-2 所示。

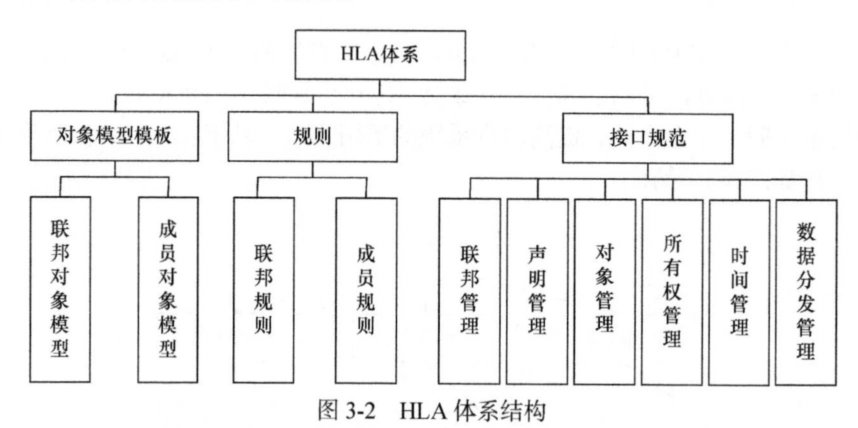

图 3-2　HLA 体系结构

3. HLA 的基本思想

HLA 的基本思想是采用面向对象的方法来设计、开发和实现仿真系统的对象模型，以获得仿真联邦高层次的互操作和重用。

简单来说，HLA 不考虑如何由对象构建成员，而是在假设联邦成员已存在的情况下如何进行联邦集成，即设计联邦成员之间的交互以达到仿真的目的。它不考虑底层的工作，因此称为高层体系结构。

在 HLA 中，互操作被定义为一个成员，能向其他成员提供服务，并且接受其他成员的服务。虽然 HLA 本身不能完全实现互操作，但是它定义了实现联邦成员互操作的体系结构和机制。除了方便成员之间的互操作之外，HLA 还向联邦成员提供灵活的仿真框架。在 HLA 框架下，HLA 仿真联邦的逻辑结构如图 3-3 所示。

RTI 又称运行时间基础结构或运行支撑系统，它与联邦成员一起构成一个开放的分布式仿真系统。RTI 是按照 HLA 的接口规范开发的服务程序，可以实现 HLA 接口规范中的所有服务，并提供一系列支持联邦成员互操作的服务函数。RTI

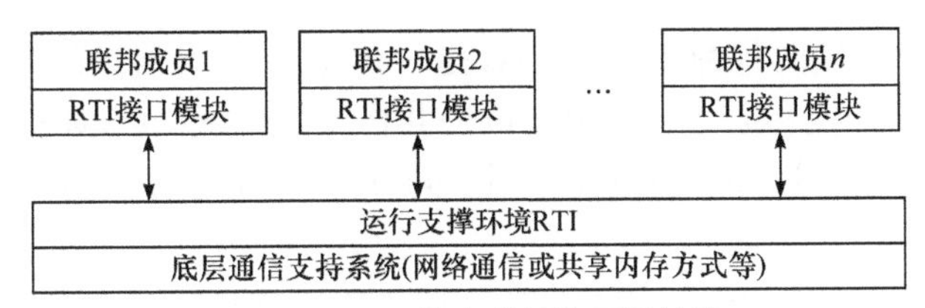

图 3-3　HLA 仿真联邦的逻辑结构

是 HLA 仿真系统进行分层管理控制、实现分布仿真可扩充性的支撑基础，也是进行 HLA 其他关键技术研究的立足点。对于采用 HLA 体系结构的仿真系统，联邦的运行和仿真成员之间的交互协调都是通过 RTI 实现的。RTI 实现机器运行性能的好坏是分布交互仿真系统实现的关键。

4. HLA 的主要特点

HLA 最显著的特点就是通过提供通用的、相对独立的支撑服务程序，将应用层同底层的支撑环境分离，即将具体的仿真功能实现、仿真运行管理和底层通信三者分开，隐蔽各自的实现细节。这使各部分可以相对独立开发，最大限度地利用各自领域的最新技术实现标准的功能和服务。同时，HLA 可实现应用系统的即插即用，易于新仿真系统的集成与管理，并能根据不同的用户需求和应用目的实现联邦的快速组合和重新配置，保证联邦范围内的互操作和重用。

5. HLA 规则

HLA 规则是 HLA 协议的三个组成部分之一。它指的是必须被遵守的原理和规定，对 HLA 兼容的联邦和联邦成员进行限制。HLA 规则总结了 HLA 应用的方式，明确了联邦成员和联邦设计者的责任。

HLA 规则从总体上描述 HLA 的思想体系，为如何遵循、使用，以及设计 HLA 提供指南。

HLA 规则已经成为 IEEE 正式标准，标准号为 IEEE 1516。现行的规则包括十条，其中前五条规定联邦必须满足的要求，后五条规定联邦成员必须满足的要求。

(1) 联邦规则

规则 1：每一个联邦都必须有一个联邦对象模型(federation object model, FOM)，并且 FOM 的格式应遵循 HLA OMT。

FOM 是一组表，记载运行时联邦成员间数据交换的协议和条件。它是定义一个联邦的基本元素。HLA 规则不限定 FOM 中的数据类型，将其留给联邦的用户和开发者决定，但是 HLA 规则要求将 FOM 以 IEEE 1516.2 的格式文档化，以便支持新用户重用 FOM。

信息交换协议的规范化是 HLA 的一个重要方面。HLA 独立于应用领域，用来支持具有广泛用途的各种联邦。FOM 是一种规范 HLA 应用的数据交换方法，通过规范协议的开发和需求，结果将以公共格式文档化。FOM 提供理解联邦的主要元素，支持联邦以部分或整体重用。同时，FOM 还提供用于初始化 RTI 的数据。

规则 2：在一个联邦中，所有与仿真相关的对象实例都应该在联邦成员中描述，而不是在 RTI 中进行描述。

将具体仿真功能的实现与通用的支撑服务分离是 HLA 的基本思想之一。在 HLA 中，凡是与具体仿真对象的对象实例相关的描述都应该在联邦成员内进行，而不是在 RTI 中。RTI 提供给联邦成员的服务类似于分布式操作系统提供给应用程序的服务，因此 RTI 可以视为一个面向仿真的分布式操作系统。RTI 提供给联邦成员的服务主要用来支撑联邦中对象实例间的交互，所有与仿真相关的实例属性都应该由联邦成员拥有，而不是 RTI。RTI 可以拥有的是与联邦管理对象模型有关的实例属性。

RTI 服务应该能支持各种联邦。它是能够被广泛重用的基本服务集，包括最基本的协调与管理服务，如联邦运行时间协调和数据分发等。由于它们的应用范围非常广泛，因此以标准服务的统一形式提供，相较于用户自己定义的效率更高。同时，这使联邦成员能集中处理应用领域的问题，减少仿真应用开发投入的时间和资源，所以在 HLA 中，仿真功能与联邦支撑服务分离。

RTI 可以传递对象的属性与交互实例的数据，支持联邦成员间的交互。

规则 3：在联邦执行过程中，联邦成员间的所有 FOM 数据的交换应该通过 RTI 来实现。

HLA 通过在 RTI 中指定接口服务，支持各联邦成员按照联邦 FOM 的规定对实例属性值和交互实例进行交换，保证仿真组件能互操作和可重用。RTI 不能被联邦成员绕过，支持联邦范围内联邦成员间的通信。在 HLA 体制下，联邦成员间的通信是借助 RTI 提供的服务进行的。联邦成员通过 RTI 进行交互的结构如图 3-4 所示。

图 3-4　联邦成员交互的结构

根据 FOM 的规定，联邦成员须告知 RTI 需要消费或发送的实例属性与交互实例的数据，然后 RTI 提供成员间协调、同步及数据交互等功能。联邦成员负责在正确的时间提供正确的数据，而 RTI 保证将数据按照声明的要求传递给需要数据的联邦成员，确保 FOM 按照规定在整个联邦范围内形成一个公共的共享数据视图。为保证所有联邦成员在整个系统运行期间内保持协调一致，所有的联邦成员都必须通过 RTI 的服务来交换数据。如果一个联邦在 RTI 外交换数据，那么会使联邦的一致性遭到破坏。公共的 RTI 服务可以保证联邦成员之间数据交换的一致性，减少开发新联邦的费用。

规则 4：在联邦执行过程中，所有的联邦成员应该按照 HLA 的接口规范与 RTI 进行交互。

HLA 提供访问 RTI 服务的标准接口。联邦成员使用这些标准接口与 RTI 交互。接口规范定义成员与 RTI 的交互。由于 RTI 及其服务接口需要面对具有多种数据交换方式的各类仿真应用系统，因此 HLA 没有对需要交换的数据做任何规定。标准化的接口使开发仿真系统不需要考虑 RTI 的实现。

这条规范可以确认接口规范在 HLA 中的位置。这使联邦成员与不同 RTI 软件的特殊性隔离开，使一个 RTI 的实现能被另一个 RTI 成功替换。

规则 5：在联邦执行的过程中，任何一个时刻的同一实例属性最多只能为一个联邦成员所拥有。

HLA 允许同一个对象不同属性的所有权分别属于不同的联邦成员，但为了保证联邦中数据的一致性，给出了该规则，即对象实例的任何一个实例属性，谁拥有谁就负责更新它。如果联邦成员不拥有实例属性，其任何更新该实例属性的操作都将被 RTI 拒绝。在联邦执行的任一时刻，实例属性只能为一个联邦成员所拥有。此外，HLA 还提供将属性的所有权动态从一个联邦成员转移到另一个联邦成员的机制。

(2) 成员规则

规则 1：每一个联邦都必须有一个联邦成员仿真对象模型(simulation object model，SOM)，并且 SOM 的格式应遵循 HLA OMT。

联邦成员可以定义为参与联邦的仿真应用或其他的应用程序，如仿真管理器、数据记录器、实体接口代理等。HLA 要求每个联邦成员有一个 SOM。该 SOM 描述联邦成员能在联邦中公布的对象类、对象类属性和交互类，但 HLA 并不要求 SOM 描述具体的交互数据。数据描述是联邦成员开发者的责任。

HLA 要求 SOM 按照 HLA OMT 规定的格式规范化。HLA 的主要目的是重用。这种重用通过支持成员级的重用实现。尽管 SOM 包含联邦成员的完整信息，有助于联邦成员适应不同仿真目的的联邦。如果不能对联邦成员中对象实例的可用信息有效访问，那么 SOM 将无法重用。为了满足这种要求，联邦成员的 SOM 通常只包括最小的基本信息集合，支持其他联邦成员对该联邦成员信息的有效访问。该信息集合包括反映联邦成员主要特征的信息。SOM 往往是联邦成员本身固有的，独立于具体的联邦。

规则 2：每个联邦成员必须有能力更新/反射任何 SOM 中指定对象类的实例属性，并能发送/接收任何 SOM 中指定交互类的交互实例。

HLA 要求联邦成员在其 SOM 中描述，供其在仿真运行过程中使用的对象类和交互类，同时允许为某个联邦成员开发的对象类可被其他联邦成员使用。联邦成员的 SOM 将这些对外交互的能力规范化。这些能力包括更新在联邦成员内部计算的实例属性值和向其他对象发送交互实例。在 SOM 开发过程中，若在初始设计中就将联邦成员内部的对象类、对象类属性和交互类设计为可向外公布，就可实现仿真的重用。

这一规则要求联邦成员内部的实例属性和交互可以为参与联邦的其他联邦成员获取。这是通过属性更新/反射与交互发送/接收来实现的。

规则 3：在联邦执行的过程中，联邦成员应该按照 SOM 中的规定，动态转移和接收对象属性的所有权。

HLA 允许不同的联邦成员拥有同一对象实例的不同实例属性，因此为一个目的设计的仿真应用可以用于另一目的的联邦，可以与为另一目的设计的仿真应用耦合，从而满足新的要求。在联邦成员的 SOM 中，将联邦成员的对象类属性规范化，联邦成员就可以动态地接收和转移这些实例属性的所有权。通过赋予联邦成员转移和接收实例属性所有权的能力使一个联邦成员可以广泛地应用于其他联邦。

规则 4：联邦成员应该能改变 SOM 中规定的更新实例属性值的条件。

HLA 运行联邦成员拥有对象实例的实例属性，并能通过 RTI 将这些实例属性的值传递给其他联邦成员。不同的联邦成员可规定不同的实例属性更新条件。联邦成员应该具有调整这些条件的能力。通过设定不同的更新条件，联邦成员可以输出不同范围的实例属性值，以满足不同联邦的需要。对一个联邦成员而言，应该是在它的 SOM 中将实例属性值的更新条件规范化。

规则 5：联邦成员需要能够管理好局部时钟，以保证与其他联邦成员进行协调数据交换。

这条规则要求联邦成员能够使用 RTI 的时间管理服务来管理各自的仿真时间。在设计之初，联邦设计者就需要确定采用何种时间管理策略，联邦成员可以决定不采用任何时间管理服务。

HLA 的时间管理方法支持使用不同内部时间管理机制的联邦成员的互操作。为了达到这一目的，HLA 提供统一的时间管理服务来保证不同联邦成员之间的互操作，因此不同类型的仿真只是 HLA 时间管理方法中的一个特例，一般只使用 RTI 时间管理能力的一部分。联邦成员不需要明确告诉 RTI 内部使用的时间推进方式(如时间步长、时间驱动、独立时间推进等)，但必须使用合适的 RTI 服务(包括时间管理服务)与其他联邦成员进行交互。

6. HLA 接口规范

HLA 接口规范是 HLA 协议的组成部分之一，定义了联邦成员与其他联邦成员进行信息交互的方式，即 RTI 六大管理服务，建立了 HLA 对象仿真的管理对象模型。根据调用关系，RTI 接口被分为两部分，一部分封装成 RTIAmbassador 类，定义和实现联邦成员所需的与 RTI 通信的接口，由联邦成员主动调用；另一部分封装成 FedAmbassador 类，定义和实现 RTI 所需的与联邦成员通信的接口，由 RTI 回调使用，根据具体的联邦仿真应用开发，完成相应功能。

7. 联邦管理

联邦管理处理一个联邦执行的创建、动态控制、修改、联邦成员加入和退出、联邦同步，以及删除等过程。在一个计算机网络中，RTI 和其他一些支持软件构成一个综合的仿真环境。在这个环境内，可以运行各种联邦。联邦管理就是为了在此仿真环境中动态地创建、修改和删除一个联邦执行。联邦执行是指在联邦运行过程中，RTI 根据联邦成员的请求用一个指定的 FOM 及相关的联邦细节数据，为实现联邦成员之间的互操作而创建的一个虚拟世界。它实际上是一个活动的联邦，因此它是一个和联邦相对应的，具有一定生命周期的动态概念。

在一个成员加入一个联邦之前，联邦执行必须存在。一旦一个联邦执行已经存在，联邦成员的加入和退出就可以按照任何对联邦用户来说有意义的顺序进行，但是联邦的撤销必须在所有联邦成员都退出后进行。联邦执行的创建与撤销过程如图 3-5 所示。

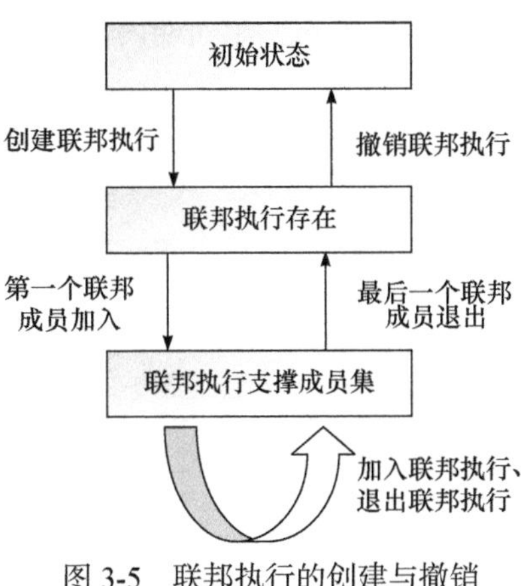

图 3-5　联邦执行的创建与撤销

在初始状态，联邦执行并不存在，当联邦成员调用了 RTI 的 Create Federation

Execution 服务之后，联邦执行开始存在。但是，此时联邦执行中并没有联邦成员，直到第一个联邦成员调用 Join Federation Execution 服务，联邦成员加入联邦执行中。此时，联邦执行将拥有支持其执行的联邦成员集，紧随第一个联邦成员之后，将不断有联邦成员加入或退出联邦执行。当最后一个联邦成员调用 RTI 的 Resign Federation Execution 服务退出联邦执行之后，联邦执行中将不再有联邦成员，此后调用 Destroy Federation Execution 服务撤销联邦执行，回到初始状态。联邦的同步、保存和恢复等操作可以在联邦执行的生命周期内根据需要调用相应的 RTI 服务来完成。

联邦执行创建与撤销的整个过程都是在 RTI 的支持下，由联邦成员推动的。在这个过程中，联邦成员与 RTI 之间的关系和交互过程如图 3-6 所示。

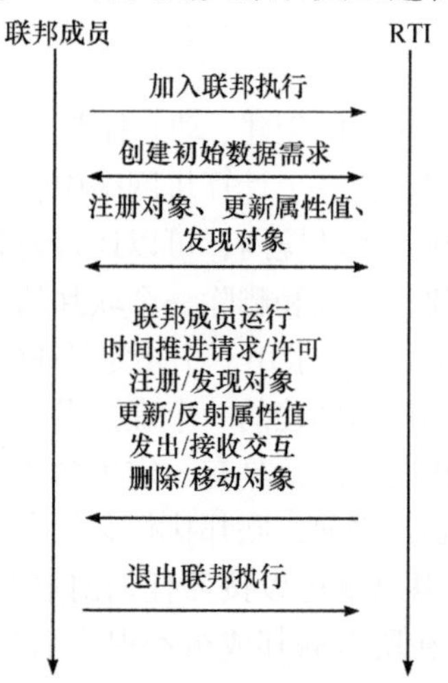

图 3-6　联邦成员和 RTI 之间的关系和交互过程

图 3-6 中的箭头表示在联邦执行的生命周期内，联邦成员和 RTI 之间的交互。图中所示的过程只是示意性的，并没有严格区分各个交互的先后顺序。在 HLA 中，单个软件系统既可以作为多个联邦成员加入一个联邦执行中，也可以作为一个联邦成员分别加入多个联邦执行中。

美国国防建模与仿真办公室(Defense Modeling and Simulation Office, DMSO) 1.3 接口规范中共有 20 个联邦管理服务，如表 3-1 所示。

表 3-1　联邦管理服务

分组	服务名称	功能简介
第一组	Create Federation Execution	创建联邦执行
	Destroy Federation Execution	撤销联邦执行
	Join Federation Execution	加入联邦执行
	Resign Federation Execution	退出联邦执行

续表

分组	服务名称	功能简介
第二组	Register Federation Synchronization Point	注册联邦同步点
	Confirm Synchronization Point Registration+	确认同步点注册(回调函数)
	Announce Synchronization Point+	宣布同步点(回调函数)
	Synchronization Point Achieved	同步点已到达
	Federation Synchronized+	联邦已同步(回调函数)
第三组	Request Federation Save+	请求联邦保存
	Initiate Federation Save+	初始化联邦保存(回调函数)
	Federate Save Begun	联邦成员保存开始
	Federate Save Complete	联邦成员保存完成
	Federation Saved+	联邦已保存(回调函数)
第四组	Request Federation Restore	请求联邦恢复
	Confirm Federation Restoration Request+	确认联邦恢复请求(回调函数)
	Federation Restore Begun+	联邦恢复开始(回调函数)
	Initiate Federate Restore+	初始化联邦成员恢复(回调函数)
	Federate Restore Complete	联邦成员恢复完成
	Federation Restored+	联邦已恢复(回调函数)

第一组主要完成联邦执行的创建、联邦成员的加入和退出，以及撤销执行等功能。

① Create Federation Execution 创建一个新的联邦执行。该服务创建的每一个联邦执行将独立于所有其他的联邦执行。FDD 标识符用于识别请求建立的联邦执行数据。

形参：

-联邦执行名

-FDD 标识符

返回变量：

-无

② Join Federation Execution 加入联邦执行服务。加入联邦执行服务把成员加入一个联邦执行。返回的联邦成员标识符在该联邦执行的所有联邦成员中是唯一的。

形参：

-联邦执行名

-联邦成员类型

返回变量：

-联邦成员标识符

③ Resign Federation Execution 退出联邦执行服务。退出联邦执行服务表明请求停止参与一个联邦执行。退出前，该联邦成员拥有的实例属性所有权应被解除。该联邦成员可以释放拥有的实例属性所有权或者删除部分对象实例。

步骤：

(A) 释放所拥有的全部实例属性的所有权。

(B) 删除该联邦成员有权删除的全部对象实例。

(C) 取消挂起的所有权获取请求。

(D) 先执行动作(B)再执行(A)。

(E) 先执行动作(C)、(B)，再执行(A)。

(F) 不执行任何动作。

返回变量：

-无

④ Destroy Federation Execution 撤销联邦执行服务。撤销联邦执行服务从 RTI 创建的联邦执行的集合中删除一个联邦执行。该联邦的所有行为将停止，并且所有联邦成员在调用这个服务之前退出。

形参：

-联邦执行名

返回变量：

-无

第二组用于联邦成员间的同步。

⑤ Register Federation Synchronization Point 注册联邦同步点。注册联邦同步点服务用于初始化一个同步点标记。当一个同步点标记被成功注册时，RTI 向部分或全部联邦成员通知该同步点。用户标志提供关联同步点的信息载体，并与同步点标记一起声明。

形参：

-同步点标记

-用户提供标记

返回变量：

-无

⑥ Confirm Synchronization Point Registration+确认同步点注册。确认同步点注册服务用于响应注册联邦同步点服务的调用。肯定的指示符通知联邦成员该标记已被成功注册。否定的指示符通知联邦成员该标记正在使用，或者标记注册失败。

形参：

-同步点标记

-注册成功指示符

返回变量：

-无

⑦ Announce Synchronization Point+宣布同步点(回调函数)。宣布同步点服务通知联邦成员存在新的同步点。当一个同步点标记被注册成功时，RTI 将在执行中的所有联邦成员或指定成员集上调用该服务。这些联邦成员形成该点的同步集。

形参：

-同步点标记

-注册成功指示符

返回变量：

-无

⑧ Synchronization Point Achieved 同步点已到达。同步点已到达服务通知 RTI 该联邦成员到达指定的同步点。一旦给定点同步集合里的所有联邦成员调用该服务，RTI 将不再在新加入的联邦成员上调用宣布同步点服务。

形参：

-同步点标记

返回变量：

-无

⑨ Federation Synchronized+联邦已同步(回调函数)。联邦同步服务通知该联邦成员指定同步点的同步集中的所有联邦成员在该点调用同步点到达服务。该服务在该点同步集合的所有联邦成员上被调用，即该点同步集中联邦成员在该点已被同步。

形参：

-同步点标记

返回变量：

-无

第三、四组服务用于完成联邦的保存和恢复工作。

⑩ Request Federation Save+请求联邦保存。请求联邦保存服务用于请求保存联邦状态。如果未选择联邦时间变量，RTI 指示所有联邦执行联邦成员立即保存状态。RTI 通过回调联邦成员的初始化联邦成员保存服务来通知该联邦成员开始保存状态。

形参：

-联邦保存标记

-可选的联邦时间值

返回变量:

-无

⑪ Initiate Federation Save+初始化联邦保存(回调函数)。初始化联邦保存服务指示联邦保存状态。Request Federation Save 服务提供给 RTI 的标记被 RTI 提供给该联邦。在收到该服务调用之后，联邦立即停止向该联邦提供新信息，在收到 Federation Saved+服务调用后，该联邦再继续向联邦提供新信息。

形参:

-联邦保存标记

返回变量:

-无

⑫ Federate Save Begun 联邦成员保存开始。联邦成员保存开始服务将通知 RTI，该联邦成员开始保存它的状态。

形参:

-无

返回变量:

-无

⑬ Federate Save Complete 联邦成员保存完成。联邦成员保存完服务通知 RTI 该联邦成员已结束保存行为。保存结果指示符通知 RTI 该联邦成员的保存结果。

形参:

-联邦成员保存结果指示符

返回变量:

-无

⑭ Federation Saved+联邦已保存(回调函数)。联邦已保存服务通知该联邦成员，保存过程已完成，并将指出该过程是否成功完成。

形参:

-联邦保存成功指示符

返回变量:

-无

⑮ Request Federation Restore 请求联邦恢复。请求联邦恢复服务指示 RTI 开始联邦恢复过程。联邦恢复请求是否有效由 Confirm Federation Restoration Request+服务说明。

形参:

-联邦保存标记

返回变量:

-无

⑯ Confirm Federation Restoration Request+确认联邦恢复请求(回调函数)。确认联邦恢复请求服务向该联邦成员指示一个请求联邦恢复的状态。该服务在响应 Request Federation Restore 服务时被调用。

形参：

-联邦保存标记

-请求成功指示符

返回变量：

-无

⑰ Federation Restore Begun+联邦恢复开始(回调函数)。联邦恢复开始服务通知该联邦成员一个联邦恢复即将开始。在收到服务调用后，该联邦成员立即停止向该联邦提供新的信息。仅在收到 Federation Restored+服务调用后，该联邦成员可以继续为该联邦提供新的信息。

形参：

-无

返回变量：

-无

⑱ Initiate Federate Restore+初始化联邦成员恢复(回调函数)。初始化联邦成员恢复服务指示该联邦成员返回已保存的状态。该联邦成员基于当前联邦执行名、提供的联邦存储标记、提供的联邦成员指示符选择合适的恢复状态信息。

形参：

-联邦保存标记

-联邦成员标识符

返回变量：

-无

⑲ Federate Restore Complete 联邦成员恢复完成。联邦成员恢复完成后服务通知 RTI 该联邦成员已完成恢复。

形参：

-联邦成员恢复成功指示符

返回变量：

-无

⑳ Federation Restored+联邦已恢复(回调函数)。联邦已恢复服务通知该联邦成员，联邦恢复过程已完成，并指出成功与否。

形参：

-联邦成员恢复成功指示符

返回变量：

–无

8. 声明管理

在分布式交互仿真(distributed interactive simulation, DIS)协议中，仿真系统间的交互是通过相互发送协议数据单元(protocol data unit，PDU)来完成的，而 PDU 的发送时采用广播的方式，因此当互连的仿真系统数量 N 增加时，网络的通信量将以 N^2 数量级增长，而且每个仿真系统在收到一个 PDU 时，都要判断该 PDU 是不是发送给自己的，会浪费大量的处理时间。

为了解决 DIS 协议中的问题，HLA 采用一种匹配机制，即数据生产者向 RTI 声明自己所能生产的数据，数据消费者向 RTI 订购自己需要的数据，由 RTI 负责在生产者和消费者之间进行匹配。RTI 保证只将消费者需要的数据传递给消费者。这种匹配可以在类层次上进行，也可以在实例层次上进行。DM 是联邦成员用来声明产生或消费数据意图的方式，RTI 使用这些声明安排数据的路由、转换数据和管理兴趣，为联邦成员提供类层次上的表达机制。

DM 的主要目的是在联邦范围内建立一种公布和订购关系，以利用 RTI 的控制机制减少网络中的数据量。联邦成员和 RTI 之间的关系如图 3-7 所示。

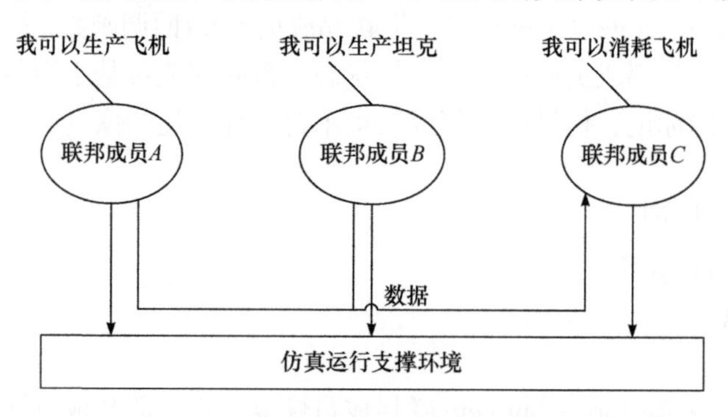

图 3-7　联邦成员和 RTI 之间的关系

图 3-7 中，联邦成员 *A* 通过 DM 服务向联邦公布对象类 plane，即联邦成员 *A* 向联邦表明它能模拟飞机的行为。同样，联邦成员 *B* 也向联邦公布对象类 tank，表明它能模拟坦克的行为，而联邦成员 *C* 向联邦订购对象类 plane，表明它对飞机的数据感兴趣。在仿真运行的过程中，联邦成员 *A* 发出的数据最终只能传给联邦成员 *C* 和其他订购对象类 plane 的成员，而不会传给联邦成员 *B*。同样，如果联邦中有其他联邦成员订购对象类 tank，联邦成员 *B* 的数据只能传送给订购对象类 tank 的联邦成员。这种机制是由 RTI 的 DM 服务实现的。

DMOS HLA 1.3 接口规范定义了 12 个 DM 服务，分为三组，如表 3-2 所示。

表 3-2 DM 服务

分组	服务名称	功能简介
第一组	Publish Object Class	公布对象类
	Unpublish Object Class	取消公布对象类
	Publish Interaction Class	公布交互类
	Unpublish Interaction Class	取消公布交互类
第二组	Subscribe Object Class Attribute	订购对象类属性
	Unsubscribe Object Class	取消订购对象类
	Subscribe Interaction Class	订购交互类
	Unsubscribe Interaction Class	取消订购交互类
第三组	Start Registration For Object Class+	开始注册对象类(回调函数)
	Stop Registration For Object Class+	停止注册对象类(回调函数)
	Turn Interactions On+	置交互开(回调函数)
	Turn Interactions Off+	置交互关(回调函数)

第一组服务用于公布或取消公布对象类和交互类。

① Publish Object Class 公布对象类。公布对象类服务指出一个对象类，该联邦成员随后可以注册其对象实例。公布对象类服务指出该对象类的类属性，因此该联邦成员能够拥有该类对象实例的相应属性。只有拥有一个实例属性的联邦成员才能把该实例属性的值提供给联邦。

形参：

-对象类标识符

-属性标识符集合

返回变量：

-无

② Unpublish Object Class 取消公布对象类。取消发布对象类将通知 RTI，该联邦成员不再注册指定对象类的对象实例。这意味着，该联邦成员不能再更新这些对象实例的任何实例属性值。

形参：

-对象类标识符

返回变量：

-无

③ Publish Interaction Class 公布交互类。公布交互类将通知 RTI。该联邦成

员向联邦执行发送哪一类交互。

形参：

-交互类标识符

返回变量：

-无

④ Unpublish Interaction Class 取消公布交互类。取消公布交互类将通知 RTI。该联邦成员将不再发送指定类的交互。

形参：

-交互类标识符

返回变量：

-无

第二组服务用于订购或取消订购对象类和交互类。

⑤ Subscribe Object Class Attribute 订购对象类属性。订购对象类属性将指定一个联邦成员关心的对象类。RTI 通知该联邦成员发现该对象类的对象实例。当订购一个对象类时，该联邦成员可提供一个类属性集合。对联邦成员发现的该类的所有对象实例，只有该类属性集合中的实例属性的值才由 RTI 提供。

形参：

-对象类标识符

-属性标识符集合

返回变量：

-无

⑥ Unsubscribe Object Class 取消订购对象类。取消订购对象类通知 RTI 停止通知该联邦成员发现指定对象类的对象实例。

形参：

-对象类标识符

返回变量：

-无

⑦ Subscribe Interaction Class 订购交互类。订购交互类向 RTI 表明联邦成员关心的交互类。RTI 通知该联邦成员接收其他联邦成员所发送的该类交互。

形参：

-交互类标识符

返回变量：

-无

⑧ Unsubscribe Interaction Class 取消订购交互类。取消订购交互类将通知 RTI，该联邦成员不再需要接收指定类的交互。

形参：

-交互类标识符

返回变量：

-无

第三组服务为一组回调函数，RTI 根据联邦中的公布和订购关系用这组回调函数通知联邦成员完成相应的操作。

⑨ Start Registration For Object Class+ 开始注册对象类(回调函数)。开始注册对象类服务通知该联邦成员可以注册指定对象类的实例，因为该联邦成员发布的对象类或其父类的属性中，至少有一个类属性被联邦执行中至少一个其他的联邦成员主动订购。该联邦成员将着手注册指定对象类的对象实例。

形参：

-对象类标识符

返回变量：

-无

⑩ Stop Registration For Object Class+ 停止注册对象类(回调函数)。停止注册对象类建议该联邦成员不再注册指定对象类的新实例，因为该联邦成员发布的属性中，没有一个属性被联邦执行中的至少一个其他的联邦成员主动订购。该联邦成员将停止注册指定对象类的新对象实例。

形参：

-对象类标识符

返回变量：

-无

⑪ Turn Interactions On+ 置交互开(回调函数)。置交互开通知该联邦成员，指定交互类或其父类被联邦执行中至少一个其他的联邦成员订购。该联邦成员发送指定类的交互。

形参：

-交互类标识符

返回变量：

-无

⑫ Turn Interactions Off+ 置交互关(回调函数)。置交互关通知该联邦成员，指定交互类或其父类没有被联邦执行中至少一个其他的联邦成员订购。

形参：

-交互类标识符

返回变量：

-无

9. 对象管理

HLA 的所有权管理是在 DM 的基础上，实现对象实例的注册/发现，属性值的更新/反射，交互实例的发送/接收，以及对象实例的删除等功能。总体来说，所有权管理服务用于实现数据实际交换的那些服务。

HLA 为所有权管理定义了一些新的概念。这些概念实际上描述了所有权管理的基本操作，以及这些操作之间的关系。

① 注册指联邦成员通过 Register Object Instance 服务或 Register Object Instance With Region 服务向联邦注册一个已公布对象类对象实例的过程。

② 发现指 RTI 通过 Discover Object Instance +服务通知联邦成员。其订购的对象类的对象实例已被发现的过程。

③ 更新和反射属性值联邦成员在运行过程中，当已注册的某个对象实例的属性值发生变化时，联邦成员有义务向联邦更新其实例属性值，以便订购该对象类的联邦成员能够获得对象实例的最新状态。联邦成员向联邦发送实例属性值的过程称为属性值更新，而 RTI 将对象实例的属性值通过回调函数发送给订购该对象类联邦成员的过程称为反射属性值。

④ 交互实例的发送与接收和对象实例属性值的更新/反射相似。根据仿真的目的，当联邦成员需要向联邦发送交互事件时，可以通过 Send Interaction 服务将交互实例及其所属的交互参数一起发送给 RTI。由 RTI 将接收到的交互事件通过 Receive Interaction 回调函数传递给当前联邦中订购该交互类的其他联邦成员。

⑤ 对象实例的删除与移走在仿真运行过程中，当某个联邦成员退出联邦执行，或者根据仿真结果某个对象实例不需要继续存在，需要从联邦执行中删除该对象实例时，这种删除操作是通过调用 RTI 的 Delete Object Instance 服务完成的，并且该操作只能由有权删除该对象实例的联邦成员完成。RTI 在接到 Delete Object Instance 请求后将指定的对象实例从联邦中删除，并通过 Remove Object Instance 回调函数通知当前已订购该对象类的联邦成员，指定的对象实例已经被删除。

⑥ 对于对象实例的已知类，如果联邦成员注册了某个对象类 X 的对象实例 W，那么对象类 X 即对象实例 W 的已知类，同时对象类 X 也成为对象实例 W 的已注册类。反之，如果联邦成员发现某个对象实例，那么该对象实例的已发现类即该对象实例的已知类。

⑦ 对于对象实例的已发现类，假设 O 为对象实例 F 发现的对象实例，如果联邦成员 F 已经订购 O 的已注册类，那么对象实例 O 的已注册类即 O 的已发现类；否则，如果联邦成员 F 已经订购 O 的已注册类的最近超类，那么对象实例 O 的已注册类的最近超类即 O 的已发现类。

DMOS HLA 1.3 接口规范定义了 17 个所有权管理服务，分为八组，如表 3-3

所示。

表 3-3　所有权管理服务

分组	服务名称	功能简介
第一组	Register Object Instance	注册对象实例
	Discover Object Instance +	发现对象实例(回调函数)
第二组	Update Attribute Values	更新属性值
	Reflect Attribute Values +	反射属性值(回调函数)
第三组	Send Interaction	发送交互实例
	Receive Interaction +	接收交互实例(回调函数)
第四组	Delete Object Instance	删除对象实例
	Remove Object Instance +	移去对象实例(回调函数)
	Local Delete Object Instance	本地删除对象实例
第五组	Change Attribute Transportation Type	开始注册对象类(回调函数)
	Change Interaction Transportation Type	停止注册对象类(回调函数)
第六组	Turn Interactions On+	改变属性传输类型
	Turn Interactions Off+	改变交互类的传输类型
第七组	Request Attribute Value Update	请求属性值更新
	Provide Attribute Value Update +	提供属性值更新(回调函数)
第八组	Turn Update On For Object Instance +	置对象实例更新开(回调函数)
	Turn Update Off For Object Instance +	置对象实例更新关(回调函数)

前三组分别完成注册/发现对象实例、更新/反射属性值、发送/接收交互实例等操作。

① Register Object Instance 注册对象实例。RTI 创建一个唯一的对象实例标识符，并将它与相应对象类的实例关联。该联邦成员拥有该注册实例中相对于当前所公布的该对象类的属性集中的所有属性。如果提供可选的对象实例名称，该名称必须是唯一的且与该对象实例相关联。

形参：

-对象类标识符

-可选的对象实例名称

返回变量：

-对象实例标识符

② Discover Object Instance + 发现对象实例(回调函数)。发现对象实例通知联邦成员发现一个对象实例，当一个对象实例被另一个联邦成员注册，并且该联邦成员订购该实例的对象类，则该联邦成员实例会被发现。该对象实例的标识符对本地联邦成员是唯一的。

形参：

-对象实例标识符

-对象类标识符

返回变量：

-无

③ Update Attribute Values 更新属性值。更新属性值把该联邦成员拥有的当前值提供给联邦。该联邦成员可以只提供变化的实例属性值，如联邦执行数据(Federation Execution Data，FED)文件中指定的那样，该服务与反射属性值(Reflect Attribute Values +)服务一起，构成 RTI 支持的基本数据交换机制。该服务将返回联邦唯一的事件撤销标识符，仅提供联邦事件参数时，才返回事件撤销标识符。

形参：

-对象实例标识符

-属性标识符/值对集合

-用户提供标志

-可选联邦时间

返回变量：

-可选事件撤销标识符

④ Reflect Attribute Values + 反射属性值(回调函数)。反射属性值服务指定实例属性的新值提供给该联邦成员。该服务与 Update Attribute Values 服务一起，构成 RTI 支持的基本数据交换机制。

形参：

-对象实例标识符

-属性标识符/值对集合

-用户提供标志

-可选联邦时间

-可选事件撤销标识符

返回变量：

-无

⑤ Send Interaction 发送交互实例。发送交互服务将把交互发送到 RTI，交互参数是在 FED 文件中定义的该交互类及其所有超类的参数。该服务返回一个联邦唯一的事件撤销标识符，仅当提供联邦时间参数时，才返回事件撤销标识符。

形参：
-交互类标识符
-交互参数标识符/值对集合
-用户提供标志
-可选联邦时间
返回变量：
-可选事件撤销标识符

⑥ Receive Interaction+ 接收交互实例(回调函数)。接收交互实例服务提供该联邦成员一个其他联邦成员发送的交互。联邦时间和事件撤销标识符参数被一起提供或不提供。

形参：
-交互类标识符
-交互参数标识符/值对集合
-用户提供标志
-可选联邦时间
-可选事件撤销标识符
返回变量：
-无

第四组服务中的 Delete Object Instance 服务和 Remove Object Instance 服务完成删除/移去对象实例的操作，而 Local Delete Object Instance 服务主要用于实现对象的动态管理。

⑦ Delete Object Instance 删除对象实例。删除对象实例服务通知联邦，该联邦成员拥有的带指定标识符的一个对象实例将从联邦执行中退出。一旦该对象实例从联邦执行中退出，该标识符架构不再被重用，所有拥有该对象实例属性的联邦成员将不再拥有那些属性。RTI 使用 Remove Object Instance+服务通知反射联邦成员，该对象实例已被删除。

形参：
-对象类标识符
-用户提供标志
-可选联邦时间
返回变量：
-可选事件撤销标识符

⑧ Remove Object Instance+ 移去对象实例(回调函数)。移除对象实例服务将通知该联邦成员，一个对象实例已从联邦执行中删除。

形参：

-对象实例标识符
-用户提供标志
-可选联邦时间
-可选事件撤销标识符
返回变量：
-无

第五组服务用于改变属性和交互类的传输类型。第六组服务用于传递 RTI 控制信息。第七组服务用于请求/提供属性值更新。这组服务主要用于请求对外部属性值的更新。

⑨ Request Attribute Value Update 请求属性值更新。请求属性值更新用于激活指定属性值的更新。当使用该服务时，RTI 使用 Provide Attribute Value Update+ 服务向指定属性的拥有者请求提供它们的当前值。当指定一个对象类时，RTI 请求该类所有对象实例指定实例属性的值。当一个对象实例标识符被指定时，RTI 请求特定对象实例指定属性的值。

形参：
-对象实例标识符或对象类标识符
-属性标识符集合
返回变量：
-无

⑩ Provide Attribute Value Update + 提供属性值更新(回调函数)。提供属性值更新服务要求该联邦成员为一个给定的对象实例提供拥有属性的当前值。该联邦成员调用 Update Attribute Values 服务响应该服务，向联邦提供请求的实例属性值。

形参：
-对象实例标识符
-属性标识符集合
返回变量：
-无

第八组服务用于设置对象实例的更新开关。

形参：
-对象实例标识符或对象类标识符
-属性标识符集合
返回变量：
-无

⑪ Turn Update On For Object Instance + 置对象实例更新开(回调函数)。置对象实例更新服务向该联邦成员指示，联邦执行中的其他联邦成员请求获得指定对

象实例的指定属性值。该联邦成员将按联邦意图更新指定的实例属性值。

形参:

-对象实例标识符

-属性标识符集合

返回变量:

-无

⑫ Turn Update Off For Object Instance + 置对象实例更新关(回调函数)。

置对象更新实例关服务向该联邦成员指示，指定对象实例的指定属性值在联邦执行中的任何地方没有被请求。

形参:

-对象实例标识符

-属性标识符合集

返回变量:

-无

10. 时间管理

时间是分布式仿真中的核心概念，HLA 支持多种时间管理策略。在仿真开发过程中，时间管理服务是可选服务。

在介绍 HLA 的时间管理机制之前，首先介绍几个与时间管理相关的基本概念。

① 物理时间指物理系统中的时间，也是客观世界中的自然时间。

② 仿真时间是仿真世界中的时间，即仿真系统所代表的时间。在仿真世界中，它类似于客观世界的物理时间，通常也将仿真时间称为逻辑时间。

③ 墙上时钟时间指仿真执行过程中的参考时间，通常来自一个硬件时钟。

④ 联邦时间轴是一个单调有序的时间值序列。在仿真世界里，仿真时间总是沿着联邦时间轴向前流动。在 HLA 中，仿真时间是整个联邦运行的背景时间，可用联邦时间轴来表示。

⑤ 联邦成员时间指一个指定的联邦成员在联邦时间轴上的当前值。它也是联邦成员的逻辑时间。例如，如果一个联邦成员处于逻辑时间 T，那么表明它已经完成所有 T 时间以前实体状态的处理。

⑥ HLA 时间管理服务协调时间的方式是通过相互放松消息进行的。在 HLA 的时间管理中，如果一个联邦成员激活 Update Attribute 服务、Send Interaction 服务、Send Interaction With Region 服务或者 Delete Object Instance 服务，那么称该联邦成员发送了一个消息。若 RTI 为联邦成员激活 Reflect Attribute Values +服务、Receive Interaction +服务、Remove Object Instance +服务，则称该联邦成员接收了一个消息。

联邦成员发送一个消息将导致一个或多个联邦成员收到对应的消息，这种发送和接收的对应关系要根据公布与订购的关系来确定。在 HLA 中，消息通常称为事件，消息发送时间可以打上时戳，以表明该事件发生的时间。

联邦运行时可视为一组通过 RTI 相互传递消息的联邦成员集合。联邦成员的运行可视为一系列的计算，其中一部分计算称为事件。在理想情况下，模型计算和消息传递引起的时延等于实际系统中相应的时延。实际上，两者是不一致的，通常仿真中的时延大于实际的时延，这导致仿真世界的运行偏离真实世界。

时间管理的目的是减少偏差的产生，或者降低此类偏差带来的不良影响。其主要任务是使仿真世界中事件发生的顺序与真实世界中事件发生的顺序一致，保证各联邦成员能以同样的顺序观察到事件的产生，并协调他们之间的相关活动。时间管理主要面对联邦执行的两个问题：一是事件应该发生而没有发生；二是事件没有按顺序发生。第一个问题目前还没解决。HLA 时间管理主要确保能解决第二个问题，即确保事件发生的顺序或放松对顺序的要求而不影响仿真效果。此外，还要求 HLA 的时间管理能支持以下不同类型联邦成员间的互操作。

① 不同消息传递顺序的联邦成员间的互操作。例如，不要求按时戳顺序(time stamp order，TSO)处理事件的 DIS 类联邦成员和要求按时戳顺序处理事件的聚集级仿真协议(Aggregate Level Simulation Protocol，ALSP)类联邦成员间的互操作。

② 使用不同时间推进方式(如独立时间推进、协商时间推进等)的联邦成员间的互操作。

③ 使用不同时间管理策略的成员间的互操作。

④ 使用保守时间推进机制与乐观时间推进机制的联邦成员间的互操作。

⑤ 使用不同消息传递顺序与传递方式组合的联邦成员间的互操作。

HLA 时间管理的出发点是在保证正确实现联邦成员仿真时间的协调推进和数据交换的前提下，定义服务所需的最小集合。因此，HLA 的时间管理建立在以下原则上。

① HLA 联邦中不存在通用和全局的时钟。在联邦执行生命周期的任何时刻，不同的联邦成员可具有不同的仿真时间。

② 联邦中可以产生时戳是“未来”(即事件时戳大于联邦成员当前的逻辑时间)的时间。对象状态的变化也称事件，包括属性值更新、交互实例发送、对象实例化等。这些事件是由联邦成员产生的，并且这些事件的时戳应该大于或等于联邦成员当前的逻辑时间。

③ 使用逻辑时间的联邦成员不能产生过去(即事件时戳小于联邦成员当前的逻辑时间)的事件。

④ 不要求联邦成员以时戳顺序产生事件。例如，一个联邦成员可以先产生时戳为 10 的事件，再产生时戳为 8 的事件，但是事件的具体发生顺序一定是先 8

后 10。

HLA 时间管理关注的是如何在联邦执行时控制时间的推进，但是时间推进机制必须与负责传递消息的时间机制配合。消息可以带时戳，并通过时戳表明消息发生的时间，而 HLA 的时间管理正是依靠协调带时戳消息的传递来实现仿真的推进，因此 HLA 时间管理机制包括消息传递机制和时间推进机制。

(1) 消息传递机制

消息传递机制包括两方面的内容：一是消息传输方式，二是消息传递顺序。不同类型的消息传递机制提供不同的可靠性或者不同的传递顺序，其代价是资源(如时延、宽带等)损耗的加大。消息的传输方式分为可靠和快速两种。前者保证可靠性，使消息最终能到达目的联邦成员，但通常需要增加时延。后者以减少传输时延为主要目的，通常要降低可靠性。消息传递顺序可分为接收顺序(receive order，RO)、优先级顺序、因果顺序、时戳顺序。这四类传递服务功能依次增强，代价也随之增大。考虑效率和代价两方面的因素，目前 HLA 支持两种基本的消息传递机制，即接收顺序和时戳顺序。

① 接收顺序。这是时延最小的方式，RTI 按接收消息的顺序将消息传递给联邦成员，可以理解为 RTI 内部为每个联邦成员建立一个队列。RTI 将要转发给联邦成员的消息按先进先出的方式在队列中排队，依次将队列前面的消息传递给联邦成员。此方式适用于对传递速度要求高于对因果关系要求的情况。

② 时戳顺序。RTI 将保证传递到联邦成员的所有消息都是按时戳顺序到达。RTI 将接收到的消息保存于队列中，直到确信没有时戳更小的消息到达，才将这些消息转发给联邦成员。时戳顺序可以保证联邦成员不会收到过去的消息，所有从同一事件集中接收消息的联邦成员能以同样的顺序接收消息。时戳顺序并不要求联邦成员按时戳顺序发出消息。目前，HLA 通过为联邦成员定义的时间预测量 Lookahead(又称时间前瞻量)来判断有无更小的时戳到达。

在 HLA 中，无论是发送的消息还是接收的消息，其顺序类型只能是时戳顺序和接收顺序。消息的排序类型可以由以下因素决定。

① 首选顺序类型。每一个类属性和交互类在 FOM 文件中指定一个首选的顺序类型，是发送消息为这些类的实例传递值时最初使用的顺序类型。

② 是否带时戳。每一个对应发送或接收消息的服务均应有一个可选时戳项。

③ 联邦成员的时间管理策略。如果一个联邦成员的时间管理策略为时间控制，那么它能够发送时戳顺序消息，否则不能。如果一个联邦成员的时间管理策略时间受限，那么它能够接收时戳顺序消息，否则不能。

④ 发送消息顺序类型。接收消息的顺序类型取决于发送消息的顺序类型。消

息的发送顺序类型如表 3-4 所示。

表 3-4 消息的发送顺序类型

首选顺序类型	发送联邦成员是否为时间控制	是否使用时戳参数	发送消息的顺序类型
接收顺序	否	否	接收顺序
接收顺序	否	是	接收顺序
接收顺序	是	否	接收顺序
接收顺序	是	是	接收顺序
时戳顺序	否	否	接收顺序
时戳顺序	否	是	接收顺序
时戳顺序	是	否	接收顺序
时戳顺序	是	是	时戳顺序

消息的接收顺序类型取决于接收消息的联邦成员是否为时间受限，以及该消息对应的发送消息的发送顺序类型。消息的接收顺序类型如表 3-5 所示。

表 3-5 消息的接收顺序类型

接收联邦成员是否为时间受限	对应的发送消息的顺序类型	接收消息的顺序类型
否	接收顺序	接收顺序
否	时戳顺序	接收顺序
否	接收顺序	接收顺序
是	时戳顺序	时戳顺序

根据上表中定义的规则，发送方为接收顺序的消息，其对应的接收消息在接收方永远不可能转换为时戳顺序。如果一个接收消息的顺序类型为时戳顺序，接收该消息的联邦成员只能以时戳的顺序来接收它。

(2) 时间推进机制

时间管理应能同时支持不同类型的仿真，包括真实仿真、虚拟仿真和构造仿真，因此 HLA 的时间管理必须涵盖三种类型仿真实体的时间推进模式。其核心在于为所有仿真节点选择一个相同的精确时钟，确保仿真过程发生的事情在逻辑上的正确性，以及发送的消息在逻辑上是有序的。并行离散事件仿真(parallel discrete event simulation, PDES)提出的解决方法有保守算法和乐观算法，因此 HLA 的时间推进机制可分为保守时间推进机制和乐观时间推进机制。

保守时间推进机制以 PDES 的保守算法为基础。其基本思想是假设物理系统满足可实现性和可预测性。可实现性保证系统 t 时刻发出的消息仅依赖 t 时刻以前收到的消息和状态。可预测性保证系统能在 t 时刻预测出 $t+\varepsilon$ 时刻的消息($\varepsilon>0$)，并在遵守本地因果约束条件的情况下，实现系统的正确仿真。

乐观时间推进机制以 PDES 的乐观算法为基础。与保守机制相反，乐观的时间推进机制不严格遵守本地因果条件，当因果发生错误时，利用回滚(回溯)机制对系统状态进行恢复。乐观的时间推进机制能确保事件均按照时戳顺序处理。

保守的时间推进机制能确保事情的处理顺序不偏离物理系统中事件发生的顺序，即确保事件的处理不偏离时戳顺序。乐观的时间推进机制允许事件的处理偏离时戳顺序，但它必须能检测出已偏离时戳顺序的事件，并利用回滚机制完成回滚。在乐观时间推进机制下，为保证 HLA 规范的统一性，回滚操作由用户来完成。

DMSO HLA 1.3 的时间管理服务共 23 个，分为四组，如表 3-6 所示。

表 3-6　时间管理服务

分组	服务名称	功能简介
第一组	Enable Time Regulation	打开时间控制状态
	Time Regulation Enabled+	时间控制状态许可(回调函数)
	Disable Time Regulation	关闭时间控制状态
	Enable Time Constrained	打开时间受限状态
	Time Constrained Enabled+	时间受限状态许可(回调函数)
	Disable Time Constrained	关闭时间受限状态
第二组	Time Advance Request	步进时间推进请求
	Time Advance Request Available	即时时间推进请求
	Next Event Request	下一事件请求
	Next Event Request Available	下一事件即时请求
	Flush Queue Request	清空队列请求
	Time Advance Grant+	时间推进许可(回调函数)
第三组	Enable Asynchronous Delivery	打开异步传输方式
	Disable Asynchronous Delivery	关闭异步传输方式
第四组	Qurey LTBS	查询 LBTS(lower bound time stamp, 时戳下限)
	Qurey Federate Time	查询联邦成员逻辑时间
	Qurey Minimum Next Event Time	查询最小下一事件时间
	Modify Lookahead	修改 Lookahead
	Query Lookahead	查询 Lookahead
	Retract	回滚
	Request Retraction+	请求回滚(回调函数)
	Change Attribute Order Type	改变属性顺序类型
	Change Interaction Order Type	改变交互类的顺序类型

第一组服务的主要功能是设置或取消联邦成员的时间管理策略。

① Enable Time Regulation 打开时间控制状态。打开时间控制状态服务使联邦成员能进行时间控制，因此允许该联邦成员发送时戳顺序消息。RTI 可以不将该联邦成员的逻辑时间设置为申请的值，因为这样做可能使该联邦成员发送一个时戳小于另一个联邦成员的当前逻辑时间的消息。

形参：

-联邦时间值

-前瞻时间

返回参数：

-无

② Time Regulation Enabled+ 时间控制状态许可(回调函数)。时间控制状态许可调用指出一个先前的时间控制请求已被许可，参数的值指出设置该联邦成员的逻辑时间值。

形参：

-该联邦成员的当前逻辑时间

返回参数：

-无

③ Disable Time Regulation 关闭时间控制状态。关闭时间控制状态读物调用表明，该联邦成员不再为时间控制，随后发送的消息将自动按接收顺序消息发送。

形参：

-无

返回参数：

-无

④ Enable Time Constrained 打开时间受限状态。打开时间受限状态服务将请求把调用该服务的联邦成员设为受时间约束的。RTI 通过 Time Constrained Enabled+服务通知该联邦成员是时间约束的。

形参：

-无

返回参数：

-无

⑤ Time Constrained Enabled+ 时间受限状态许可(回调函数)。时间受限状态许可服务指出先前的一个 Enable Time Constrained 请求已被准许。该联邦成员开始受时间约束，该服务参数的值指出该联邦成员的当前逻辑时间。

形参：

-联邦时间值

返回参数：

-无

⑥ Disable Time Constrained 关闭时间受限状态。关闭时间受限状态服务表明，该联邦成员将不再受时间约束，所有排队的，以及随后的时戳顺序消息将作为接收顺序消息传递给该联邦成员。

形参：

-无

返回参数：

-无

第二组服务的主要功能是进行时间推进。

⑦ Time Advance Request 步进时间推进请求。步进时间推进请求服务将申请推进该联邦成员的逻辑时间，发送零个或多个消息给该联邦成员。服务的调用将引起下面消息的集合被传送给该联邦成员。

第一，该联邦成员将按接收顺序消息接收 RTI 中排队的所有消息。

第二，该联邦成员将按时戳顺序消息接收所有时戳小于或等于指定时间的时戳顺序消息。

形参：

-联邦时间值

返回参数：

-无

⑧ Next Event Request 下一事件请求。下一事件请求服务将申请该联邦成员的逻辑时间推进到要发送给该联邦成员下一时戳顺序消息的时戳值，如果该消息的时戳不大于请求中指定的逻辑时间。

形参：

-联邦时间值

返回参数：

-无

⑨ Flush Queue Request 清空队列请求。清空队列请求将队列中所有的时戳顺序消息传送给该联邦成员。RTI 将尽快发送所有消息，尽管它不能保证会有更小时戳的消息可能到达。如果该联邦成员不会收藏到时戳小于指定时间的其他时戳顺序消息，该联邦成员的逻辑时间将被推进到指定时间，否则，RTI 将尽可能地推进该联邦成员的逻辑时间，但也可能一点也不推进。

形参：

-联邦时间值

返回参数：

-无

⑩ Time Advance Grant+ 时间推进许可(回调函数)。时间推进许可服务指出该联邦成员先前的推进逻辑时间的请求已被获准，参数给出该联邦成员推进到的逻辑时间。如果发出该许可是用以相应的 Next Event Request 或 Time Advance Request 服务调用，则 RTI 保证在将来没有时戳小于或等于该许可时间值的其他时戳顺序消息传递给该联邦成员。

形参：

-联邦时间值

返回参数：

-无

第三组服务是设置或取消异步传输，第四组服务是一组辅助服务，主要完成查询或回滚等功能。

⑪ Retract 回滚。联邦成员通过 Retract 服务通知联邦执行。该联邦成员先前发送的一个消息将被撤销，Update Attribute Values、Send Interaction 和 Delete Object Instance 服务将返回一个事件撤销标识符。该标识符用于指定将被撤销的事件。只有发送的时戳顺序消息可被撤销，联邦成员不能撤回过去的消息。如果消息的时间早于该联邦成员的当前逻辑时间，则该消息处于该联邦成员的过去状态。

形参：

-事件撤销标识符

返回参数：

-无

⑫ Request Retraction+ 请求回滚(回调函数)。如果 RTI 收到撤销某个已传递到联邦成员事件的合法服务调用，则 RTI 在该联邦成员上调用该服务。如果要撤销的事件还没有传递给联邦成员，则不调用该服务。该事件将从 RTI 事件队列中移除，不再传递给该联邦成员。

形参：

-事件撤销标识符

返回参数：

-无

11. 所有权管理

所有权管理是 HLA 接口规范的重要内容之一。在仿真运行过程中，联邦成员和 RTI 将利用所有权管理服务转移实例属性的所有权，并利用所有权管理服务支持联邦范围内对象实例的协同建模。要想拥有实例属性的所有权，在公布对象实例的已知类时，联邦成员必须公布该实例属性的对应类属性。

在 HLA 中，所有权管理的是联邦中已注册对象的实例属性的所有权。所有权的基本内容就是协调和管理联邦范围内实例属性所有权的转移。根据所有权转移过程的不同，所有权的转移包括所有权的转让和所有权的获取。

(1) 所有权的转让

联邦成员可通过以下方式转让其当前拥有的实例属性的所有权。一旦联邦成员将其拥有的实例属性的所有权转让，它将不再负责更新该实例属性的值。

① 激活 Unconditional Attribute Ownership Divestiture 服务。在这种情况下，联邦成员将立即失去该实例属性的所有权。实际上，激活该服务之后，所有联邦成员都不再拥有该实例属性的所有权。

② 激活 Negotiated Attribute Ownership Divestiture 服务。联邦成员用该服务通知 RTI。如果 RTI 能找到愿意拥有该实例属性的其他联邦成员，该联邦成员将转让实例属性的所有权，尝试获取该实例属性的联邦成员，即成为愿意拥有该实例属性的联邦成员。

③ 对于已标识的实例属性，如果联邦成员已经收到来自 Request Attribute Ownership Release+服务，可以通过激活 Attribute Ownership Release Response 服务转让该实例属性的所有权。

④ 联邦成员可以停止公布其欲转让的实例属性所对应的对象实例的已知类，放弃对该实例属性的所有权。停止公布该对象实例的已知类后，联邦中的所有联邦成员都将失去该实例属性的所有权。但是，如果联邦执行中仍然有该已知类的对象实例，而且某个联邦成员正在获取或准备获取该实例对象的某个属性，那么此时联邦成员不能停止公布该对象类。

⑤ 联邦成员可以退出联邦执行，并带上 Release Attribute 选项。当联邦成员成功退出联邦执行后，它将不再拥有所有实例属性的所有权。实际上，在这种方式下，该联邦成员原先拥有的实例属性已不再被联邦中的其他联邦成员拥有。

上述五种方法中，只有②可以被中途取消。RTI 能保证这种取消过程成功完成。②、③方法能确保一旦转让实例属性的联邦成员失去该实例属性的所有权，立即会有其他联邦成员取得该实例属性的所有权。①、④、⑤三种方法导致被转让的实例属性不再被联邦中的任何联邦成员拥有。

(2) 所有权的获取

如果联邦成员已经公布了某个实例属性的已知类，那么该联邦成员可以通过两种方法获取该实例属性的所有权。

① 联邦成员可以激活 Attribute Ownership Acquisition 服务，并通过该服务向 RTI 声明自己想要获取的实例属性。RTI 接收到该服务请求后，将向拥有该实例属性的联邦成员激活 Request Attribute Ownership Release+服务，请求它释放该实例服务。

② 联邦成员可以激活 Attribute Ownership Acquisition If Available 服务，并通过该服务向 RTI 声明自己想要的实例属性。同时该服务还表明，仅当该联邦成员想要获取的实例属性已经不被其他联邦成员拥有或者正在被其他联邦成员转让，该联邦成员才能获得它想要的实例属性。

方法①可以看作一种强迫性的获取。联邦成员采用第一种方法之后，RTI 将通知拥有该实例属性的其他联邦成员，并要求它释放该实例属性值。方法②不具有强迫性，因为 RTI 不会通知拥有该实例属性的其他联邦成员。

DMSO HLA 1.3 提供了 16 个所有权管理服务，可分为三组，如表 3-7 所示。

表 3-7 所有权管理服务

分组	服务名称	功能简介
第一组	Unconditional Attribute Ownership Divestiture	无条件属性所有权转让
	Negotiated Attribute Ownership Divestiture	协商属性所有权转让
	Request Attribute Ownership Assumption+	请求属性所有权承担(回调函数)
	Attribute Ownership Divestiture Notification+	属性所有权转让通知(回调函数)
	Attribute Ownership Acquisition Notification+	属性所有权获取通知(回调函数)
	Cancel Negotiated Attribute Ownership Divestiture	取消协商属性所有权转让
第二组	Attribute Ownership Acquisition	属性所有权获取
	Attribute Ownership Acquisition If Available	如果有则获取属性所有权
	Attribute Ownership Unavailable+	没有属性所有权(回调函数)
	Request Attribute Ownership Release+	请求属性所有权释放(回调函数)
	Attribute Ownership Release Response	属性所有权释放应答
	Cancel Attribute Ownership Acquisition	取消属性所有权获取
	Confirm Attribute Ownership Acquisition Cancellation+	确认属性所有权获取取消(回调函数)
第三组	Query Attribute Ownership	查询属性所有权
	Inform Attribute Ownership+	通知属性所有权
	Is Attribute Owned By Federate	属性是否被联邦成员拥有

所有权转移的模式包括推模式和拉模式。第一组服务实现所有权转移的推模式。在这种模式下，希望放弃实例属性所有权的联邦成员向 RTI 发出请求转让所有权的申请，然后在 RTI 的协调下完成所有权的转移和接收。

① Unconditional Attribute Ownership Divestiture 无条件属性所有权转让。无条件属性所有权转让服务通知 RTI，该联邦成员不再拥有指定对象的指定实例属

性。该服务不考虑是否存在一个接收联邦成员而立即释放该剥夺联邦成员的属性所有权。这将导致该实例属性处于不被拥有状态。

形参：

-对象实例标识符

-属性标识符集合

返回参数：

-无

② Negotiated Attribute Ownership Divestiture 协商属性所有权转让。协商属性所有权剥夺服务将通知 RTI，联邦成员不再拥有指定对象实例的指定属性，仅当其他联邦成员接收该属性时，所有权才被转移。调用该服务的联邦成员应该继续更新该实例属性，直到它通过 Attribute Ownership Divestiture Notification+服务收到一个许可。

形参：

-对象实例标识符

-属性标识符集合

-用户提供标志

返回参数：

-无

③ Request Attribute Ownership Assumption+ 请求属性所有权承担(回调函数)。请求服务将通知该联邦成员，指定的实例属性所有权可转移给该联邦成员。RTI 提供一个对象实例标识符和属性标识符集合。该联邦成员可以进行 Attribute Ownership Acquisition 服务或 Attribute Ownership Acquisition If Available 服务返回一个提供的属性标识符的子集，表明它愿意接受的属性所有权。

形参：

-对象实例标识符

-属性标识符集合

-用户提供标志

返回参数：

-无

④ Attribute Ownership Divestiture Notification+ 属性所有权转让通知(回调函数)。属性所有权转让通知服务将通知该联邦成员。它不再拥有指定的实例属性集。收到该通知时，该联邦成员将停止更新指定实例属性的值。

形参：

-对象实例标识符

-属性标识符集合

返回参数：

-无

⑤ Attribute Ownership Acquisition Notification+ 属性所有权获取通知(回调函数)。属性所有权获取通知服务将通知该联邦成员。它现在拥有指定的实例属性集。该联邦成员开始更新这些实例属性的值。

形参：

-对象实例标识符

-属性标识符集合

返回参数：

-无

⑥ Cancel Negotiated Attribute Ownership Divestiture 取消协商属性所有权转让。取消协商属性所有权转让服务将通知 RTI。该联邦成员不剥夺指定实例属性的所有权。

形参：

-对象实例标识符

-属性标识符集合

返回参数：

-无

第二组服务实现所有权转移的拉模式，由希望得到实例属性所有权的联邦成员向 RTI 发出请求获取所有权的申请，然后在 RTI 的协调下完成所有权的转移和接收。

⑦ Attribute Ownership Acquisition 属性所有权获取。属性所有权获取服务获得指定对象实例指定属性的所有权。如果一个指定实例属性被另一个联邦成员拥有，RTI 将拥有该实例属性调用 Request Attribute Ownership Release 服务。

形参：

-对象实例标识符

-属性标识符集合

-用户提供标志

返回参数：

-无

⑧ Attribute Ownership Acquisition If Available 如果有则获取属性所有权。如果有，则获取属性所有权服务将申请指定对象实例属性的所有权，仅当该实例属性不被其他联邦成员拥有，或者处于被其拥有者剥夺的过程中才可获得。如果一个指定实例属性被其他联邦成员拥有，RTI 将该实例属性向拥有联邦成员调用 Request Attribute Ownership Release+服务。

形参：

-对象实例标识符

-属性标识符集合

返回参数：

-无

⑨ Attribute Ownership Unavailable+ 没有属性所有权(回调函数)。没有属性所有权服务通知该联邦成员，指定的实例属性所有权不可即时获取。

形参：

-对象实例标识符

-属性标识符集合

返回参数：

-无

⑩ Request Attribute Ownership Release+请求属性所有权释放(回调函数)。请求属性所有权释放服务请求该联邦成员释放指定对象实例属性的所有权。该服务将提供一个对象标识符和属性标识符集合，仅作为由其他联邦成员调用 Attribute Ownership Acquisition 服务的结果被调用。

形参：

-对象实例标识符

-属性标识符集合

-用户提供标志

返回参数：

-无

⑪ Attribute Ownership Release Response 属性所有权释放应答。属性所有权释放应答服务通知 RTI，该联邦成员愿意为指定对象实例释放指定属性的所有权。该联邦成员使用该服务对由 RTI 回调的 Request Attribute Ownership Release+服务提供一个回答。返回参数指出已释放所有权的实例属性。

形参：

-对象实例标识符

-联邦成员愿意释放所有权的属性标识符集合

返回参数：

-所有权已释放的属性标识符集合

⑫ Cancel Attribute Ownership Acquisition 取消属性所有权获取。取消属性所有权获取服务通知 RTI，该联邦成员不再获得指定实例属性的所有权。该服务从 RTI 接受两个应答之一，仅用于取消由 Attribute Ownership Acquisition 服务发出的获得实例属性所有权申请。

形参：

-对象实例标识符

-属性标识符集合

返回参数：

-无

⑬ Confirm Attribute Ownership Acquisition Cancellation+确认属性所有权获取取消(回调函数)。确认属性所有权获取取消服务通知该联邦成员。指定实例属性不再是获得所有权的候选。

形参：

-对象实例标识符

-属性标识符集合

返回参数：

-无

第三组服务主要用于协助所有权的转移和接收。

⑭ Query Attribute Ownership 查询属性所有权。查询属性所有权服务，确定指定属性的所有者。RTI 通过调用 Inform Attribute Ownership+服务通知成员该实例属性的所有者信息。

形参：

-对象实例标识符

-属性标识符

返回参数：

-无

⑮ Inform Attribute Ownership+通知属性所有权。通知属性所有权服务，为指定的实例属性提供所有者信息。RTI 调用该服务以响应联邦成员调用的 Query Attribute Ownership 服务。

形参：

-对象实例标识符

-属性标识符

-所有权标识符

返回参数：

-无

⑯ Is Attribute Owned By Federate 属性是否被联邦成员拥有。属性是否被联邦成员拥有服务用于确定指定的对象实例属性是否被调用联邦成员拥有。该服务将返回一个布尔值指示指定实例属性的所有权状态。

形参：

-对象实例标识符
-属性标识符
返回参数：
-实例属性所有权标识符

12. 数据分发管理

随着仿真应用的不断深入，各个应用领域内问题的规模和复杂度不断增加，特别是在作战模拟、军事训练、新武器研制等方面，大规模分布交互仿真具有极重要的地位。未来的分布交互仿真应用一般具有的特点是，仿真实体数目较大和实体间信息交互频繁。分布仿真基于局域网或者广域网的网络宽带资源十分有限，因此如何降低网络冗余数据、充分利用网络带宽资源、提高网络有效数据的传输成为重要的研究方向。数据分发管理就是基于上述需求提出的。

在 HLA 中，RTI 的 DM 在对象类属性层次上为联邦成员提供表达发送和接收信息意图的机制。数据分发管理在实例属性的层次上进一步增强了联邦成员精简数据需求的能力。数据分发管理的目的是减少仿真运行过程中无用数据的传输和接收，从而减少网络中的数据量，增强构建大型虚拟世界的能力，提高仿真运行的效率。

为了描述数据分发管理，HLA 定义了一系列概念，数据分发管理就是建立在这些概念的基础上。

① 维。在 HLA 中，维是在 FED 文件中声明的坐标轴。为了给定义在 FED 文件中的所有维提供共同的基，RTI 提供一个由有序值对定义的坐标轴段。这个有序值对的第一部分称为轴下限，第二部分称为轴上限。例如，DMSO RTI 1.3-NG 中的有序值对为(MIN_EXTENT，MAX_EXTENT)，其中 MIN_EXTENT 和 MAX_EXTENT 是 RTI 1.3-NG 内部定义的两个宏(一种规则或模式)。FED 文件中定义的所有维都基于该坐标轴段，因此具有相同的轴下限和轴上限。

② 路径空间。路径空间是维的一个命名序列。该命名序列形成一个多维坐标系统，在 FED 文件中，通过指定构成路径空间的维定义一个路径空间。其定义形式如下。

```
(spaces
    (space <name>
    (dimension <name>)
        …
(dimension <name>)
```

```
)
        …
    (space <name>
        (dimension <name>)
        …
     (dimension <name>)
     )
)
```

除了 FED 文件中显式定义的路径空间，RTI 还隐式定义了一个默认路径空间(default routing space)。HLA 规定，在 FED 定义的路径空间，其名称不能以字符串 HLA 开始。

① 范围。范围是定义在维上，由有序值对表示的一个区间。有序值对的第一部分称作下限，第二部分称作上限。

② 限域。限域是一个有序排列的范围的集合，每个范围对应路径空间中的一维，并且以维出现在路径空间中的顺序进行排序。限域对范围进行标准化用例，标准化方法如图 3-8 所示。

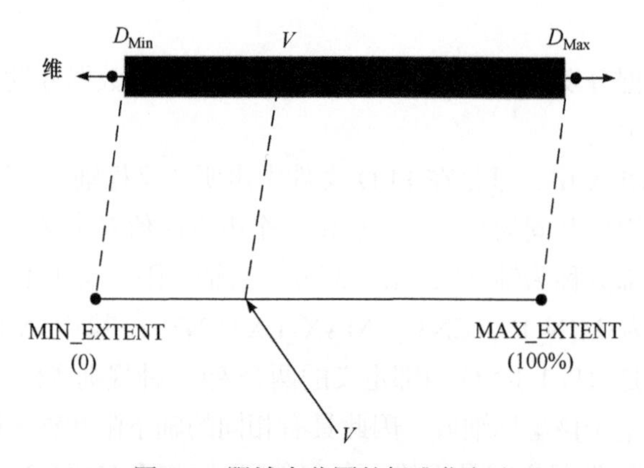

图 3-8　限域中范围的标准化方法

图 3-8 中的 D_{Min} 和 D_{Max} 表示实际问题空间中定义的维的下限和上限；MIN_EXTENT 和 MAX_EXTENT 定义一个坐标轴段，是所有路径空间中各种维的共同的基；V 为空间中维上的一个值，在 RTI 内部被映射到由 MIN_EXTENT 和 MAX_ENTENT 定义的坐标轴段。这个映射过程称为标准化。其映射公式为

$$V=\frac{(V-D_{Min})\times(\text{MAX\_EXTENT}-\text{MIN\_EXTENT})}{D_{Max}-D_{Min}}+\text{MIN\_EXTENT} \tag{3-1}$$

③ 区域。区域是属于同一路径空间限域的集合。一个区域可以定义为一个或多个限域。

区域定义路径空间内的一个子空间，是数据分发管理中的核心概念。联邦成员可以在一个路径空间内创建多个区域。

HLA 数据分发管理的基本思想是根据预先定义的路径空间。数据生产者可以在其中创建区域，并利用 HLA 的数据分发管理服务向联邦声明它所生产数据的特性。同时，数据消费者也可以在路径空间中创建区域，并利用数据分发管理服务向联邦声明它所需要的数据特性。RTI 根据双方的数据特性，在生产者和消费者之间按照一定的规则进行匹配，将生产者生产的数据发送给合适的消费者。这种匹配是在实例层次上进行的，也称为过滤。

在数据分发管理中，HLA 建立如下基本的规则。

① 建立 FED 文件时必须遵守的规则。

一个对象类属性必须显式地绑定到一个已声明的路径空间，或者隐式地绑定到默认路径空间。

一个交互类必须显式地绑定到一个已声明的路径空间，或者隐式地绑定到默认路径空间。

一个对象类属性最多只能绑定到一个路径空间。

一个交互类最多只能绑定到一个路径空间。

② 在数据分发管理服务中，使用对象类、对象类属性、对象实例，以及实例属性时必须遵守的规则。

用来更新实例属性的区域应该是该实例属性对应的对象类属性所绑定路径空间的子空间。

如果没有使用其他区域更新某个实例属性，那么默认情况下使用该实例属性对应的对象类属性绑定的路径空间作为默认区域。

第一，如果联邦成员使用一个非默认区域更新某个特定实例属性，那么一旦该联邦成员失去特定实例属性的所有权，原先的区域将不再继续用于更新该实例属性。

第二，用来订购对象类属性的区域应该是该对象类属性绑定路径空间的子空间。

第三，当使用 Subscribe Object Class Attribute 服务订购某个对象类属性时，将使用该对象类属性所绑定路径空间的默认区域来订购该对象类属性，一旦对该对象类属性对应的对象类激活服务 Unsubscribe Object Class 或激活 Subscribe Object Class Attributes，而没有使用该对象类属性，则默认区域不再用于订购该对象类属性。

第四，联邦成员应该使用区域订购对象类属性，以便指出对反射该对象类属性的实例属性值的要求。

③ 在数据分发管理服务中，使用交互类、交互参数和交互实例时必须遵守的规则。

第一，用来发送交互类的区域应该是该交互类绑定的路径空间的子空间。

第二，当激活 Send Interaction 服务发送某个交互类产生交互实例时，将使用该交互类绑定路径空间的默认区域。

第三，用来订购交互类的区域应该是该交互类绑定的路径空间的子空间。

第四，当使用 Subscribe Interaction Class 订购某个交互类时，使用该交互类绑定路径空间的默认区域订购该交互类。随后为交互类激活 Unsubscribe Interaction Class 服务，这样导致默认区域不再用于订购该交互类。

第五，联邦成员应使用区域来订购交互类，以便表达接收该交互类实例的具体需求。

第六，用于更新实例属性或发送交互实例的区域称为更新区域。用于订购对象类属性或交互类的区域被称为订购区域。

④ HLA 规定，在 FED 文件中，凡是没有显式地与某个路径空间关联的对象类属性和交互类，都隐式地与默认路径空间关联，但任何联邦成员都不能引用默认路径空间。由于联邦成员不能引用默认路径空间，因此任何联邦成员都不能在默认路径空间中创建区域。此外，凡是 FED 文件中没有显式地与某个路径空间进行绑定的对象类属性，均不能作为数据分发管理服务的参数。

HLA 的数据分发管理服务共有 12 个，如表 3-8 所示。

表 3-8　HLA 数据分发管理服务

	服务名称	功能简介
第一组	Create Region	创建区域
	Modify Region	修改区域
	Delete Region	删除区域
第二组	Register Object Instance With Region	带区域注册对象实例
	Associate Region For Updates	关联更新的区域
	Unassociate Region For Updates	取消关联更新的区域
	Request Attribute Value Update With Region	带区域请求属性值更新
第三组	Subscribe Object Class Attribute With Region	带区域订购对象类属性
	Unsubscribe Object Class With Region	带区域取消订购对象类
	Subscribe Interaction Class With Region	带区域订购交互类
	Unsubscribe Interaction Class With Region	带区域取消订购交互类
	Send Interaction With Region	带区域发送交互实例

第一组服务用于区域创建、修改和删除。

① Create Region 创建区域。创建区域服务用于指定路径空间的维和指定数目的限域。限域集在该路径空间内构成区域。该区域可以用于更新或订购。

形参：

-路径空间标识符

-限域集合

返回参数：

-区域

② Modify Region 修改区域。修改区域服务通知 RTI 改变区域的限域集，作为参数的限域集合完全代替之前定义在区域中的限域集合。

形参：

-区域

-限域集合

返回参数：

-无

③ Delete Region 删除区域。删除区域服务将删除指定的区域。一个正用于订购和更新的区域不能被删除。

形参：

-区域

返回参数：

-无

第二组和第三组服务主要用于将区域对象类属性、交互类、对象实例，以及实例属性相关联。

④ Register Object Instance With Region 带区域注册对象实例。带区域注册对象实例服务用于创建一个对象实例并同时将该对象实例的属性与更新域相关联。它是一个原子操作，可以代替 Register Object Instance 服务和 Associate Region For Update 服务。

形参：

-对象类标识符

-属性标识符/区域对集合

-选对象实例名

返回参数：

-对象实例标识符

⑤ Associate Region For Updates 关联更新的区域。关联更新的区域服务将一个更新区域与一个指定对象实例的实例属性相关联。关联一个区域与一个实例属

性意味着，当一个更新属性值服务被调用时，该联邦成员确保该实例属性落在关联区域的限域中。

形参：

-对象实例标识符

-区域

-属性标识符集合

返回参数：

-无

⑥ Unassociate Region For Updates 取消关联更新的区域。取消关联更新的区域服务使该区域与所有的实例属性不再关联。由该服务调用导致的不被关联的实例属性将关联缺省区域。

形参：

-对象实例标识符

-区域

返回参数：

-无

⑦ Request Attribute Value Update With Region 带区域请求属性值更新。

⑧ Subscribe Object Class Attribute With Region 带区域订购对象类属性。带区域订购对象类属性服务表明联邦成员关心属性落在指定区域中的对象实例。当某对象实例至少有一个属性在区域中时，RTI 通知该联邦成员发现该对象实例。

形参：

-对象实例标识符

-区域

-属性标识符集

返回参数：

-无

⑨ Unsubscribe Object Class With Region 带区域取消订购对象类。带区域取消订购对象类服务将通知 RTI，停止通知该成员发现指定区域内的对象实例。

形参：

-对象实例标识符

-区域

返回参数：

-无

⑩ Subscribe Interaction Class With Region 带区域订购交互类。带区域订购交互类服务表明该成员希望接收指定区域内的交互。

形参：
-交互类标识符
-域
返回参数：
-无

⑪ Unsubscribe Interaction Class With Region 带区域取消订购交互类。带区域取消订购交互类服务通知 RTI，不再接收其他联邦成员发送到指定区域的特定交互类。

形参：
-交互类标识符
-区域
返回参数：
-无

⑫ Send Interaction With Region 带区域发送交互实例。带区域发送交互实例服务发送一个交互到联邦执行。指定区域用于限制该交互的可能接收范围。服务返回一个联邦唯一的事件撤销标识符。

形参：
-交互类标识符
-区域
-参数标识符/值对集合
-用户提供标志
-可选联邦时间
返回参数：
-可选事件撤销标识符

3.2.2　HLA 分布式仿真机制

HLA 是一个开放式的体系结构。其主要目的是促进仿真系统间的互操作，即所有参与联邦成员对它们之间所有的通信种类和特性都能达成统一的理解。为了达到这一目的，HLA 采用对象模型描述联邦及其联邦成员。对象模型描述联邦在运行过程中需要交换各种数据，以及相关信息。

在 HLA 中，对象模型要求必须以一种统一的表格——OMT 描述规范。OMT 是描述 HLA 对象的标准格式，是 HLA 实现互操作和重用的重要机制之一。本节主要对 OMT 的概念及组成进行介绍。

1. HLA OMT 概述

HLA OMT 是一种标准的结构框架。它是描述 HLA 对象模型的关键部件。HLA 规则规定，联邦及其联邦成员都需要建立自己的对象模型，使用 OMT 进行记录，因此定义 OMT 的原因包括以下几点。

① 为联邦成员之间的数据交换，以及协作提供一个通用的、易于理解的机制。

② 提供一个标准机制，描述一个潜在的、联邦成员所具备的与外界进行数据交换及协作的能力。

③ 为 HLA 对象模型开发工具的设计与应用提供依据。

在 HLA OMT 中，HLA 定义了两类对象模型，一类是描述仿真联邦的 FOM；另一类是描述联邦成员的 SOM。

HLA 的 FOM 以通用的、标准的格式对联邦成员之间传递的数据进行规范。它描述联邦成员在仿真运行过程中需要相互交换的数据。这些数据包括对象类、对象类属性、交互类、交互类参数等。HLA FOM 的所有部件共同建立一个实现联邦成员间互操作所需达成的信息模型协议。

HLA 的 SOM 是单个联邦成员的对象模型。它描述联邦成员可以提供给 HLA 联邦的，或者需要从其他联邦成员那里订购的对象类、对象类属性、交互类、交互类参数的特性。这些特性反映联邦成员在参与联邦运行时具有的能力。HLA SOM 的标准化描述方式有利于确定联邦成员是否可以加入某个联邦。基于 OMT 的 SOM 开发是一种规范的建模技术和方法，可以方便模型的建立、修改、生成和管理，对已开发的仿真资源进行再利用，促使建模走向标准化。

2. HLA OMT 的组成

HLA 要求将 HLA 对象模型的组成部件以表格的形式规范化。OTM 用来记录联邦与联邦成员部分信息的表格组成。

① 列举所有公布的对象类及其层次结构。

② 列举所有的交互类及其层次结构。

③ 提供描述公布对象属性与交互类参数的明细表。

1998 年 4 月 20 日，美国国防部公布 HLA OMT 1.3 版本作为 HLA 建模与仿真标准的 IEEE P1516.2。它由以下九个表格组成。

① 对象模型鉴别表。记录鉴别 HLA 对象模型的重要标识信息。

② 对象类结构表。记录所有联邦及联邦成员对象类的名称，并描述类与子类的关系。

③ 交互类结构表。记录所有联邦及联邦成员交互类的名称，并描述类与子类

的关系。

④ 属性表。记录联邦及联邦成员对象属性的特征。

⑤ 参数表。记录联邦及联邦成员交互参数的特征。

⑥ 路径空间表。指定联邦中对象属性和交互类的路径空间。

⑦ 枚举数据类型表。对出现在属性表/参数表中的枚举数据类型进行说明。

⑧ 复杂数据类型表。对出现在属性表/参数表中的复杂数据类型进行说明。

当要求描述一个 HLA 联邦或单个联邦成员的 HLA 对象模型时，所有的 OMT 表格都必须使用，即 OMT 的各部件对 FOM 和 SOM 都适用，都用对象类、属性、交互类和参数来表述。

在某些情况下，描述对象模型的一些表可以是空表。如果某个联邦成员，甚至整个联邦都只通过交互实例交换信息，那么它对应的对象类结构表及属性表都为空。

(1) 对象模型鉴别表

对象模型鉴别表记录关于对象模型的描述信息，包括对象模型开发者的相关信息。

对象模型鉴别表由两列组成。第一列为描述对象模型所需数据的类别(category)，第二列为各类别对应的信息(information)，如表 3-9 所示。

表 3-9　对象模型鉴别表

类别	信息
Name	
Version	
Date	
Purpose	
Application Domain	
Sponsor	
POC	
POC Organization	
POC Telephone	
POC Email	

表中各类别的含义如下。

Name 为对象模型的名称。

Version 为对象模型的版本标识。

Date 为该版本对象模型的创建日期或最后修改日期。

Purpose 为创建该联邦或联邦成员的目的，也可包含对其特点的简短描述。

Application Domain 为联邦或联邦成员的应用领域。

Sponsor 负责(或资助)联邦或联邦成员开发的机构。

POC 是 the Point of contact for information on the federate or federation and the associated object model 的缩写，用来指明模型兼备联系人、联邦或 SOM 的联系人信息，应该包括联系人的头衔、级别、姓名。

POC Organization 为联系人所属的单位。

POC Telephone 为联系人的电话。

POC Email 为联系人的邮箱地址。

对于表中 information 栏内容的填写没有特别的要求，但对象模型的名称，以及版本号需要与 HLA 中对象模型库对应的信息一致。

(2) 对象类结构表

HLA 对象模型的对象类结构是联邦或联邦成员范围对象之间关系的集合。这种关系主要指对象类之间的继承关系。对象类结构表描述联邦或联邦成员范围内对象之间的这种继承关系。类与子类的直接关系可采用对象类结构表相邻列中包含相关类名的方法表示。类与子类的非直接关系可通过继承的传递性从直接关系中得到。例如，如果 A 是 B 的超类，B 是 C 的超类，则 A 是 C 的超类。超类与子类为互逆关系。如果 A 是 B 的超类，那么 B 是 A 的子类。子类可以看作其直接超类的具体化。它继承其超类的属性，并且可以根据具体化的要求增加一些额外属性。

在 HLA 中，对象类之间的关系也可以用它们的实例来表示，只有对象类 B 的每个实例同时也是对象 A 的实例时，才可以说对象类 A 是对象类 B 的超类。一旦一个对象被声明为某一对象类的实例，那么它同时也将成为该对象类所有超类的导出实例。

在对象类结构表中，没有超类的类称为根类，没有子类的类称为叶子类。如果每个类最多有一个直接超类，那么类结构为单继承，否则类结构为多继承。HLA 要求对象类之间只能是单继承关系，不能存在多继承关系。对象类也可以没有子类。

对象类结构表如表 3-10 所示。

表 3-10　对象类结构表

<table>
<tr><td rowspan="4">(Class)(<ps>)</td><td rowspan="4">[(Class)(<ps>)]</td><td>[(Class)(<ps>)]</td><td>[(Class)(<ps>)] [，(Class)(<ps>)]*|[<ref>]</td></tr>
<tr><td>[(Class)(<ps>)]</td><td>[(Class)(<ps>)] [，(Class)(<ps>)]*|[<ref>]</td></tr>
<tr><td>…</td><td></td></tr>
<tr><td>[(Class)(<ps>)]</td><td>[(Class)(<ps>)] [，(Class)(<ps>)]*|[<ref>]</td></tr>
</table>

续表

<table>
<tr><td rowspan="4">(Class)(<ps>)</td><td rowspan="3">[(Class)(<ps>)]</td><td>[(Class)(<ps>)]</td><td>[(Class)(<ps>)] [，(Class)(<ps>)]*|[<ref>]</td></tr>
<tr><td></td><td></td></tr>
<tr><td>[(Class)(<ps>)]</td><td>[(Class)(<ps>)] [，(Class)(<ps>)]*|[<ref>]</td></tr>
<tr><td>…</td><td>…</td><td>…</td></tr>
<tr><td rowspan="3">[(Class)(<ps>)]</td><td rowspan="3">[(Class)(<ps>)]</td><td>[(Class)(<ps>)]</td><td>[(Class)(<ps>)] [，(Class)(<ps>)]*|[<ref>]</td></tr>
<tr><td>[(Class)(<ps>)]</td><td>[(Class)(<ps>)] [，(Class)(<ps>)]*|[<ref>]</td></tr>
<tr><td>…</td><td>…</td></tr>
<tr><td>…</td><td>…</td><td>…</td><td>…</td></tr>
</table>

在对象类结构表中，根类记在表的最左边一列，由此向右，顺序记录器子类直至叶子类。表的列数等于对象类结构的层次数，如果一张表记不下，那么最后一列用<ref>转向附加表格。

对象类结构表及后面的交互类结构表对涉及类的各项描述均采用巴科斯范式(Backus Naur form，BNF)规则，即

[(Class)(<ps>)] [(Class)(<ps>)]*|[<ref>]

其中，方括号中的内容可选；尖括号内写应该填写的内容；圆括号中的内容必须有，型号表示零次或多处重复；竖杠表示可根据需要在其连接的两边任选一项。

对象类名需用 ASCII 字符集定义。在 HLA 对象模型中，尽管单个对象名不必是全局唯一的，但它和它的超类连接在一起组成的标识必须是全局唯一的。一个类名可以作为另一个类名的一部分，以便表明两个类的关系。

在 SOM 或 FOM 的对象类结构表中，每个对象类必须说明<p>(publishable，可公布)和<s>(subscribable，可订购)的特性。一个对象类能被一个联邦成员订购指该联邦成员具有利用该类对象信息的内在能力。可公布与可订购反映的都是联邦成员的内在能力。对每一个对象类的对象，可能具有的<ps>特性有以下三种。

① p 表明指定的对象类能被联邦成员公布。这同时要求联邦成员能够通过该对象类的名称向 RTI 注册该对象类的对象。

② s 表明该类对象的信息能被联邦成员利用并产生响应。

③ n 表明该类的对象既不能被联邦成员公布，也不能被联邦成员订购。设计该对象类的目的是方便模型的描述。

一个联邦成员对对象类的能力可以是<p>、<s>、<ps>、<n>四种之一。因此，SOM 中对象类的<ps>项可以是{p，s，ps，n}中的一个。在 FOM 中，联邦中公布的类必须是可订购的，否则就没有必要公布，因此<ps>项可以是{s，ps，n}中的一个。

在 HLA 对象模型中，所有出现在对象模型其他表格中的对象类都必须包含在对象结构表中。对 FOM 和 SOM 而言，其对象类层次结构的设计标准有着根本的区别。一个 FOM 的对象类结构是一个联邦中关于对象类划分的协议，盈利联邦各联邦成员之间为了实现联邦执行目标而确定的对象类及其层次。SOM 的对象类结构表是一个联邦成员对所能支持的对象类的公告，即告知联邦开发者该联邦成员能公布什么，以及能订购什么。对于 SOM 和 FOM 的对象类结构表，HLA 并不要求某个特定的对象类或对象类结构必须计入其中。

(3) 交互类结构表

在 HLA 中，交互是一个联邦成员中的某个或某些对象产生的，能够对其他联邦成员中的对象产生影响的明确的动作。HLA 对象模型使用交互类结构表描述交互实例类与子类的关系。在 HLA 对象模型中，交互类的层次结构主要用来支持集成关系的交互类的订购。当一个联邦成员订购了某个交互类，那么在联邦执行过程中，它将接收到所有属于该交互类及其子类的交互实例。

交互类结构表记录交互的结构、初始对象类、接受对象类，以及交互的参数。在 SOM 中，对象交互表还记录联邦成员初始化、感知与响应交互的能力。接收到交互实例的对象根据这些交互参数确定该交互实例对它的影响。在联邦执行过程中，无论联邦成员在什么时候激活 Send Interaction 服务，所有可以使用的交互参数的值都带有该交互类的名称。交互参数的标识符及相关的一些细节(如参数的分辨率、精度等)记录在 HLA 对象模型的参数表中。如同对象类的属性可以向下继承一样，交互类的参数也可以通过交互类的层次结构向下继承。其继承的机制和原则与对象类属性的继承机制和原则是一致的。

交互类的层次关系可以用交互类结构表格来记录。交互类结构表如表 3-11 所示。

表 3-11　交互类结构表

<table>
<tr><td rowspan="6">(Class)(<isr>)</td><td rowspan="4">[(Class)(< isr >)]</td><td>[(Class)(< isr >)]</td><td>[(Class)(< isr >)] [，(Class)(< isr >)]*|[<ref>]</td></tr>
<tr><td>[(Class)(< isr >)]</td><td>[(Class)(< isr >)] [，(Class)(< isr >)]*|[<ref>]</td></tr>
<tr><td>…</td><td></td></tr>
<tr><td>[(Class)(< isr >)]</td><td>[(Class)(< isr >)] [，(Class)(< isr >)]*|[<ref>]</td></tr>
<tr><td rowspan="2">[(Class)(< isr >)]</td><td>[(Class)(< isr >)]</td><td>[(Class)(< isr >)] [，(Class)(< isr >)]*|[<ref>]</td></tr>
<tr><td></td><td></td></tr>
</table>

续表

<table>
<tr><td rowspan="2">(Class)(<isr>)</td><td></td><td>[(Class)(< isr >)]</td><td>[(Class)(< isr >)] [，(Class)(< isr >)]*|[<ref>]</td></tr>
<tr><td>…</td><td>…</td><td>…</td></tr>
<tr><td rowspan="3">[(Class)(< isr >)]</td><td rowspan="3">[(Class)(< isr >)]</td><td>[(Class)(< isr >)]</td><td>[(Class)(< isr >)] [，(Class)(< isr >)]*|[<ref>]</td></tr>
<tr><td>[(Class)(< isr >)]</td><td>[(Class)(< isr >)] [，(Class)(<isr >)]*|[<ref>]</td></tr>
<tr><td>…</td><td>…</td></tr>
<tr><td>…</td><td>…</td><td>…</td><td>…</td></tr>
</table>

最左侧一列记录交互类的根类。与对象类结构表一样，在随后各列中记录交互类的层次结构一直到叶子类才能终止。如果一页不够，则在最后一列用<ref>转向续表。交互类名需用 ASCII 字符集定义。在 HLA 对象模型中，单个的交互类名可以不唯一，但单个类名及其超类的类名通过点符号连接起来组成的表示符必须是唯一的。

就像对象类结构表的每一个类都必须标明其<ps>特性一样，交互类结构表中的每一个类也必须标明其<isr>特性。对于特定的交互类，联邦成员对其有三种能力。

① i 初始化指联邦成员能初始化和发出该类交互实例。

② s 感知指联邦成员能订购该交互类和利用交互实例的信息，但不能要求对受交互实例影响的对象进行操作。

③ r 响应指联邦成员不仅能订购该交互类，还能通过适当操作受该类交互实例影响的对象来响应交互。

④ n 表明联邦成员既不能初始化，也不能感知和响应该交互类。

联邦成员初始化一个交互类表示它不但能公布该交互类，而且能建立该类交互的初始化模型，并在初始化后有能力发送该类交互。一个联邦成员能感知一类交互，指的是它在订购该交互类后，能够利用该类交互提供的信息。感知能力强调在接收交互实例的基础上，能使用交互实例的信息，接受交互实例只是所有 HLA 联邦成员最基本的能力。一个联邦成员能响应交互类的必要条件是，它能拥有交互实例的接受类对象的 ID 码，或有能力公布接受类中受交互实例影响的那些属性。

在一个联邦中，每个交互类至少应有一个联邦成员能够初始化并发送它，并且至少应有一个联邦成员能够感知或响应它，因此 FOM 中交互类的<irs>项对应于集合{is，ir，n}，而 SOM 对应于集合{i，s，r，is，irs，n}。

(4) 属性表

每个对象类都可以用一个能够表明其特征的属性集来描述。这些属性是对象状态的命名部分，它们的值随着时间的推移可能会发生改变。在 HLA 中，对象属性值的改变通过 RTI 提供给其他联邦成员。HLA 的属性表描述的就是这些对象属性的信息，一个 HLA 对象模型应在属性表中记录对象类属性的以下特征，即 Object Class(对象类)、Attribute name(属性名)、Datatype(数据类型)、Cardinality(基数)、Units(单位)、Resolution(分辨度)、Accuracy condition(精度条件)、Update Type(更新类型)、Update rate/condition(更新速度/条件)、Transferable/acceptable(可传递/可接受)、Updateable/reflectable(可更新/可反射)、Routing space(路径空间)。

为了支持其他联邦成员对属性的订购，在 HLA 对象模型中必须指定 HLA 对象类的属性。属性名和相关的对象类时初始化联邦执行的基本信息。在一个联邦中，联邦成员间的通信通常也需要对象属性的信息。此外，虽然 RTI 不直接使用属性的分辨率、精度和更新策略，但是这些特征对于确保联邦中各联邦成员的一致性是非常重要的。若联邦成员公布的属性的分辨率、精度、更新速率很低，那么与高分辨率、不同精度和更新速率的联邦成员通信时可能产生问题。

FOM 的属性表提供联邦中所有对象类属性的说明信息(表 3-12)。

第一列为对象类名。对象类名应该包含若干层超类的类名，以确保在对象模型中对象类名标识符的唯一性。对象类可以是对象类结构上任一层次的类。通常为了减少冗余，应该尽可能地选择高层的对象类。

第二列为指定对象类的属性。属性名必须用 ASCII 定义，不能与任一高层超类的属性名重复。一个对象类可以有多个属性。

第三列为属性的数据类型。数据类型可以是基本属性/参数类型中的数据类型，也可以是用户自定义的类型。用于描述参数/属性的基本数据类型如表 3-13 所示。

表 3-12　属性表

对象类名	属性	数据类型	基数	单位	粒度	精度	精度柔体	更新类型	更新条件	可转移/可接受	可更新/可转发	路径空间
<class>	<attribute>	<data-type>	[<size>]	<units>	<resolu-tion>	<accu-rancy>	<condition>	<type>	<rate>|<condition>	<ta>	<ur>	<r-space>
	<attribute>	<data-type>	[<size>]	<units>	<resolu-tion>	<accu-rancy>	<condition>	<type>	<rate>|<condition>	<ta>	<ur>	<r-space>
	…	…	…	…	…	…	…	…	…	…	…	…
<class>	<attribute>	<data-type>	[<size>]	<units>	<resolu-tion>	<accu-rancy>	<condition>	<type>	<rate>|<condition>	<ta>	<ur>	<r-space>
	<attribute>	<data-type>	[<size>]	<units>	<resolu-tion>	<accu-rancy>	<condition>	<type>	<rate>|<condition>	<ta>	<ur>	<r-space>
	…	…	…	…	…	…	…	…	…	…	…	…
<class>	<attribute>	<data-type>	{<size>}	<units>	<resolu-tion>	<accu-rancy>	<condition>	<type>	<rate>|<condition>	<ta>	<ur>	<r-space>
…	…	…	…	…	…	…	…	…	…	…	…	…

表 3-13 基本数据类型

类型标识符	类型名称	宽度/bit	取值范围	说明
Float	单精度浮点型	32	—	约 6 位有效数字
Double	双精度浮点型	64	—	约 12 位有效数字
Short	短整型	16	$-2^{15}\sim2^{15}-1$	—
Unsigned short	无符号短整型	16	$0\sim2^{16}$	—
Long	长整型	32	$-2^{31}\sim2^{31}-1$	—
Unsigned long	无符号长整型	32	$0\sim2^{32}-1$	—
Long long	双倍长整型	64	$-2^{63}\sim2^{63}-1$	—
Unsigned long long	无符号双倍长整型	64	$0\sim2^{64}-1$	—
Char	字符类型	8	—	ASCII 值在 0～255 之间
Boolean	逻辑型	1	—	取值为 TRUE 或 FALSE
Octet	—	8	—	不用经过任何转换的数值
Any	—	—	—	允许为任何基本数据类型
String	字符串类型	—	—	以 NULL 结束
Sequence	—	—	—	具有以下两个特征的任何基本数据类型的一维数组：长度(运行时确定)和大小(事先确定最大值)

用户自定义类型名应与基本属性类型名不同。当属性的数据类型为基本数据类型时，则在数据类型记录栏记录该数据。对于取值为有限离散值的属性，可以用枚举数据类型描述其数据类型，因此用户需定义相应的枚举数据类型。

基数栏用于记录数组和序列的大小，标识符“+1”用于标记无界的序列，除了 1 以外的其他确定的正整数值用于指定数字和序列的长度。多维数组的技术由每一维的大小组成，各维通常按照多维数组维的先后顺序排序。除了数组和序列之外，其他数据类型的属性的基数列都用 1 来标记。

对于枚举数据类型或复杂数据类型，其内部组成为异构的属性，单位、分辨率、精度和精度条件栏是没有意义的，应记为<N/A>(not application)。

单位栏指定属性的单位。单位栏记录的单位对分辨率和精度栏同样适用。

分辨率栏的内容随属性类型而异。对于属性值为离散数值的属性和参数，分辨率栏将计入一个数值。这个值是属性可分辨的最小值。

精度栏描述联邦或联邦成员中的属性值偏离其预期值的最大数值。精度通常是一个数值，但是对于许多离散的数值属性也可以是 perfect。属性的精度条件用来说明在联邦运行时要保持给定精度的条件。

更新类型和更新条件列用来记录属性更新的策略。更新类型包括静态、周期和条件。当更新类型是周期时，更新条件栏记录单位时间的更新频率；如果是条件，更新条件栏记录更新的条件。对于交互参数，更新类型和更新条件栏都记为<N/A>。

可转移/可接受栏对于联邦和联邦成员来讲有所不同。在一个联邦中，如果一个属性可以从一个联邦成员转移出去，那么联邦中就必须有另外的联邦成员可以接受该属性。但是，单一的联邦成员能转移属性，其所有权并不一定代表它能接受来自另一联邦成员属性的所有权。在属性表中，属性可以标以<t>或<a>指示属性的拥有权能否在联邦成员间转移和接受。

① t 可转移指联邦成员能够公布和更新此属性，能使用 HLA 的 RTI 服务将属性的所有权从一个联邦成员转移到另一个联邦成员。

② a 可接受指联邦成员能接受来自另一个联邦成员属性的所有权。

③ n 指联邦成员既不能转移，也不能接受属性所有权。

对 SOM 中每个对象类的属性，此栏可以是<t>、<a>、<ta>、<n>中的任何一种。对 FOM 来说，每个对象类的属性只能是<ta>或<n>。

可更新/可转发栏有以下两种基本类型。

① u 可更新表示联邦成员能使用 Publish Object Class 和 Update Attribute Values 服务公布和更新该类属性。

② r 可转发表示联邦成员能接受指定对象类属性值的变化。这种变化是由 RTI 调用 Reflect Attribute Values+服务来提供的。

对 SOM 中的属性，可更新/可转发栏可以是<u>、<r>、<ur>中的任意一种。对 FOM 中的属性而言，所有属性都必须是既可更新又可反射的，因此该栏只能是<ur>。

(5) 参数表

交互类用一个或多个交互参数来描述其特性，因此交互参数与交互类有密切的关系。在联邦运行过程中，一些交互类的订购联邦成员可能不需要所有参数，但是另一些订购联邦成员可能需要参数信息来更新受交互影响的对象属性值，因此对于交互类结构表中的每个交互类，其相关的参数都应该在参数表中描述。在参数表中，通常用以下特征描述交互参数，即 Interaction class(交互类)、Parameter name(参数名)、Datatype(数据类型)、Cardinality(基数)、Units(单位)、Resolution(分辨率)、Accuracy(精度)、Accuracy condition(精度条件)。

交互类是指定参数描述的交互类的名称。参数名用来标识参数。在 HLA 中，应规定每个参数的数据类型和基数。单位用于标记参数的单位。分辨率用于记录参数值之间相互可区别的程度。当参数值用数值表示时，参数值变化的最小量记录在这一栏中。参数的精度描述参数值在仿真或联邦中可能偏离其预期值的最大数值。精度条件说明联邦运行过程中，任意给定时间段内要保持给定精度的条件。

HLA 对象模型的参数表提供关于联邦中所有交互参数的信息。其格式如表 3-14 所示。

表 3-14　参数表格式

交互	参数	数据类型	基数	单位	粒度	精度	精度条件	路径空间
	<parameter>	<data-type>	[<size>]	<units>	<resolution>	<accuracy>	<condition>	<r-space>
<inter-action>	<attribute>	<data-type>	[<size>]	<units>	<resolution>	<accuracy>	<condition>	<r-space>
	…	…	…	…	…	…	…	…
<inter-action>	<attribute>	<data-type>	[<size>]	<units>	<resolution>	<accuracy>	<condition>	<r-space>
	…	…	…	…	…	…	…	…
<inter-action>	<attribute>	<data-type>	[<size>]	<units>	<resolution>	<accuracy>	<condition>	<r-space>
…	…	…	…	…	…	…	…	…

(6) 路径空间表

路径空间是数据分发管理中最基本的概念。一个路径空间是一个多维坐标系，它实际上是一种过滤数据的手段。联邦成员可以利用路径空间表达自己接收数据的兴趣，声明自己发送数据的意愿。这些兴趣或意愿可以通过两个域表达。

① 订购区域。用来界定缩小联邦

成员订购兴趣范围的路径空间坐标。

② 更新区域。用来界定保证对象在路径空间中的坐标。

在联邦开发过程中，非常关键的一点就是，所有的联邦成员必须在联邦数据分发管理的路径空间，以及这些路径空间的语义和对路径空间的描述上达成一致。这种一致包括路径空间的名称、路径空间的维，以及各维的数据类型和标准化信息。OMT 中的路径空间表以一种标准的格式记录表述这种秩序的所有要素。该表记录的部分数据直接用来生成 FED 文件。

路径空间表如表 3-15 所示。

表 3-15　路径空间表

路由空间	维度	维的数据类型	维的范围/集合	范围或集合	标准化函数
<r-space>	<dimension>	<type>	<range/set>	<units>	<n_function>
	<dimension>	<type>	<range/set>	<units>	<n_function>
	<dimension>	<type>	<range/set>	<units>	<n_function>
…	…	…		…	…

续表

路由空间	维度	维的数据类型	维的范围/集合	范围或集合	标准化函数
<r-space>	<dimension>	<type>	<range/set>	<units>	<n_function>
	<dimension>	<type>	<range/set>	<units>	<n_function>
…	…	…	…	…	…

(7) 枚举数据类型表

枚举数据类型表用来记录属性表和参数表中枚举数据类型的有关系信息。枚举数据类型表如表 3-16 所示。

表 3-16　枚举数据类型表

标识	Enumerator	Representation
<datatype>	<enumerator>	<integer>
	…	…
<datatype>	<enumerator>	<integer>
	…	…

(8) 复杂数据类型表

复杂数据类型表用来记录属性表和参数表中复杂数据类型的有关信息。复杂数据类型表如表 3-17 所示。

表 3-17　复杂数据类型表

复杂数据类型	域名	数据类型	基数	单位	粒度	精度	精度条件
<complex datatype>	<field>	<datatype>	<size>	<units>.	<resolution>	< accuracy >	<condition>
	…	…	…	…	…	…	…
<complex datatype>	<field>	<datatype>	<size>	<units>.	<resolution>	< accuracy >	<condition>
…	…	…	…	…	…	…	…
<complex datatype>	<field>	<datatype>	<size>	<units>.	<resolution>	< accuracy >	<condition>
…	…	…	…	…	…	…	…

3.2.3 HLA 分布式仿真运行支撑环境

联邦 RTI 是 HLA 接口规范的具体实现，又称运行时间基础结构。它是基于 HLA 仿真的核心部件，也是 HLA 仿真应用程序设计和运行的基础。1995 年，DMSO 主持开发 RTI 原型系统。最初，RTI 主要用来对采用 HLA 体系结构不同领域的仿真应用进行验证，并发现早期接口规范中存在的问题。此后，随着 HLA 仿真应用领域的不断扩展，大量的商业公司开始介入其中，RTI 的版本不断增多。随着 HLA 接口规范的发展，出现了不同组织开发的 RTI 系列，RTI 逐渐被完善。目前，DMSO RTI 的最新版本是 RTI 1.3-NG v4[103-105]。

1. RTI 概述

RTI 是根据 HLA 接口规范开发的软件系统，为仿真应用提供通用的、相对独立的支撑服务。其功能类似于分布式操作系统，包括以下几点。

① 它是 HLA 仿真接口规范的具体实现。HLA 接口规范用文字定义各种标准服务和接口。RTI 用程序设计语言将这些标准的服务和接口转换成列标准的 RTI 应用程序接口(application programming interface，API)函数，从而实现联邦成员之间高效的信息交换，使基于 HLA 的仿真开发成为可能。

② 它为仿真应用提供仿真运行管理功能。开发人员只需集中精力实现具体的仿真功能。仿真运行管理则由 RTI 完成，例如仿真过程的开始、暂停、恢复、仿真时间推进等。RTI 改变了传统的仿真程序设计，以往的开发人员不仅要完成具体的仿真功能实现，还要实现复杂的仿真运行管理功能。

③ 它提供底层通信传输服务。RTI 可以屏蔽网络通信程序实现的复杂性，开发人员可以很容易地实现数据的发送与接收，降低分布交互仿真程序设计的复杂程度。这种底层通信传输机制允许各联邦成员进行不同级别的数据过滤，可以极大地减少网络数据流量，提高仿真系统的运行速度。

④ 它使仿真系统具有较好的扩充性。RTI 是仿真功能、仿真运行管理、底层通信传输三者分离的基础，便于实现仿真系统中各个组成部分的即插即用，因此各个组成部分的编程实现可以相对独立地进行，适合团队开发。

2. RTI 体系结构模型

RTI 作为分布式仿真运行的底层支撑环境，其体系结构的优劣直接关系到仿真系统的性能。从 RTI 的逻辑结构来看，RTI 体系结构模型分为以下三种。

(1) 集中式结构模型

集中式结构模型的特点是有一个全功能的中心节点，可以在该中心节点实现所有服务。联邦成员之间没有直接的通信关系，所有的联邦成员之间都通过中心节点提供的服务实现消息的转发与交换。

集中式结构模型的优点是结构简单，容易实现，但是所有信息的交换与转发都通过中心节点实现，使中心节点负担极大。这成为系统的瓶颈，不利于系统规模的扩展。

(2) 分布式结构模型

分布式结构模型的特点类似于 ALSP 系统的体系。它不存在中心节点，因为每个仿真节点机上都有自己的局部 RTI 服务器，联邦成员只需要向本地 RTI 服务进程提出请求，由本地 RTI 做出响应即可。如果本地 RTI 不能完成响应，那么请求外部的 RTI 服务进程协同完成。

分布式结构模型的优点是解决集中式结构模型存在的系统瓶颈问题，有利于系统规模的扩展，但是这种结构缺乏集中式的全局管理，需要与所有的局部 RTI 进程协调完成的服务。例如，时间管理服务等，其协调算法复杂，系统运行效率低。

(3) 层次式结构模型

层次式结构模型结合分布式和集中式的实现方法，可以克服自身存在的各种问题。这种结构模型中有一个中心服务器，用于执行一些全局操作，如时间管理等。在中心服务器下设置一组子 RTI 服务器，每个子服务器负责一组联邦成员的服务请求，涉及全局操作的请求，由中心服务器协调各个子服务器共同完成。

层次式结构模型可以减少全局操作的延迟，提供仿真系统的运行效率。对于一些局部操作，由 RTI 子服务器分散执行，可降低计算的耦合度，从而提高执行效率。DMSO 的 RTI 1.3-NG 就采用这种结构模型。

3. RTI 通信方式

RTI 提供底层的通信传输服务，在联邦执行过程中，各类控制类消息和数据类消息的传输依靠网络通信来实现，因此 RTI 必须能够支持多种传输方式，以及通信协议。

RTI 的网络通信按照寻址方式可分为点对点通信(unicast)、组播通信(multicast)，以及广播通信(broadcast)三种方式。

按照传输质量和效率，通信服务包括两种传输方式，即 Reliable 方式和 Best effort 方式。Reliable 传输服务采用传输控制协议/网际协议(Transmission Control Protocol/Internet Protocol，TCP/IP)，提供可靠的、面向连接的传输方式。Best effort 的消息传输服务采用用户数据报协议(User Datagram Protocol，UDP)/IP，提供不可靠的、无连接的消息传输服务方式。

4. RTI 的配置文件

RTI 运行时需要两个配置文件，一个是 FED 文件，另一个是 RTI 初始化数据(RTI initialization data，RID)文件。

FED 文件包含源于 FOM 的信息，包括联邦中各个联邦成员的对象类、交互类、对象类属性、交互类参数和路径空间等数据结构信息。在创建 FED 服务时，需要指定 FED 文件所在的路径和文件名。

RID 文件包含控制 RTI 运行的配置参数，因此可通过配置 RID 文件，使 RTI 满足特定的仿真应用。

5. RTI 1.3-NG

RTI 1.3-NG 于 1999 年 9 月份推出，它吸收了以往各类版本的经验。RTI 1.3-NG v1.1 版本是第一个完全按照 HLA 接口规范实现的软件。2001 年 6 月，已推出 RTI 1.3-NG v4 版本。

RTI 1.3-NG 主要由 RTI 全局执行进程 RtiExec、联邦执行进程 FedExec、LibRTI 库组成。RTI 组成结构如图 3-9 所示。

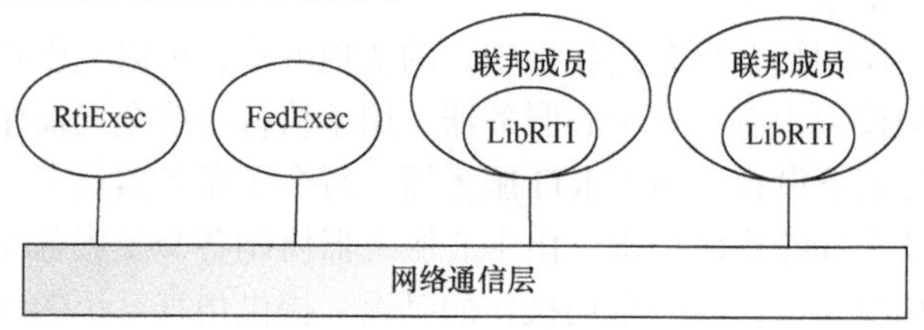

图 3-9　RTI 组成结构

RtiExec 是一个全局进程，主要负责管理联邦的创建、结束，以及管理多个不同的联邦。每个联邦成员通过与 RtiExec 的通信初始化，加入相应的联邦中，并确保每一个 FedExec 进程拥有一个唯一的联邦名称。RtiExec 实际是一个运行程序，在运行联邦执行之前，必须首先运行它。

FedExec 管理联邦成员的加入和退出，为联邦成员之间进行数据通信和协调运行提供支持。FedExec 进程由第一个成功调用 Create Federation Execution 服务的联邦成员创建，每一个加入联邦的联邦成员被分配一个唯一的句柄。FedExec 也是一个运行程序，在第一个联邦成员成功加入联邦后自动启动。

LibRTI 是一个接口函数库，为开发者提供 HLA 结构规范描述的服务。该库包括两个主要类，即 RTIAmbassador(RTI 大使)和 FederateAmbassdor(联邦成员大使)。RTIAmbassador 类捆绑并实现由 RTI 提供的所有服务。FederateAmbassdor 是一个抽象类，定义 HLA 接口规范中所有的回调函数。联邦成员通过这些回调函数从 RTI 中接收数据(包括其他联邦成员传来的数据和 RTI 自身的数据状态)。该函数库有多个语言版本，如 C++、Java 等。

RTI 1.3-NG v4 的系统目录结构如图 3-10 所示。

RTI 1.3-NG v4 可以实现 HLA 接口规范 1.3 规定的服务，提供六大管理服务及其支持服务在内的共计 143 个接口服务，如表 3-18 所示。

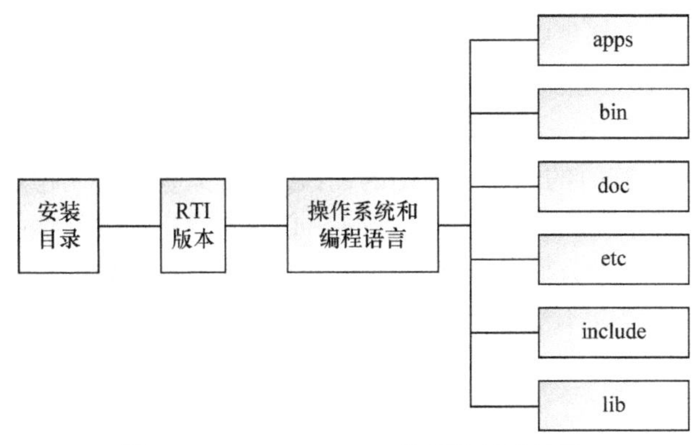

图 3-10 RTI 1.3-NG v4 的系统目录结构

表 3-18 接口服务

分类		服务数		功能
		RTIAmbassador	FederateAmbassador	
六大类管理服务	联邦管理	13	13	完成联邦执行的创建/撤销，联邦成员的加入/退出和联邦的保存/恢复等功能
	DM	8	4	主要完成对象类/交互类的公布/订购功能
	对象管理	9	9	主要完成对象实例的注册/发现，实例属性值的更新/反射和交互实例的发送/接收功能
	所有权管理	9	9	主要完成实例属性所有权的转让和接收等功能
	时间管理	19	4	主要完成仿真时间管理并提供相关的辅助功能
	数据分发管理	12		实现 HLA 的数据分发管理机制
其他	辅助服务	34		完成各种参数的查询、修改等功能，为其他服务提供支持

3.2.4 基于 HLA 的众智仿真理论框架

众智网络仿真是大规模仿真的一种新发展。与传统的大规模仿真相比，众智网络仿真存在以下几个明显的挑战。

① 动态性。众智网络仿真的联邦成员属性和状态可能在不确定的模式下随时发生变化，联邦成员之间的耦合更加松散。联邦成员行为和意图的变化可能导致大范围组状态和意图的变化。

② 多样化。多样化是众智网络仿真的一个关键特征。例如，时间推进策略可能基于慢变量、事件、时钟或混合模式的变化。此外，由于联邦成员多形式、多学科、交易不确定性、多样性、扰动来源多、订阅存在于不同层次和方面等，很多仿真策略都需要考虑多样化。

③ 大规模。众智网络仿真的规模可能需要达到数百万，甚至数万亿，才能解释或验证众智科学的原理和规律。

HLA 是分布式计算机仿真系统的通用体系架构。联邦成员以数据抽象的形式存在于联邦，因此联邦集成能够很好地保持参与者的独立性。这种集成更适合分布式、松散耦合的仿真集成，也适合众智网络仿真的要求[106,107]。

遗憾的是，HLA 本身的某些特性对于众智网络仿真来说具有限制性。首先，HLA 联邦的开发是临时的。一个给定的 HLA 联邦只有在长期稳定的合作下才能满足众智仿真的要求。当环境发生改变时，必须开发出新的环境，这对于现有系统之间的动态协作并不方便。其次，很多矛盾都是通过信息系统外部的协议来解决的，因此这些协议并不受软件或者工作流的保证。再次，在众智网络中，系统性出现是复杂系统的一个关键特征，HLA 不支持这种仿真。最后，HLA 仿真的规模最多为千级，但是众智网络仿真的规模往往超过百万级或者万亿级。这给信息通信带来极其巨大的负担。

为解决上述问题，本节提出一种基于 HLA 的众智仿真理论框架[106,107]，如图 3-11 所示。

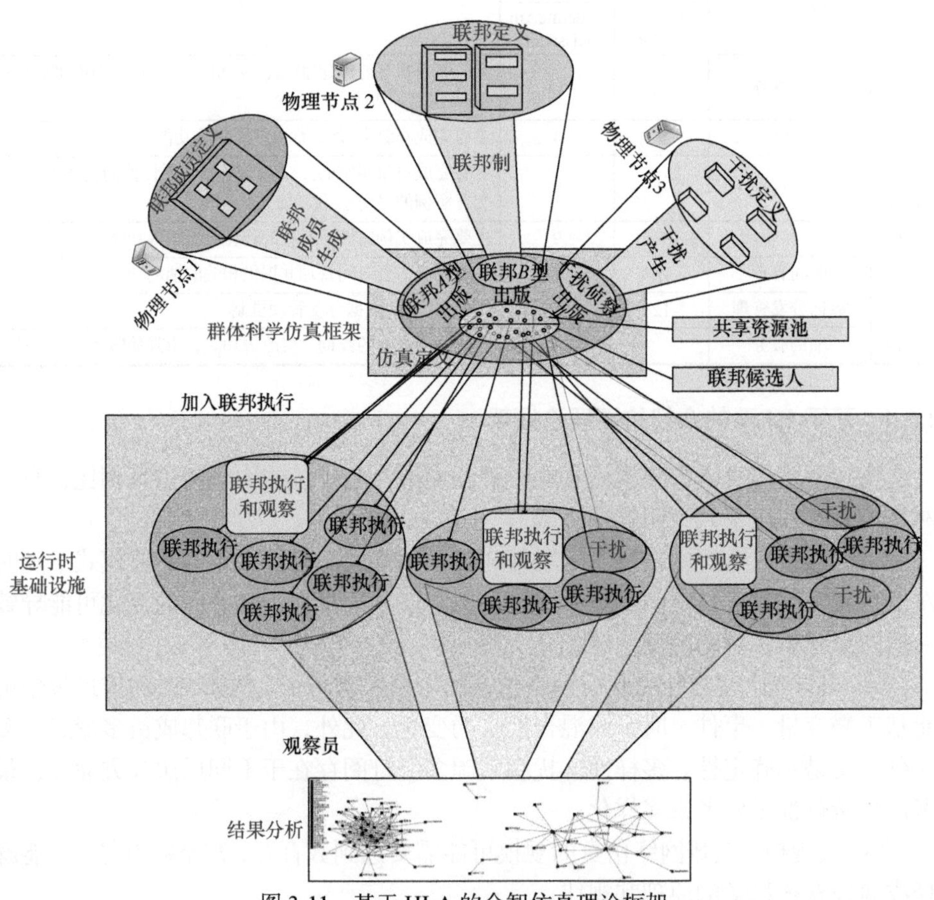

图 3-11　基于 HLA 的众智仿真理论框架

针对固定的联邦开发问题，基于联邦的两级仿真框架包括系统级仿真(系统联邦)和应用级仿真(应用联邦)，可以将仿真环境分为物理和逻辑两部分。系统联邦定义物理方面的语义环境，应用联邦定义逻辑方面的语义环境，可以提高仿真的灵活性。系统联邦中的协作个体是由打算协作的实际系统投射出来的。系统应用中还定义了即将参与应用仿真协作个体的元模型。系统联邦中的协作相对简单和单调，即发布可共享资源和候选应用程序联邦成员。在仿真定义完成后，这些候选对象可以加入一个应用程序联邦，成为一个真正的应用程序联邦。当定义语义环境时，语义规则和可共享资源都可以得到解决。

为了解决外部一致性问题，该框架中引入了仿真定义。仿真定义指定环境相关参数、仿真相关参数和交互相关参数。环境相关参数给出了仿真的初始环境，如种群规模、采样规模、种群分布。仿真相关参数定义如何进行仿真，如仿真生成、合作成本、突变率、干扰注入时间、干扰强度等。

为了解决系统的出现和规模问题，该框架使用共享资源池。共享资源池存储未来应用程序联邦使用的不同类型的候选初始入口。当应用程序联邦执行时，参与给定应用程序联邦执行的联邦成员可以访问共享资源池中的所有资源。

(1) 体系结构

根据众智科学仿真的特点，众智网络理论仿真平台总体上采用层次性结构，包括仿真应用层、仿真验证与评价层、仿真工具层、持久存储层和 RTI 层。众智网络理论平台体系结构如图 3-12 所示。

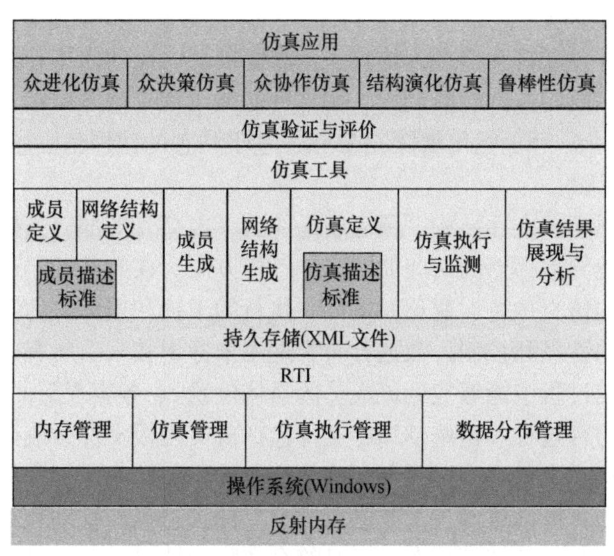

图 3-12　众智网络理论平台体系架构

仿真应用层主要针对众进化仿真、众决策仿真、众协作仿真、结构演化仿真、多源信息传播的鲁棒性仿真的特点配置仿真执行，验证或发现众智网络的各种规律。仿真验证与评价层主要根据众智仿真的特点开展模型校验与确认的研究，以验证众智网络仿真执行的可信性。仿真工具层包括成员定义工具、网络结构定义工具、成员生成工具、网络结构生成工具、仿真定义工具、仿真执行与监测工具、仿真结果展现与分析工具。成员定义工具根据成员描述标准辅助进行成员定义。网络结构定义工具用来定义众智网络的结构。成员生成工具根据成员定义工具生成的模板，按实际成员的数字特征生成给定数量的仿真成员。网络结构生成工具根据结构定义在生成的成员信息中添加连接信息。仿真定义工具根据仿真描述标准辅助生成仿真执行的模板。仿真执行与监测工具根据仿真定义监控仿真执行。仿真结果展现与分析工具根据仿真的中间结果回放或者重演仿真的过程。根据众智网络仿真的特点，应用数据驱动文件(data driven file，DDF)的方式连接众智网络仿真工具集的各个软件工具包，解耦各个软件工具包的研发，促进软件工具包的研发过程。其可扩展标记语言(extensible markup language，XML)文件构成持久存储层。RTI 层主要提供分布式系统支持，包括内存管理、仿真管理、仿真执行管理和数据分布管理。其中，内存管理主要协调反射内存和本地内存的关系，以便用户像使用本地内存一样访问异地的存储空间；仿真管理主要用以管理不同的仿真执行，避免其文件和执行的干扰和损坏；仿真执行管理是对单次仿真执行的管理和控制；数据分布管理用以标识和索引所有的仿真成员，以便在仿真推进的过程中能够找到该成员的具体位置。

(2) 功能结构

从功能上看，众智网络理论仿真平台需要反射内存的支持和与相关仿真软件的接口，以便完成相应的功能调用，如多智能体编程平台 JADE、多智能体仿真平台 AnyLogic、运筹学优化软件 GAMS、基于状态的建模仿真软件 Repast 和数学计算软件 Matlab。

其结构仍属于层次性结构，最底层是 RTI，内存管理部分连接不同设备上的反射内存卡，使异地存储的访问如同本地一样方便。在此基础上，仿真管理主要用来管理不同的仿真执行，避免其文件和执行的干扰和损坏。仿真执行管理是对单次仿真执行的管理和控制。数据分布管理用来标识和索引所有的仿真成员，以便在仿真推进的过程中能够找到该成员的具体位置。业务实现层面主要依托 XML 文件驱动整个仿真过程。这些 XML 文件包括成员模板文件、成员描述文件、仿真描述文件。这些文件必须按照众智网络仿真的相关标准进行构造，以便各模块能够互通。在仿真验证层面，主要进行成员、仿真过程、扰动和结果的验证。成员验证主要验证成员的特征分布是不是符合实际的情况。仿真过程验证仿真的过程和实际发生的过程是否具有一致性，仿真的过程是否可信。网络结构验证主要验证众智网络的结构是否与实际情况一致。扰动的验证主要验证扰动源的分布和频率是否与实际情况相一致。结果验证主要说明仿真结果是否和实际情况吻合，能不能起到揭示、证实或者展示客观规律的作用。众智网络理论平台功能架构如图 3-13 所示。

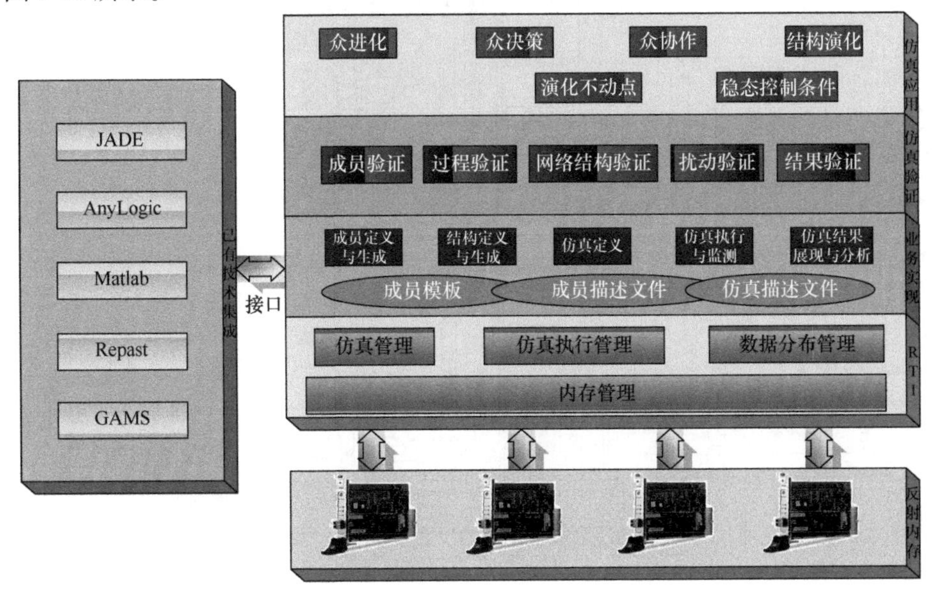

图 3-13 众智网络理论平台功能架构

(3) 实现结构

众智网络理论仿真工具集包括仿真成员定义、仿真定义、众智网络结构定义、成员生成、众智网络结构生成、仿真执行与监测、仿真验证与评价及仿真结果展现与分析工具包组成。这些工具包通过 DDF 的形式关联，构成众智网络理论仿真工具集。其实现架构如图 3-14 所示。

仿真成员定义工具包根据成员通用模型，定义原子型众智单元、集合型众智单元、建议者和监控者等类型的成员。其定义的内容包括成员的类型、属性、禀赋、格局、执行器、决策器、分解器、汇聚器、连接器、监控器、影响器、目标/承诺等内容。与此同时，它还需要定义外部应用的名称、参数和使用的模型，以及数据集，最终产生 XML 形式的成员描述文件。

仿真定义工具根据仿真管理模型，定义仿真优化的目标和方向、仿真的终止条件、成员的数量与分布、推进与同步、扰动注入机制、更新频度、全局属性、监测的参数、显示数量等内容，最终产生 XML 形式的仿真描述文件。

众智网络结构定义工具根据网络结构模板(如点云结构、小世界结构、六度空间结构等)，定义或者生成总体的分解/汇聚结构、对等数体连接结构、建议者连接结构，以及监控者连接结构，并将其写入 XML 形式的仿真描述文件。

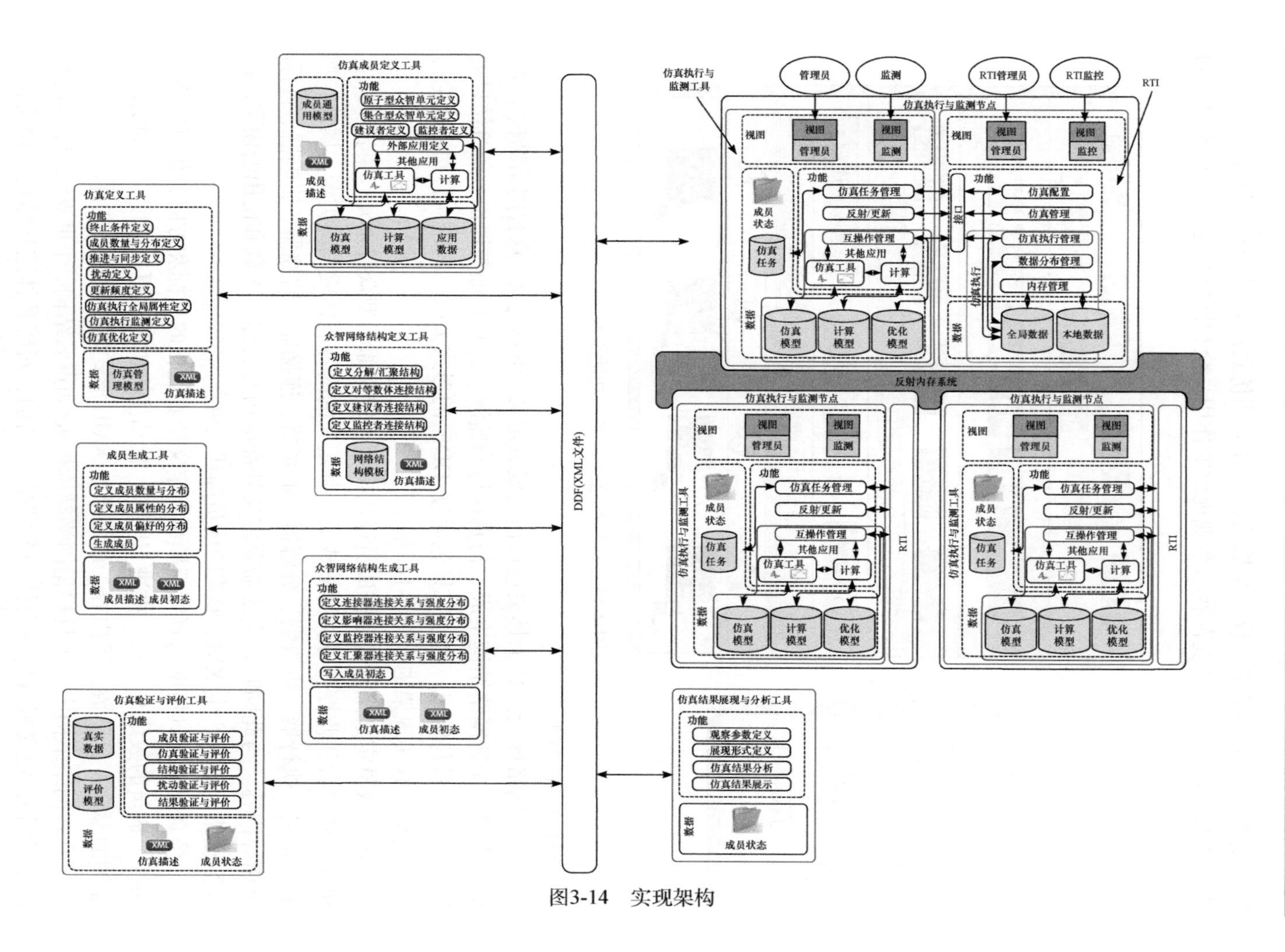

仿真成员定义工具
成员通用模型
XML
成员描述
功能
原子型众智单元定义
集合型众智单元定义
建议者定义
监控者定义
外部应用定义
其他应用
仿真工具
计算
数据
仿真模型
计算模型
应用数据
仿真定义工具
功能
终止条件定义
成员数量与分布定义
推进与同步定义
扰动定义
更新频度定义
仿真执行全局属性定义
仿真执行监测定义
仿真优化定义
数据
仿真管理模型
XML
仿真描述
众智网络结构定义工具
功能
定义分解/汇聚结构
定义对等数体连接结构
定义建议者连接结构
定义监控者连接结构
数据
网络结构模板
XML
仿真描述
成员生成工具
功能
定义成员数量与分布
定义成员属性的分布
定义成员偏好的分布
生成成员
数据
XML
XML
成员描述
成员初态
众智网络结构生成工具
功能
定义连接器连接关系与强度分布
定义影响器连接关系与强度分布
定义监控器连接关系与强度分布
定义汇聚器连接关系与强度分布
写入成员初态
数据
XML
仿真描述
XML
成员初态
仿真验证与评价工具
真实数据
评价模型
功能
成员验证与评价
仿真验证与评价
结构验证与评价
扰动验证与评价
结果验证与评价
数据
XML
仿真描述
成员状态
DDF(XML文件)
仿真执行与监测工具
管理员
监测
RTI管理员
RTI监控
RTI
仿真执行与监测节点
视图
视图
管理员
视图
监测
视图
视图
管理员
视图
监控
成员状态
仿真任务
功能
仿真任务管理
反射/更新
互操作管理
其他应用
仿真工具
计算
数据
仿真模型
计算模型
优化模型
接口
功能
仿真配置
仿真管理
仿真执行管理
数据分布管理
内存管理
仿真执行
数据
全局数据
本地数据
反射内存系统
仿真执行与监测节点
仿真执行与监测工具
视图
视图
管理员
视图
监测
成员状态
仿真任务
功能
仿真任务管理
反射/更新
互操作管理
其他应用
仿真工具
计算
数据
仿真模型
计算模型
优化模型
RTI
仿真结果展现与分析工具
功能
观察参数定义
展现形式定义
仿真结果分析
仿真结果展示
数据
成员状态

图3-14　实现架构

成员生成工具根据成员描述文件，定义不同种类的成员数量与分布情况、属性的分布情况、偏好的分布情况，然后生成成员并将其写入 XML 形式的成员初态文件中。

众智网络结构生成工具根据仿真描述当中的结构信息，定义每个成员的连接器连接关系与强度分布、影响器连接关系与强度分布、汇聚器连接关系与强度分布，并将这些信息写入 XML 形式的成员初态文件中。

仿真执行与监测工具运行在一个多机环境中，可能包含多个仿真执行与监测节点。这些节点通过各自的反射内存卡相互连接。每个节点都包括一个仿真执行与监测工具和 RTI 环境。RTI 的主要作用是管理本地内存和反射内存卡，以便于使用异地的内存系统，起到扩充内存的目的。仿真执行与监测工具用来控制和管理仿真的运行。RTI 的主要功能包括内存管理、数据分布管理、仿真执行管理、仿真管理和仿真配置。内存管理主要是协调反射内存和本地内存的关系，以便于用户像使用本地内存一样访问异地存储空间。仿真管理主要用来管理不同的仿真执行，避免其文件和执行受到干扰和损坏。仿真执行管理是对单次仿真执行的管理和控制。数据分布管理用来标识和索引所有的仿真成员，以便在仿真推进的过程中能够找到该成员的具体位置。仿真配置是对仿真过程中一些全局参数进行配置的过程，例如反射内存的更新频率、互斥与同步，不同节点在反射内存的公共区和私有区等。其使用的视图主要有管理员视图和监控视图两种。仿真执行与监测工具主要根据仿真任务，组织和监测仿真的运行，包括仿真任务管理、反射/更新全局属性和互操作管理。仿真任务管理通过仿真描述文件获取仿真的要求和相应的参数，并控制仿真的执行。反射/更新管理通过计算全局属性的值进行实时反射与更新，以便仿真的成功推进。互操作管理按照仿真描述文件中的外部应用调用格式和参数启动外部应用，并获得相应的结果。其视图分为管理员视图和监测视图两种。在仿真执行的过程中，仿真执行与监测工具将每个仿真成员的状态以 XML 文件的格式写入成员状态文件夹。

仿真验证与评价工具根据评价模型和真实数据，针对仿真描述和成员状态的记录，以及成员的分布与特征、众智网络结构、仿真过程、扰动机制和仿真结果进行可信性验证与评价。

仿真结果展现与分析工具根据仿真执行过程中的成员状态数据设定观察参数和展现形式，然后进行仿真结果展示和分析。

根据上述仿真工具包，系统行业仿真标准的 BNF 如下。

① 众智网络仿真成员元模型模板。

<众智网络仿真成员元模型>::= “<”<成员元模型通用信息><成员类型定义><数据类型定义><成员详细信息><备注>“>”

<成员元模型通用信息>::= “<”<成员元模型 ID><版本号><修改日期><完成

人><说明>“>”

<成员元模型 ID>::= “memberMetaModel=”<ID>

<版本号>::= “version=”<数字>“.”<数字>

<修改日期>::= “modifyDate=”<日期>

<完成人>::= “author=”<非空字符串>

<说明>::= “comment=”<字符串>

<成员类型定义>::=“<memberType=”{<成员类型>}”>”

<成员类型>::= <成员角色><成员类型名称><成员类型代号>{<属性限定>}

<成员角色>::= “memberRole=”<成员角色类型>

<成员角色类型> ::= “Collective”|”Primitive”|”Advisor”| “Monitor”

<成员类型名称>::= “memberTypeName=”<非空字符串>

<成员类型代号>::= “memberTypeCode=”<非空字符串>

<属性限定>::= <属性名><属性类型><属性限定>

<属性名>::= “attributeName=”<非空字符串>

<属性类型>::= “attributeType=”<数据类型>

<属性限定>::= “attributeConsraint=”<数据类型值域>

<数据类型定义>::= “<dataTypeDefinition”{<数据类型>}”>”

<数据类型>::=<字符串类型>|<非空字符串类型>|<字符类型>|<字母类型>|<ID 类型>|<数字类型>|<整数类型>|<日期类型>|{<自定义数据类型>}

<字符串类型>::=“dataType=string value=”<字符串>

<字符串>::= {<字符>}

<非空字符串类型>::=“dataType=mString value=”<非空字符串>

<非空字符串>::= <字符><字符串>

<字符类型>::=“dataType=char value=”<字符>

<字符>::= <字母>|空格|汉字|”0”|”1”|…”9”

<字母类型>::=“dataType=letter value=”<字母>

<字母>::= “A”|“a”|“B”|“b”…“Z”|“z”

<ID 类型>::=“dataType=ID value=”<ID>

<ID>::= <非空字符串>“-”<正整数>

<数字类型>::=“dataType=number value=”<数字>

<数字>::= <整数>[“.”<正整数>]

<整数类型>::=“dataType=int value=”<整数>

<整数>::=[“-”] <正整数>

<正整数>::= “0”|“1”|“2”…“9”{<正整数>}

<日期类型>::=“dataType=Date value=”<日期>

<日期>::= <年>“-”<月>“-”<日>

<年>::= <正整数>[2000, 3000]

<月>::= <正整数>[1, 12]

<日>::= <正整数>[1, 31]

<自定义数据类型>::= “dataType=<数据类型名称>value=<数据类型组成> valueRange=<数据类型值域>

<数据类型名称>::= <非空字符串>

<数据类型组成>::= <非空字符串>{“.” <非空字符串>}

<数据类型值域>::= <枚举值域>|<区间值域>

<枚举值域>::= <枚举值>{“, ”<枚举值>}

<枚举值>::= <非空字符串>

<区间值域>::=“[”<数字>“, ”<数字>“]”

<备注>::= “<note=”<字符串>“>”

<名称>::= “caption=”<非空字符串>

<成员类别>::= “memberTypeCode=”<成员类型代号>

<属性>::= “<”attributes <属性 ID><属性类型><属性值域>“>”

<属性 ID>::= “attributeID=”<ID>

<属性类型>::= “attributeType=”<数据类型>

<属性值域>::= “attributeValueRange=”<数据类型值域>

<格局>::=“<paths name =”<格局名称><格局定义>“>”

<格局名称>::=<非空字符串>

<格局定义>::= <初始节点>{<初始节点>}<终止节点>{<终止节点>}{<节点>}{<边>}

<初始节点>::= “<initial node=”<初始节点 ID>“weight=”<初始节点权重>“>”

<初始节点 ID>::=<节点 ID>

<初始节点权重>::=<节点权重>

<终止节点>::= “<end node=”<终止节点 ID>“weight=”<终止节点权重>“>”

<终止节点 ID>::=<节点 ID>

<终止节点权重>::=<节点权重>

<节点>::=“<node=”<节点 ID>“weight=”<节点权重>“>”

<节点 ID>::=“node ID=”<ID>

<节点权重>::=<数字>

<边>::=“<arc from=”<节点 ID>“arc to=”<节点 ID>”weight= <边权重>“>”

<边权重>::=<数字>

<影响器>::=“<affector ”{<建议>}”>”

<建议>::=<连接成员><连接强度><建议路径>

<连接成员>::=<成员 ID>

<连接强度>::=<概率>

<概率>::=<数字>[0, 1]

<建议路径>::=<路径>

<路径>::= <初始节点 ID>{<节点 ID>}<终止节点 ID>

<初始节点 ID>::=<节点 ID>

<终止节点 ID>::=<节点 ID>

<分解器>::=“<decompositor ”{<成员 ID>}”>”

<成员 ID>::=“member ID=”<ID>

<汇聚器>::=“<integrator <汇聚计算>”{<汇聚方式>}”>”

<汇聚计算>::= “none”|“sum”|“average”|“max”|“min”

<汇聚方式>::=<成员 ID>“weight=”<汇聚权重>

<汇聚权重>::=<数字>

<决策器>::=“<decider ”<决策计算>“>”

<决策计算>::=<计算>

<计算>::= <函数名><外部函数路径><参数表>

<函数名>::=<非空字符串>

<外部函数路径>::=<外部函数绝对路径>|<外部函数相对路径>

<外部函数绝对路径>::=<盘符>“:”{<目录>}

<目录>::=“\”<非空字符串>

<外部函数相对路径>::={<目录>}

<函数名>::=<非空字符串>

<参数表>::={<属性 ID>}

<执行器>::=“<executor ”<执行计算>“>”

<执行计算>::=<计算>

<监控器>::=“<monitor ”{<监控>}”>”

<监控>::=<连接成员><监控强度><节点 ID><决策路径><执行路径>

<决策路径>::=<路径>

<执行路径>::=<路径>

<监控强度>::=<概率>

<连接器>::=“<comparator ”{<比较>}”>”

<比较>::=<连接成员><格局><路径>

<禀赋>::=“<endowment=”<数字>“>”

② 众智网络仿真成员模板。

<众智网络仿真成员>::= “<”<成员通用信息><成员详细信息>{成员详细信息}<备注>“>”

<成员通用信息>::= “<”<成员 ID><成员元模型 ID><说明>“>”

<成员 ID>::=“memberID=”<ID>

<成员元模型 ID>::= “memberMetaModel=”<ID>

<成员详细信息>::=

“<memberRole=Collective”<集合型众智单元具体信息>“>”|

“<memberRole=Primitive”<原子型众智单元具体信息>“>”|

“<memberRole=Advisor”<建议者具体信息>“>”|

“<memberRole=Monitor”<监控者具体信息>“>”

<集合型众智单元具体信息>::=“<”<名称><成员类别>{<属性>}<格局><影响器><分解器><汇聚器><决策器><执行器><监控器><连接器><说明>“>”

<原子型众智单元具体信息>::=“<”<名称><成员类别>{<属性>}<格局><影响器><决策器><执行器><监控器><连接器><说明>“>”

<建议者具体信息>::=“<”<禀赋>{<成员 ID><连接强度>{<属性>}<格局><路径><说明>}“>”

<监控者具体信息>::=“<”<禀赋>{<成员 ID><监控强度>{<属性>}<格局><路径><说明>}“>”

③ 众智网络结构模板。

<众智网络结构>::= “<”<网络结构 ID><度分布><度的相关性><社区聚合系数><社区平均规模><备注>“>”

<网络结构 ID>::=“<networkTemplateID=”<ID>

<度分布>::=“<degreeDistribution=”<概率分布>“>”

<概率分布>::= “<probability=”<概率名称><分布函数><数学期望><方差>“>”

<概率名称>::=“Poisson”|“Normal”|“Uniform”|“Binomial” |“Hypergeometric” |“Power-law” |<非空字符串>

<分布函数>::=<函数>

<函数>::= <函数名><外部函数路径><参数表>

<函数名>::=<非空字符串>

<外部函数路径>::=<外部函数绝对路径>|<外部函数相对路径>

<外部函数绝对路径>::=<盘符>“:”{<目录>}

<目录>::=“\”<非空字符串>

<外部函数相对路径>::={<目录>}

<函数名>::=<非空字符串>

<参数表>::={<参数>}

<参数>::= “<”parameters <参数 ID><参数类型><参数值域>“>”

<参数 ID>::= “parameterID=”<ID>

<参数类型>::= “parameterType=”<数据类型>

<参数值域>::= “parameterValueRange=”<数据类型值域>

<数据类型>::=<字符串类型>|<非空字符串类型>|<字符类型>|<字母类型>|<ID 类型>|<数字类型>|<整数类型>|<日期类型>|{<自定义数据类型>}

<字符串类型>::=“dataType=string value=”<字符串>

<字符串>::= {<字符>}

<非空字符串类型>::=“dataType=mString value=”<非空字符串>

<非空字符串>::= <字符><字符串>

<字符类型>::=“dataType=char value=”<字符>

<字符>::= <字母>|空格|汉字|”0”|”1”|…”9”

<字母类型>::=“dataType=letter value=”<字母>

<字母>::= “A”|“a”|“B”|“b”…“Z”|“z”

<ID 类型>::=“dataType=ID value=”<ID>

<ID>::= <非空字符串>“-”<正整数>

<数字类型>::=“dataType=number value=”<数字>

<数字>::= <整数>[“.”<正整数>]

<整数类型>::=“dataType=int value=”<整数>

<整数>::=[“-”] <正整数>

<正整数>::= “0”|”1”|”2”…”9”{<正整数>}

<日期类型>::=“dataType=Date value=”<日期>

<日期>::= <年>“-”<月>“-”<日>

<年>::= <正整数>[2000，3000]

<月>::= <正整数>[1, 12]

<日>::= <正整数>[1, 31]

<自定义数据类型>::= “dataType=<数据类型名称> value=<数据类型组成> valueRange=<数据类型值域>

<数据类型名称>::= <非空字符串>

<数据类型组成>::= <非空字符串>{“.” <非空字符串>}

<数据类型值域>::= <枚举值域>|<区间值域>

<枚举值域>::= <枚举值>{“,”<枚举值>}

<枚举值>::= <非空字符串>

<区间值域>::=“[”<数字>“,”<数字>“]”

<数学期望>::=“<mathematicalExpectation=”<数字>“>”

<方差>::=“<variance=”<数字>

<度的相关性>::=“<degreeCorrelation=” <数字>[-1, 1]”>”

<社区聚合系数>::=“<clusteringCoefficient =” <数字>“>”

<社区平均规模>::=“<clusteringScale =” <数字>“>”

<备注>::=“<note=”<字符串>“>”

④ 众智网络仿真元模型模板。

<众智网络仿真执行元模型>::= “<”<仿真执行元模型通用信息><仿真执行类型定义><数据类型定义><备注>“>”

<仿真执行元模型通用信息>::= “<”<仿真执行元模型 ID><版本号><修改日期><完成人><成员元模型 ID><成员文件夹><说明>“>”

<仿真执行元模型 ID>::= “simulationExecutionMetaModel=”<ID>

<版本号>::= “version=”<数字>“.”<数字>

<修改日期>::= “modifyDate=”<日期>

<完成人>::= “author=”<非空字符串>

<说明>::= “comment=”<字符串>

<仿真执行类型定义>::=“<memberType=”{<仿真执行类型>}“>”

<仿真执行类型>::= <仿真执行类型名称><仿真执行类型代号>{<属性限定>}

<仿真执行类型名称>::= “simulationExecutionTypeName=” “coEvolution”|“coDecision”|“collaboration” |“divisionEvolution”|“informationPropergation”|“fixedPoint”|“controlLaw”

<仿真执行类型代号>::= “simulationExecutionTypeCode=” “CE”|“CD” |“CO” |“DE” |“IP” |“FP” |“CL”

<属性限定>::= <属性名><属性类型><属性限定>

<属性名>::= “attributeName=”<非空字符串>

<属性类型>::= “attributeType=”<数据类型>

<属性限定>::= “attributeConsraint=”<数据类型值域>

<成员元模型 ID>::=“<memberMetaModel=”<ID>“>”

<成员文件夹>::=<文件路径>

<文件路径>::=<文件绝对路径>|<文件相对路径>

<文件绝对路径>::=<盘符>“:”{<目录>}

<目录>::=“\”<非空字符串>

<文件相对路径>::={<目录>}

<轮方法定义>::=“<roundMethodDefinition” “roundMethodName=”<非空字符串>“roundMethodID= roundMethod-”<正整数><全局属性递推方法>“>”

<全局属性递推方法>::= “<”<全局属性 ID >“=”<递推函数>“>”

<递推函数>::=<函数>

<函数>::=<函数名><文件路径><参数表>

<函数名>::=<非空字符串>

<参数表>::={<全局属性 ID>}

<全局属性 ID>::= “globalAttributeID=”<ID>

<全局属性类型>::= “globalAttributeType=”<数据类型>

<全局属性值域>::= “globalAttributeValueRange=”<数据类型值域>

<说明>::=“<comment=”<字符串>“>”

<数据类型定义>::= “<dataTypeDefinition”{<数据类型>}“>”

<数据类型>::=<字符串类型>|<非空字符串类型>|<字符类型>|<字母类型>|<ID 类型>|<数字类型>|<整数类型>|<日期类型>|{<自定义数据类型>}

<字符串类型>::=“dataType=string value=”<字符串>

<字符串>::= {<字符>}

<非空字符串类型>::=“dataType=mString value=”<非空字符串>

<非空字符串>::= <字符><字符串>

<字符类型>::=“dataType=char value=”<字符>

<字符>::= <字母>|空格|汉字|“0”|“1”|…“9”

<字母类型>::=“dataType=letter value=”<字母>

<字母>::= “A”|“a”|“B”|“b”…“Z”|“z”

<ID 类型>::=“dataType=ID value=”<ID>

<ID>::= <非空字符串>“-”<正整数>

<数字类型>::=“dataType=number value=”<数字>

<数字>::= <整数>[“.”<正整数>]

<整数类型>::=“dataType=int value=”<整数>

<整数>::=[“-”] <正整数>

<正整数>::= “0”|“1”|“2”…“9”{<正整数>}

<日期类型>::=“dataType=Date value=”<日期>

<日期>::= <年>“-”<月>“-”<日>

<年>::= <正整数>[2000, 3000]

<月>::= <正整数>[1, 12]

<日>::= <正整数>[1, 31]

<自定义数据类型>::= “dataType=<数据类型名称> value=<数据类型组成> valueRange=<数据类型值域>

<数据类型名称>::= <非空字符串>

<数据类型组成>::= <非空字符串>{“.” <非空字符串>}

<数据类型值域>::= <枚举值域>|<区间值域>

<枚举值域>::= <枚举值>{“, ”<枚举值>}

<枚举值>::= <非空字符串>

<区间值域>::=“[”<数字>“, ”<数字>“]”

⑤ 众智网络仿真执行模板。

<众智网络仿真执行模板>::= “<”<仿真执行 ID><仿真执行元模型 ID><仿真执行类型><版本号><修改日期><完成人><结果记录文件夹><结果记录模板 ID><仿真轮定义><仿真代定义><仿真记录步长>{<全局属性>}<说明>“>”

<仿真执行 ID>::= “simulationExecution=”<ID>

<仿真执行元模型 ID>::= “simulationExecutionMetaModel=”<ID>

<结果记录文件夹>::=<文件路径>

<结果记录模板 ID>::= “resultRecordTemplate=”<ID>

<仿真轮定义>::=“<simulationRoundDefinition”“<roundNumber=”<正整数>“>”<轮定义>{<轮定义>} “>”

<轮定义>::=“<roundName=”<非空字符串>“roundID=”<正整数><轮方法定义>{<轮方法定义>}“>”

<仿真代定义>::=“<simulationGenerationDefinition”<代结果处理方式><仿真结束方式>“>”

<代结果处理方式>::=“<generationResultReserve= ”“ True”| “False”“>”

<仿真结束方式>::=“<simulationEndAt=”“generation”<正整数> |“condition”<结束函数>“>”

<结束函数>::=<函数>

<仿真记录步长>::=“<simulationRecordResolution=”<正整数>“>”

<全局属性>::= “<”globalAttributes <全局属性 ID><全局属性类型><全局属性值域>“>”

⑥ 众智结果记录模板。

<众智网络仿真结果记录模板>::= “<”<仿真记录通用信息><众智网络仿真执行信息><成员信息>{<成员信息>}<备注>“>”

<仿真记录通用信息>::=“<”<仿真记录 ID><仿真记录时间><仿真执行元模型 ID><仿真成员元模型 ID><说明>“>”

<仿真记录 ID>::=“simulationRecord=”<ID>

<仿真记录时间>::=<时间>

<时间>::=<日期><hh>“:”<mm>“:”<ss>“.”<ms>

<hh>::=<正整数>[0, 23]

<mm>::=<正整数>[0, 59]

<ss>::=<正整数>[0, 59]

<ms>::=<正整数>[001, 999]

<仿真执行元模型 ID>::= "<simulationExecutionMetaModel="<ID>">"

<仿真成员元模型 ID>::= "<memberMetaModel="<ID>">"

<说明>::= "<comments="<字符串>">"

<众智网络仿真执行信息>::= "<"<仿真执行 ID><仿真执行类型><版本号><仿真轮信息><仿真代信息>{<全局属性>}<说明>">"

<仿真执行 ID>::= "simulationExecution="<ID>

<仿真轮信息>::="<simulationRound""<roundNumber="<正整数>">"<轮定义>{<轮定义>} ">"

<轮信息>::="<roundName="<非空字符串>"roundID="<正整数><轮方法定义>{<轮方法定义>}">"

<仿真代信息>::="<simulationGenerationDefinition"<代结果处理方式><当前代数><仿真是否结束>">"

<代结果处理方式>::="<generationResultReserve= "" True"| "False"">"

<仿真是否结束>::="<simulationEnd=" " True"| "False"">"

<当前代数>::="<simulationGeneration="<正整数>">"

<全局属性>::= "<"globalAttribute <全局属性 ID>"="<属性值>">"

<属性值>::=<枚举值>|<数字>

<成员信息>::= "<"<成员通用信息><成员详细信息>{成员详细信息}<备注>">"

<成员通用信息>::= "<"<成员 ID><成员元模型 ID><说明>">"

<成员 ID>::="memberID="<ID>

<成员元模型 ID>::= "memberMetaModel="<ID>

<成员详细信息>::=

"<memberRole=Collective"<集合型众智单元具体信息>">"|

"<memberRole=Primitive"<原子型众智单元具体信息>">"|

"<memberRole=Advisor"<建议者具体信息>">"|

"<memberRole=Monitor"<监控者具体信息>">"

<集合型众智单元具体信息>::="<"<名称><成员类别>{<属性>}<格局><影响器><分解器><汇聚器><决策器><执行器><监控器><连接器><说明>">"

<原子型众智单元具体信息>::="<"<名称><成员类别>{<属性>}<格局><影响器><决策器><执行器><监控器><连接器><说明>">"

<建议者具体信息>::="<"<禀赋>{<成员 ID><连接强度>{<属性>}<格局><路径><说明>}">"

<监控者具体信息>::="<"<禀赋>{<成员 ID><监控强度>{<属性>}<格局><路径><说明>}">"

<备注>::= "note="<字符串>

(4) 基于反射内存的仿真运行基础设施

多数 HLA/RTI 平台为集中式架构，即联邦中存在一个 RTI 中心服务器，所有仿真成员之间的信息交互都必须经由该服务器完成。显然，它能提高信息交互的管理效率，但也成为仿真网络的信息瓶颈。在信息交互量巨大的情况下，它将严重影响仿真的效率和结果的可信度。为解决大规模仿真面临的网络信息负载问题，仿真总线采用分级架构，分为接入总线(JoinMSim)、汇聚总线(ConvMSim)和核心总线(CoreMSim)三层总线结构，从而将大规模仿真的网络负载压力分担到多层仿真总线上。

① JoinMSim 直接连接仿真成员，负责其所辖成员之间的内部信息交互。聚合所辖成员的对外信息提供能力，并向其所属的 ConvMSim 发布。同时，聚合信息订阅需求，并向其所属的 ConvMSim 提交。

② ConvMSim 的功能类似于 JoinMSim，负责协调其所辖 JoinMSim 之间的信息交互关系，并将超出其所辖范围的信息交互(信息需求和信息提供)关系提交给 CoreMSim。

③ CoreMSim 负责协调其所辖的 ConvMSim 之间的信息交互关系。

仿真总线 MSim 结构如图 3-15 所示。

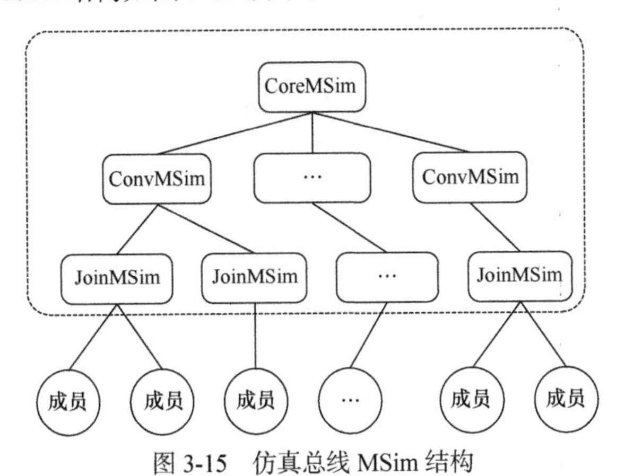

图 3-15　仿真总线 MSim 结构

三层总线均对用户透明，某个具体的仿真成员与哪个接入总线直接连接，由仿真总线 MSim 内部控制。

三层总线相对独立，可根据仿真规模进行适应性裁剪。例如，可出现如下仿真应用场景，仅包含 JoinMSim 的单层总线仿真联邦应用，包含 JoinMSim 和 ConvMSim 的双层总线仿真联邦应用，以及包含 JoinMSim、ConvMSim 和

CoreMSim 三层总线的仿真联邦应用。

虽然 JoinMSim、ConvMSim 和 CoreMSim 直接连接和管理的对象不同，JoinMSim 直接管理仿真成员，ConvMSim 直接管理 JoinMSim，CoreMSim 直接管理 ConvMSim，但实际上，它们管理的内容都是相同的，即协调内部、外部信息交互关系，完成相应的对象和时间等管理。因此，三者的功能是类似的。这里以 ConvMSim 为例，说明其功能、结构等。

ConvMSim 直接连接并管理 JoinMSim，对内负责其所辖 JoinMSim 之间的信息交互；对外负责从 CoreMSim 处订阅所需的信息，并根据 CoreMSim 的要求，向 CoreMSim 发布信息。它主要包含联邦管理、声明管理、对象管理、同步管理、所有权管理、感知交互管理、网络通信等功能模块。ConvMSim 功能模块结构如图 3-16 所示。

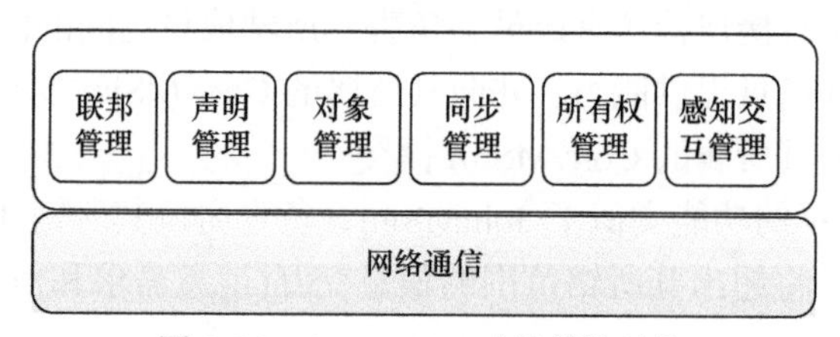

图 3-16　ConvMSim 功能模块结构

仿真执行控制模块实现仿真联邦的管理任务，包括创建、加入、退出、撤销仿真执行等功能。针对分层总线特点，仿真执行控制模块也具备向 CoreMSim 提出创建、加入、退出、撤销仿真执行等申请的功能。

DM 模块实现仿真对象信息订阅-发布关系的管理，包括对象类、交互类等信息交互关系的注册等功能。同时，DM 模块根据信息交互关系的匹配情况，将信息交互关系分类为内部交互关系和外部交互关系，并向上层总线注册外部交互关系，即注册信息发布、订阅需求。

所有权管理模块负责仿真过程中对象实例，交互实例的注册、注销，信息交互等管理功能。同时，所有权管理模块能根据仿真推演需求，动态调整仿真成员之间的信息交互关系。

同步管理模块实现仿真成员之间的协调推进，主要包括时间同步、同步点同步等模式。时间同步除了包括 HLA/RTI 标准的时间同步机制外，还提供墙上时钟同步机制。它以指定的服务器或外部时钟为统一时间源，其他各仿真节点均采用网络时间协议(Network Time Protocol，NTP)与其同步，并以该时钟为仿真时钟，从而实现各仿真成员的协调一致。使用墙上时钟同步，可有效减少仿真联邦进行时间同步协调的开销和网络负载。相对于时间同步，同步点同步可以提供一种弱约束的同步协调机制，在到达同步点之前，仿真成员自由推演，然后在同步点处等待，直到所有需要同步的成员都到达同步点后，才推进到下一步仿真。

所有权管理模块主要实现仿真对象、对象属性所有权的转移功能。在现实世界中，商品在流通过程中，其所有权会发生转移。显然，仿真世界中的仿真对象也必然存在所有权转移的问题。所有权管理就是保证仿真对象所有权的顺利“交接”，并约定只要拥有对象属性所有权的成员才能进行对象属性的更新，从而避免因多方更新而导致的属性不一致情况。

感知交互管理模块使用兴趣值、兴趣值区间、兴趣值区域等附加约束条件，进一步精确过滤信息的订阅-发布关系，减少不必要的信息交互，从而降低网络冗余数据，提高网络效率。

网络通信可以实现交互信息在网络中的传输，支持多种传输方式。一是基于TCP/IP的点到点可靠传输，以及基于TCP/UDP的广播、组播传输。二是基于反射内存的实时数据传输。

在面向海量实体的大规模仿真中，基于TCP的可靠传输、广播、组播等传输方式，由于其特有的传输方式，如可靠传输中频繁的握手机制、广播传输中的全网传输等，不可避免地使仿真总线在网络时延、网络流量方面承受巨大压力，因此仿真总线除了采用分级机制，减轻各个总线的负载外，还在仿真总线中引入基于反射内存网(reflective memory network，RMN)的实时通信机制，以提高信息交换速率。

反射内存网是一种高速的实时网络。它允许采用不同的总线结构和不同操作系统的计算机来确定的速率分享实时的数据。反射内存网不仅具有严格的传输确定性和可预测性，而且具有高速、主机负载轻、软硬件兼容性强、易于使用、可靠的传输纠错能力、支持中断信号传输等特点。

反射内存网主要由反射内存板卡通过光纤等传输介质连接而成。网上的每台计算机插入一块反射内存卡形成各个节点，而每个节点的反射内存卡上的存储器中都有反射内存网上其他节点的共享数据拷贝。每个反射内存卡都占有一段内存地址。网上任何计算机向本地反射内存卡写数据时，该数据和相应内存地址被广播到网上所有其他反射内存卡并存储在相同的位置。因此，计算机将数据写入其本地反射内存卡后的极短时间内，网上所有计算机都可以访问这个新数据。

虽然反射内存网具有很高的传输效率，但不提供多生产者模式所需的互斥功能。虽然能在相对恒定的时间内实现全网数据同步，但中间过程不可知，即不知道信息何时同步到哪个节点。为了避免仿真成员并行写入共享内存而导致的数据异常，在反射内存网中建立令牌互斥协议，只有拥有令牌的成员才能向共享内存写入数据，并且当成员写入完成后，将令牌传递到下一个需要写入数据的成员。同时，在反射内存网中增加同步信号，当数据同步到一个节点后，触发该信号，以便该节点上的仿真成员及时处理更新后的数据。

第 4 章　众智仿真方法在生产系统分析中的应用

4.1　众智仿真软件

目前可用于生产线仿真的商用仿真软件有很多种，如 eM-Plant、Arena、Flexsim、Vensim、Witness、AnyLogic 等。它们都能对复杂系统进行高效、低廉、可控制和无破坏性的实验。

本章选择仿真软件 AnyLogic 作为计算机仿真工具。图 4-1 是软件的启动界面。图 4-2 是软件的仿真界面。AnyLogic 是 XJ technologies 公司开发的一款通用系统

图 4-1　AnyLogic 软件的启动界面

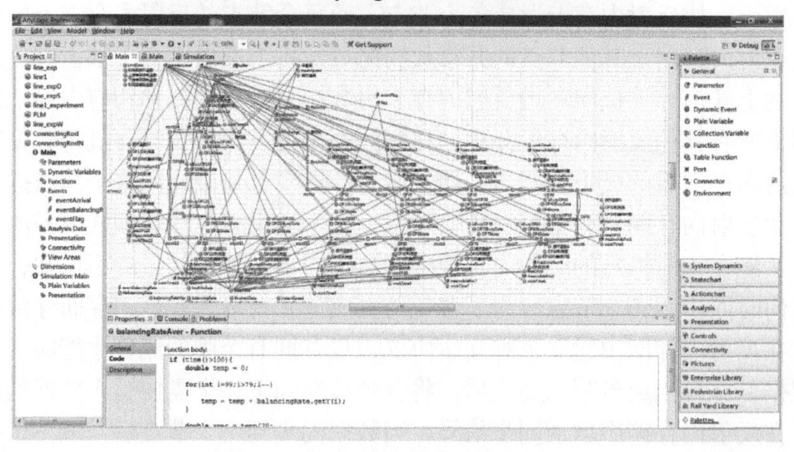

图 4-2　AnyLogic 软件的仿真界面

仿真软件。它功能强大，使用方便，支持用户创建基于离散事件、系统动力学、智能体(Agent)、连续和动态系统及其任意方式组合的仿真模型，实现离散系统、连续系统、混合系统建模与仿真的紧密集成。软件预置多种对象库，涵盖不同领域系统大部分的仿真元素，通过拖拉操作即可在网格区域内快速完成建模。软件的 Java 环境提供多操作平台支持，用户可以根据实际情况自定义 Java 源代码、外部数据库和接口等，实现自己需要的功能，具有无限的扩展性。此外，软件还内置蒙特卡罗仿真、优化仿真、实验框架等高级且强大的仿真形式[108]。

本章数据全部来自某发动机零部件有限公司连杆生产线的设计图纸和真实生产情况。这条生产线可以加工连杆，处于半自动状态。连杆所需的加工工序和加工顺序如图 4-3 所示。需要说明的是，OP10 和 OP80 共用一台机器，即此机器可以根据检测待加工品的厚度判断进行何种工序，但不能同时进行另一种工序。另外，中间机器两侧是自动转运的，目前其他机器之间的产品与待加工产品的转移需要人工搬运实现。

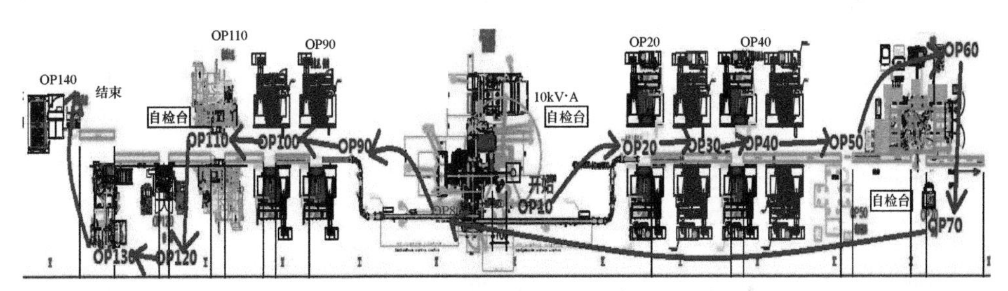

图 4-3　连杆零件加工顺序图

连杆加工涉及的各工序名称、现有机器数量及同时加工工件数量表如表 4-1 所示。

表 4-1　各工序名称、现有机器数量及同时加工工件数量表

工序序号	工序名称	现有机器数量	同时加工工件数量
OP10	粗磨两端面	1	20
OP20	大小孔粗加工	2	5
OP30	加工螺栓孔，钻油孔	1	5
OP40	铣两侧面	2	4
OP50	去毛刺	1	4
OP60	胀断	1	4
OP70	压套	1	1
OP80	精磨两端面	1	20

续表

工序序号	工序名称	现有机器数量	同时加工工件数量
OP90	倒角	1	5
OP100	半精镗大孔，铣瓦槽	1	5
OP110	精镗大小头孔	2	2
OP120	珩磨大头孔	1	1
OP130	清洗	1	4
OP140	综合检测	1	2

各工序加工时间表如表 4-2 所示。

表 4-2　各工序加工时间表

工序序号	人工装载时间/s	设备加工时间/(s/支)	人工卸载时间/s	总时间/s
OP10	2	10	2	14
OP20	3	40	2	45
OP30	3	40	2	45
OP40	3	15	2	20
OP50	3	15	2	19
OP60	2	15	2	19
OP70	2	15	2	19
OP80	2	10	2	14
OP90	2	40	2	44
OP100	2	40	2	44
OP110	2	10	2	14
OP120	2	15	2	19
OP130	2	17	2	21
OP140	2	5	2	9

4.2　众智仿真模型的建立

在 AnyLogic 软件环境下，可以搭建基于系统动力学的连杆生产线仿真系统。图 4-4 所示为系统仿真的初始化界面。界面上可以调节的参数包括机器的数量、上线间隔时间、机器维护水平、工人操作熟练程度。其中，机器的数量通过 Combo Box 控件设置，范围为 1～5 台；上线间隔时间通过 Slider 控件设置，范围为 1～200s；机器维护水平和工人操作熟练程度通过 Slider 控件调节，取值为 0.01～1 范围的小数。

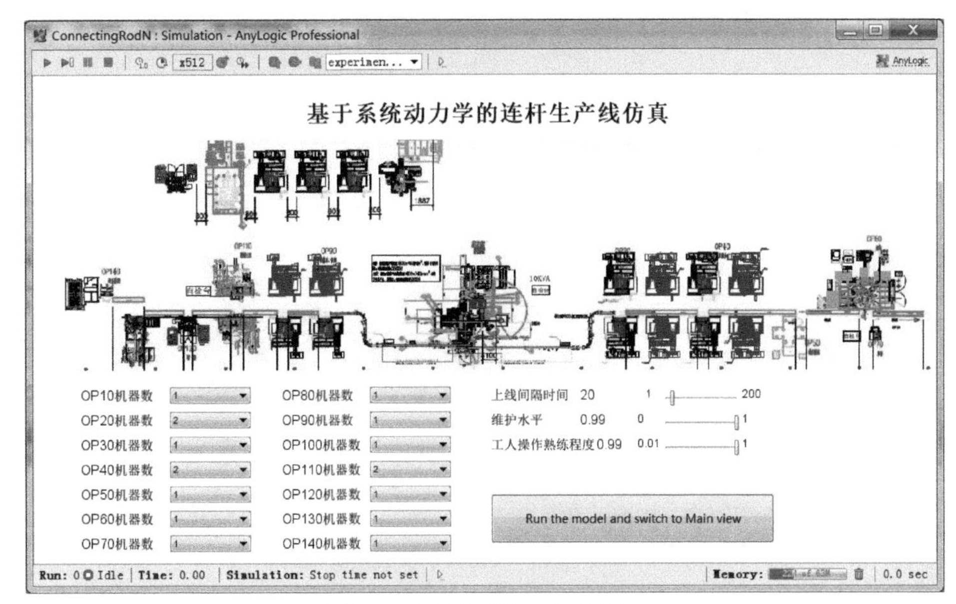

图 4-4　系统仿真的初始化界面

基于系统动力学的连杆生产线仿真系统包括模型视图、数据视图和参数视图。用户可以通过点击标题链接实现不同视图之间的转换。下面详细介绍各部分元素的含义、功能和实现过程。

1. 模型视图

图 4-5 所示为连杆生产线仿真系统的模型视图。

使用系统动力学方法的目的是分析生产系统中的变量因素对生产线平衡率等性能的影响，所以建模的关键是确定生产线的结构，找出生产要素，描述它们之间相互作用的关系。虽然连杆生产线有 14 个加工工序，但是从划分结构的角度来看，每个工序都具有高度的相似性。因此，本章将每个工序作为一个结构单元，将 14 个单元连接起来，就可以构成整条生产线。

如图 4-6 所示，每个加工工序包含可能影响生产效率的因素及其对生产效率的反馈作用。

我们的目标是生产线的产能平衡率等性能指标，直接对其产生影响的是机器的数量、工序的加工时间、工人操作的时间、机器的稳定性等，而周围的机器维护程度、工人操作的熟练程度、机器的利用率、一台机器可以同时加工的工件数、缓冲区容量等这些因素也会影响这些因素，从而对最终的目标产生影响。根据上面的分析，在 AnyLogic 软件环境中可以搭建一个加工工序的系统动力学仿真单元。OP20 单元模型如图 4-7 所示。

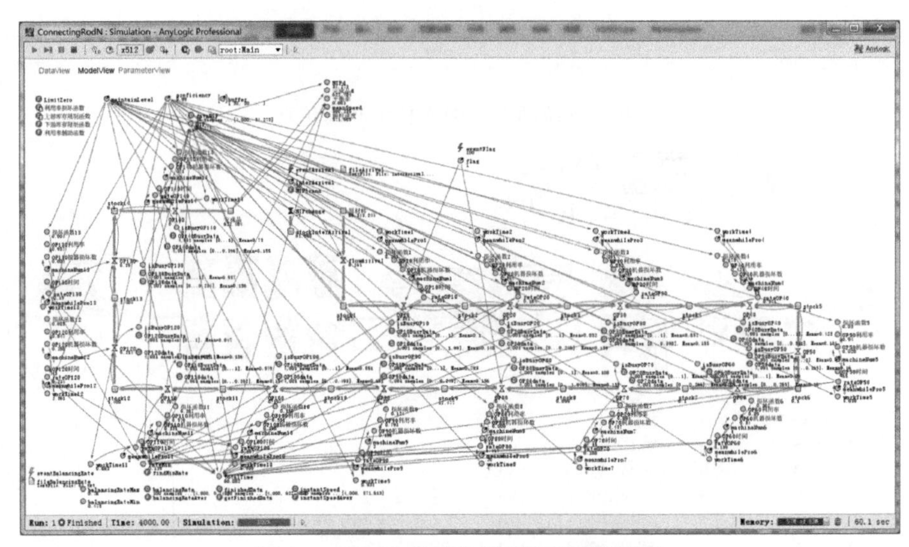

图 4-5　连杆生产线仿真系统的模型视图

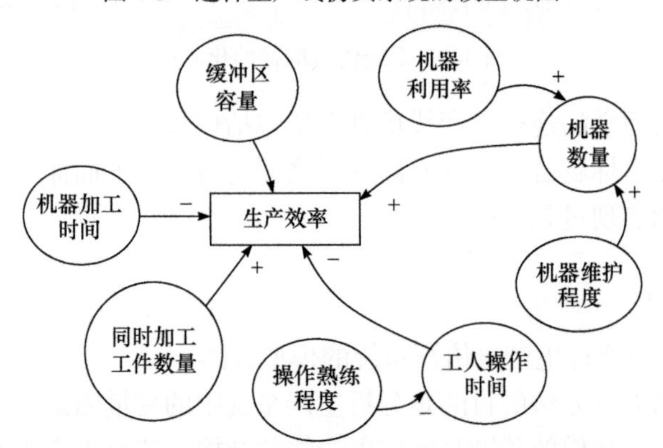

图 4-6　生产效率与影响因素之间的因果关系图

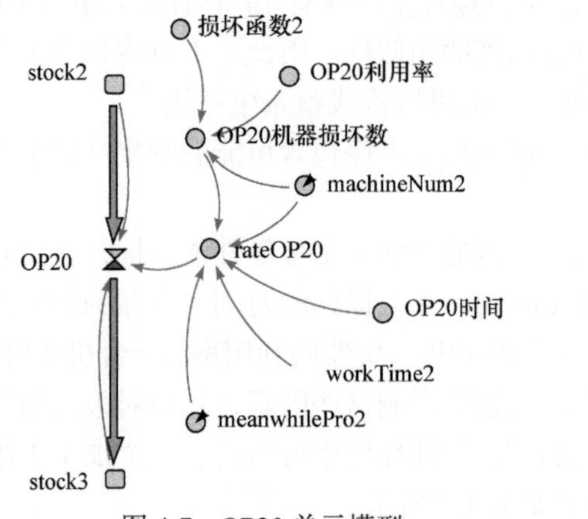

图 4-7　OP20 单元模型

以加工工序 OP20 为例进行说明，上游库存 stock2 经过流量 OP20 流入下游库存 stock3。它表示上一道工序加工完的产品以 OP20 的速度在 OP20 工位上进行加工，加工结束后缓存在 stock3 中作为下一道工序的待加工品。OP20 由三部分组成，最主要的是计算出来的加工速度 rateOP20，即

$$\text{rateOP20} = \frac{(\text{machineNum2} - \text{OP20机器损坏数}) \times \text{meanwhilePro2}}{\text{OP20时间+workTime2}} \tag{4-1}$$

其中，machineNum2 是工序 OP20 的机器数；meanwhilePro2 是一台机器可以同时加工的工件数量；OP20 时间是加工一个工件的机器工作时间；workTime2 是此工位上工人装载工件和卸载工件的总时间。

machineNum2 是可以根据用户需求调节的整数变量，meanwhilePro2 和 OP20 可以根据生产线数据确定，是固定值，不能改变。考虑工人操作的熟练程度，引入一个取值范围是 0.01～1 的 double 类型的变量 proficiency，workTime2 是一个服从均值固定，方差是 1-proficiency 的正态分布的随机变量，因此 proficiency 越大，工人操作越熟练，workTime2 波动越小，均值来自生产线实际生产数据。为了符合实际情况，如果产生小于 0 的 workTime2，令 workTime2 等于操作均值时间。

机器损坏数量的计算方法为

$$\text{OP20 机器损坏数} = \text{machineNum2} \times \text{损坏函数 } 2 \times \text{OP20 利用率} \tag{4-2}$$

$$\text{损坏函数 } 2 = \max\{0, \text{normal}(0, 1-\text{maintainLevel})\} \tag{4-3}$$

本章用机器的维护水平衡量机器运行的稳定性，设置取值范围为 0.01～1 的 double 类型变量 maintainLevel，表示机器的维护水平。机器的损坏概率是一个服从 0～1-maintainLevel 取值的均匀分布，因此维护水平越高，损坏概率波动的范围就越小，机器出故障的概率越小，机器运行就越稳定，损坏的机器数量就越少。

为了计算 OP20 利用率，引入辅助变量 isBusyOP20，它表示当前时间 OP20 是否在工作，工作记为 1，否则记为 0，然后使用 Statistics 控件每隔 1s 存储一次 isBusyOP20 的数据。OP20BusyData 的实现如图 4-8 所示。记录集中所有数据的平均值就是 OP20 的利用率，即

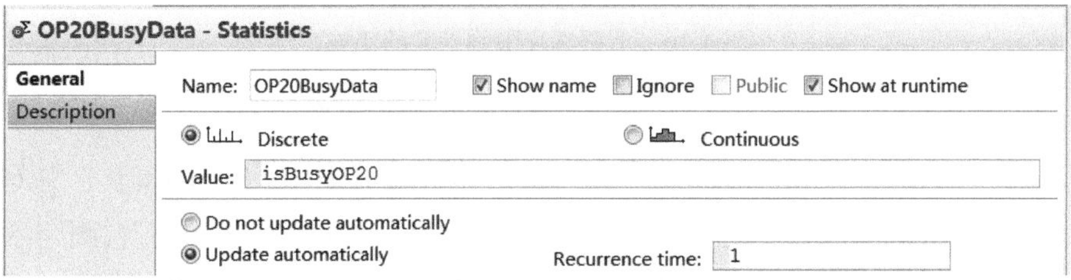

OP20BusyData - Statistics

General | Description

Name: OP20BusyData ☑ Show name ☐ Ignore ☐ Public ☑ Show at runtime

◉ Discrete ○ Continuous

Value: isBusyOP20

○ Do not update automatically

◉ Update automatically　Recurrence time: 1

图 4-8　OP20BusyData 的实现

$$\text{OP20 利用率} = \text{OP20BusyData.mean()} \tag{4-4}$$

除此之外，生产线的加工还受上下游库存量的限制，即上游库存为 0 的时候停止加工，下游库存达到库存上限时也要停止加工。为了模拟这一情况，系统添加上游库存限制函数和下游库存限制函数。上游库存限制函数的实现如图 4-9 所示，是一个阶跃函数，当输入量大于 0 时，输出为 1。下游库存限制函数的实现如图 4-10 所示，也是一个阶跃函数，当输入量小于库存上限设置值时，输出才为 1。每道工序的缓冲区存在一个数组变量缓存中，每次判断下游库存是否达到上限时，调用这个变量即可。

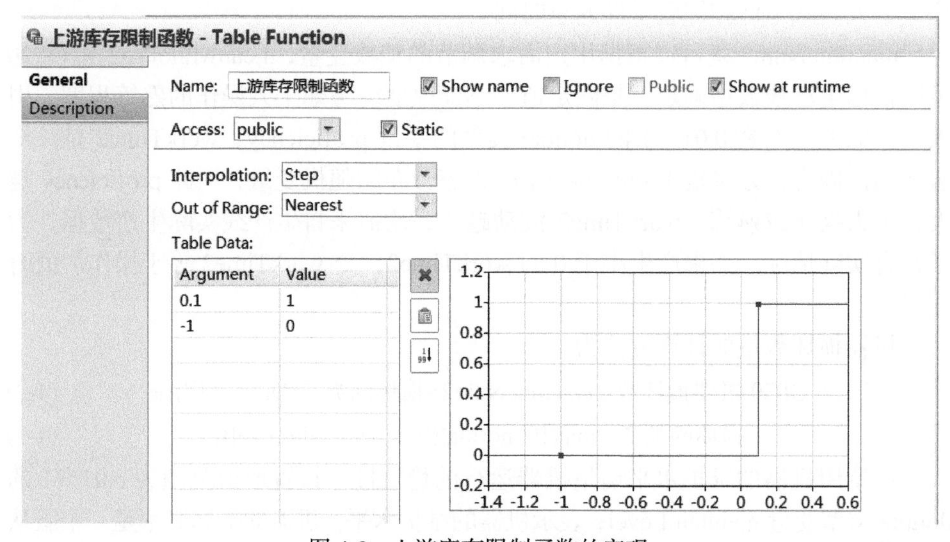

图 4-9　上游库存限制函数的实现

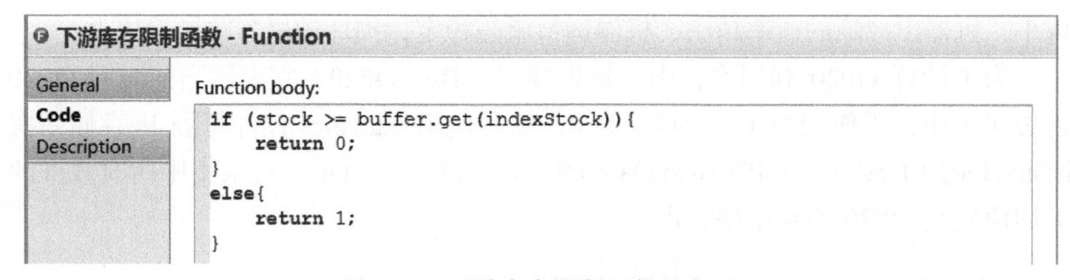

图 4-10　下游库存限制函数的实现

结合式(4-1)、图 4-9 和图 4-10，最终 OP20 加工速率的表达式为

$$\text{OP20} = \text{rateOP20} \times \text{上游库存限制函数(stock2)} \times \text{下游库存限制函数(stock3)} \tag{4-5}$$

将 14 个图 4-7 所示的单元连接起来可以模拟整条生产线的情况(图 4-5)。OP140 的下游积累量就是完成品，在 OP10 之前加入图 4-11 部分才能控制生产的开始。上线间隔是一个可以控制的参数，上线间隔越小，速度越快，但是可能受

到后续工序加工能力的限制。最后，计算上线速率 flowArrival。

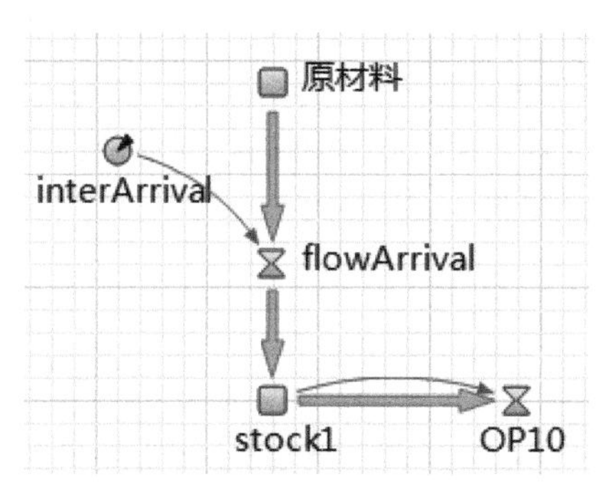

图 4-11　控制加工开始的部分

需要说明的是，OP10 和 OP80 共用一台机器，但不能同时进行两种工序。目前的仿真策略是每隔一段时间交换加工工序，后续还要做进一步的研究和改进。

2. 数据视图

图 4-12 所示为基于系统动力学的连杆生产线仿真系统的数据视图。

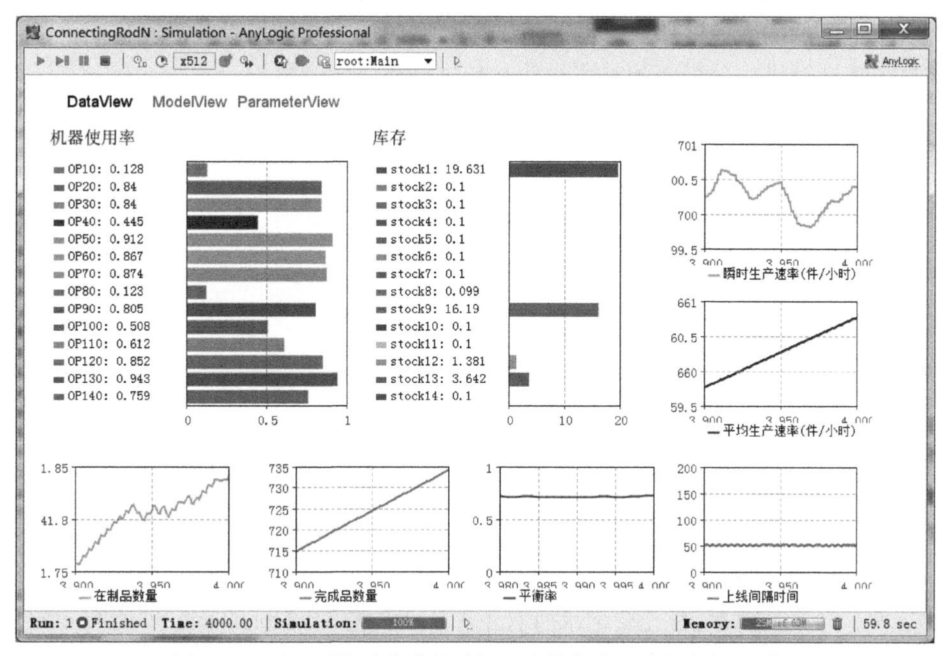

图 4-12　基于系统动力学的连杆生产线仿真系统的数据视图

① 机器使用率。机器使用率表示此道工序上机器的工作时间占已仿真时间的比例。这个指标越大，说明机器利用率越高，机器加工越繁忙，越有可能成为生

产线中的瓶颈工序，是调节生产线平衡率时需要重点考虑的因素。机器使用率的计算方法可以参考式(4-4)，同时考虑每个工序具有不同的机器数量。

采用软件中的 Bar Chart 统计单元可以同时记录 14 个工序的利用率，并用不同颜色的矩形条表示数值的大小。这样可以直观地观察每个机器利用率的情况。机器使用率统计图的实现如图 4-13 所示。

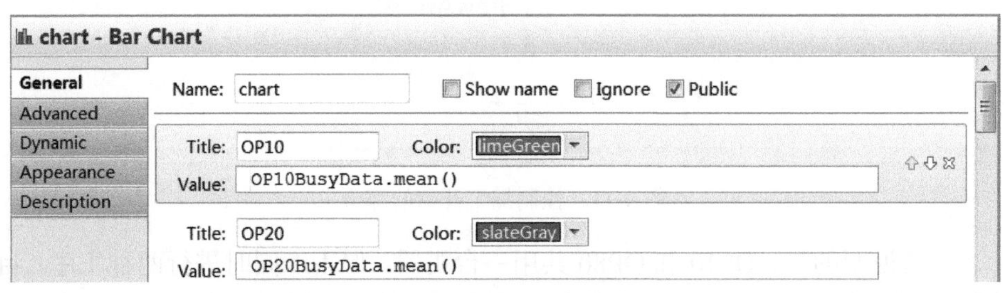

图 4-13　机器使用率统计图的实现

② 库存情况。同样使用 Bar Chart 统计单元记录 14 个加工工序缓冲区内产品的数量。库存情况统计图的实现如图 4-14 所示。上一个工序的生产成品就是下一个工序的待加工缓存累积。当某个库存持续增加或者明显高于其他库存时，说明上一道工序的加工速度相对较快，下一道工序的加工速度相对较慢。我们可以根据这个统计结果，分析瓶颈工序，并对其进行相应的调整。

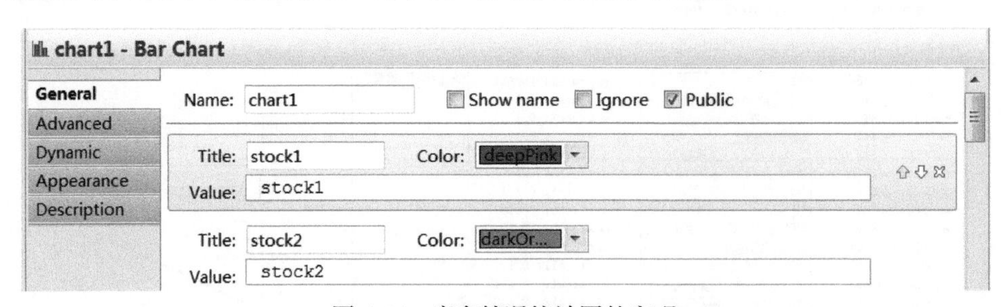

图 4-14　库存情况统计图的实现

(1) 生产线平衡率

对应软件中显示平衡率的实现如图 4-15 所示。在改动生产线参数的情况下，平衡率也会有微小的波动。因为机器故障概率是随机的，工人装卸工件的时间是一个随机变量，所以系统统计的是实时平衡率。

为了计算平衡率，首先要记录所有工序加工的总时间 totalTime，即所有 rateOP 的倒数之和，然后找出最大的工序加工时间，即最小加工速率 rateMin 的倒数。根据式(4-6)计算实时的平衡率，记录在 Data Set 型变量 balancingRate 中，即

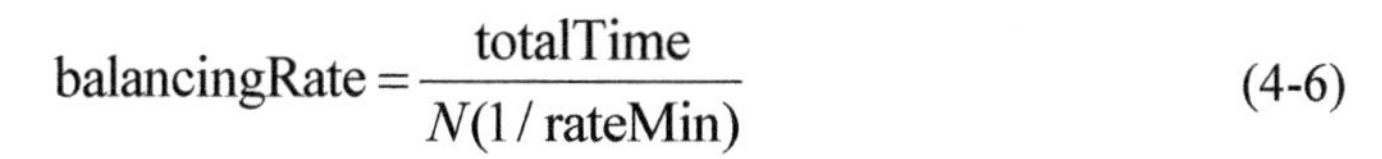

$$\text{balancingRate} = \frac{\text{totalTime}}{N(1/\text{rateMin})} \tag{4-6}$$

图 4-15　显示平衡率的实现

系统最终显示的是数据集 balancingRate 中最后 20 组数据的平均值。这是为了防止数值抖动过大而不利于观察，实现函数是 balancingRateAver()。balancingRateAver()函数的实现如图 4-16 所示。

balancingRateAver - Function

General | Code | Description

Function body:

```
if (time()>100){
    double temp = 0;

    for(int i=99;i>79;i--)
    {
        temp = temp + balancingRate.getY(i);
    }

    double aver = temp/20;

    return aver;
}
else{
    return 0;
}
```

图 4-16　balancingRateAver()函数的实现

(2) 瞬时生产速度

瞬时生产速度表示在当前的参数配置下，平均一个小时能生产的产品数量，单位是件/h，以当前时间附近 20s 内统计的数据作为基础进行计算，用 Time Plot 显示。生产速度是衡量生产线生产效益的重要指标，产能越大，收益才能越高。它同步检测生产线的配置情况，具有时效性。系统从当前时刻算起后退 20s 内的完成品数量计算瞬时速度。具体来说，首先使用 Data Set 类型变量 finishedData 记录每个时刻的完成品数量，然后使用 getFinishedData()函数求出最后 20s 内完成品的数量。getFinishedData()函数的实现如图 4-17 所示。最终瞬时生产速度就是 getFinishedData()·180，单位是件/h，计算的结果存储在 Data Set 类型的变量 instantSpeed 中。同样，为了防止数据抖动对数据观察造成影响，取最后 20 次

instantSpeed 的平均值作为显示数据，实现方法是 instantSpeedAver()函数，如图 4-18 所示。

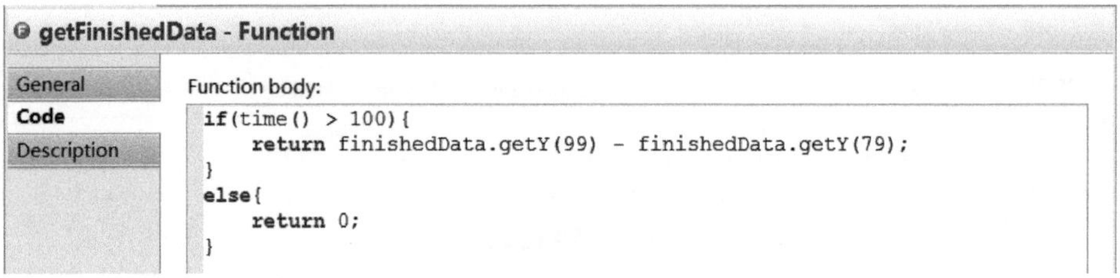

getFinishedData - Function

General
Code
Description

Function body:

```
if(time() > 100){
    return finishedData.getY(99) - finishedData.getY(79);
}
else{
    return 0;
}
```

图 4-17 getFinishedData()函数的实现

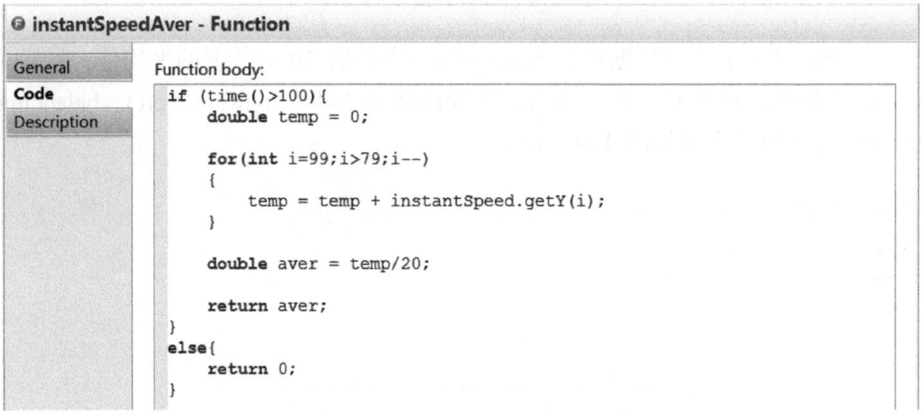

instantSpeedAver - Function

General
Code
Description

Function body:

```
if (time()>100){
    double temp = 0;

    for(int i=99;i>79;i--)
    {
        temp = temp + instantSpeed.getY(i);
    }

    double aver = temp/20;

    return aver;
}
else{
    return 0;
}
```

图 4-18 instantSpeedAver()函数的实现

为避免仿真刚开始时没有数值可以记录的情况，当仿真时间大于 100s 时，开始计算平均值。另外，各个 Data Set 存储样本数量也为 100。

(3) 平均生产速度

平均生产速度表示平均每小时生产完成品的数量，是从仿真开始到当前时间的所有统计数据为基础计算的，单位是件/h，即

$$\text{meanSpeed}=\frac{\text{完成品}}{\text{time()}}\times 3600 \tag{4-7}$$

(4) 完成品数量

完成品数量是当前已经完成加工的产品数量，用 Time Plot 记录和显示。完成品数量统计图的实现如图 4-19 所示。

(5) 在制品数量

在制品(work in process，WIP)数量是当前时间生产线上所有未完成加工的产品数量，用 Time Plot 显示。在制品数量统计图的实现如图 4-20 所示。

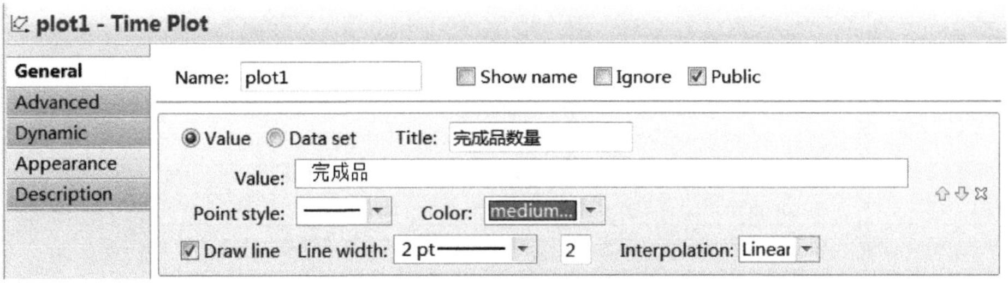

plot1 - Time Plot
General
Advanced
Dynamic
Appearance
Description
Name: plot1
Show name
Ignore
Public
Value
Data set
Title: 完成品数量
Value: 完成品
Point style:
Color: medium...
Draw line
Line width: 2 pt
2
Interpolation: Linear

图 4-19　完成品数量统计图的实现

plot - Time Plot
General
Advanced
Dynamic
Appearance
Description
Name: plot
Show name
Ignore
Public
Value
Data set
Title: 在制品数量
Value: WIP
Point style:
Color: orange
Draw line
Line width: 2 pt
2
Interpolation: Linear

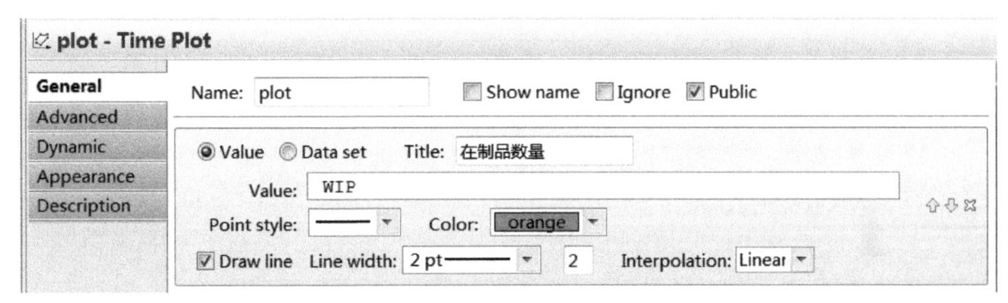

图 4-20　在制品数量统计图的实现

(6) 上线间隔时间

上线间隔时间是原材料进入第一道工序的时间间隔，单位是 s，即系统中的积量 stockInterArrival，用 Time Plot 显示。原料上线间隔时间统计曲线的设置如图 4-21 所示。

plot5 - Time Plot
General
Advanced
Dynamic
Appearance
Description
Name: plot5
Show name
Ignore
Public
Value
Data set
Title: 上线间隔时间
Value: zidz(10, flowArrival)
Point style:
Color: chocolate
Draw line
Line width: 2 pt
2
Interpolation: Linear

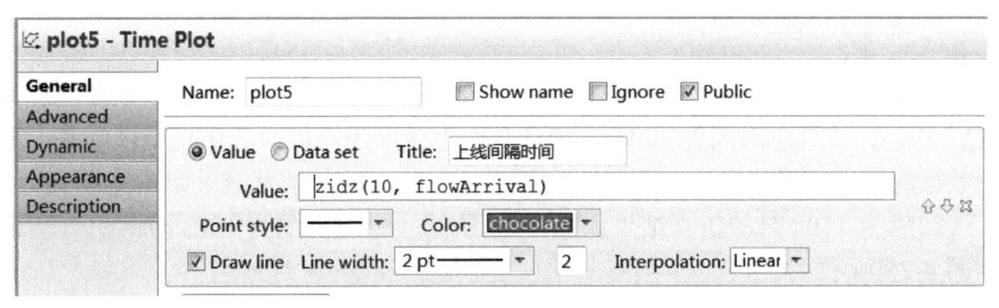

图 4-21　原料上线间隔时间统计曲线的设置

连杆加工是成批进行的，因此设置每次加入 OP10 的待加工品数量是 10。

3. 参数视图

图 4-22 所示为连杆生产线仿真系统的参数视图。

与主界面不同，设置此视图的目的是方便用户随时调节参数大小，及时观察生产性能的变化情况。

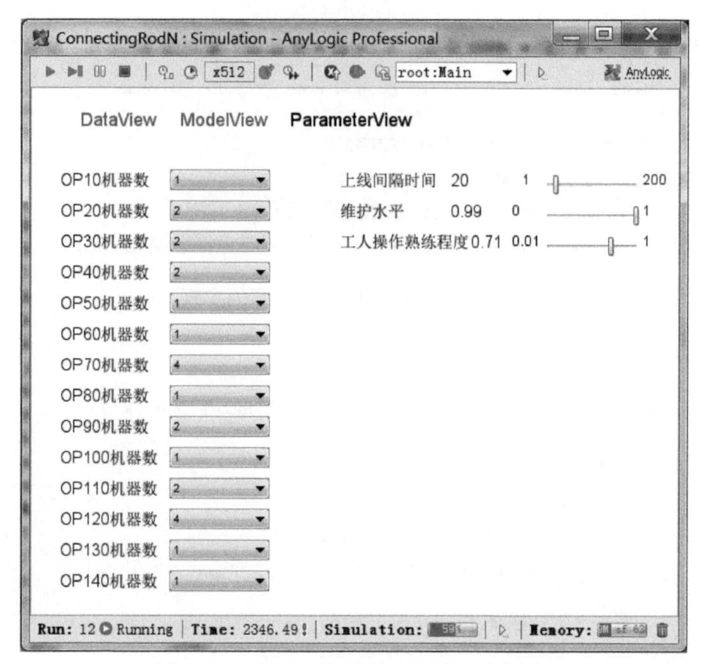

图 4-22　连杆生产线仿真系统参数视图

4.3　众智仿真结果及分析

1. 基于初始数据的仿真

机器数量采用工厂提供的现有数据。机器维护水平和工人操作熟练程度都设置成 0.99，仿真总时间为 4000s，统计几组上线间隔不同时的仿真结果。基于原始数据的仿真结果如表 4-3 所示。上线间隔为 200s 时的仿真结果如图 4-23 所示。上线间隔为 150s 时的仿真结果如图 4-24 所示。上线间隔为 100s 时的仿真结果如图 4-25 所示。

表 4-3　基于原始数据的仿真结果

上线间隔时间/s	完成品数量/件	在制品数量/件	平衡率/%	瞬时生产速度/(件/h)	平均生产速度/(件/h)
200	189.01	10.993	35.2	194.698	170.109
150	205.221	61.439	35.6	194.472	184.699
100	208.528	191.477	34.8	194.455	187.675

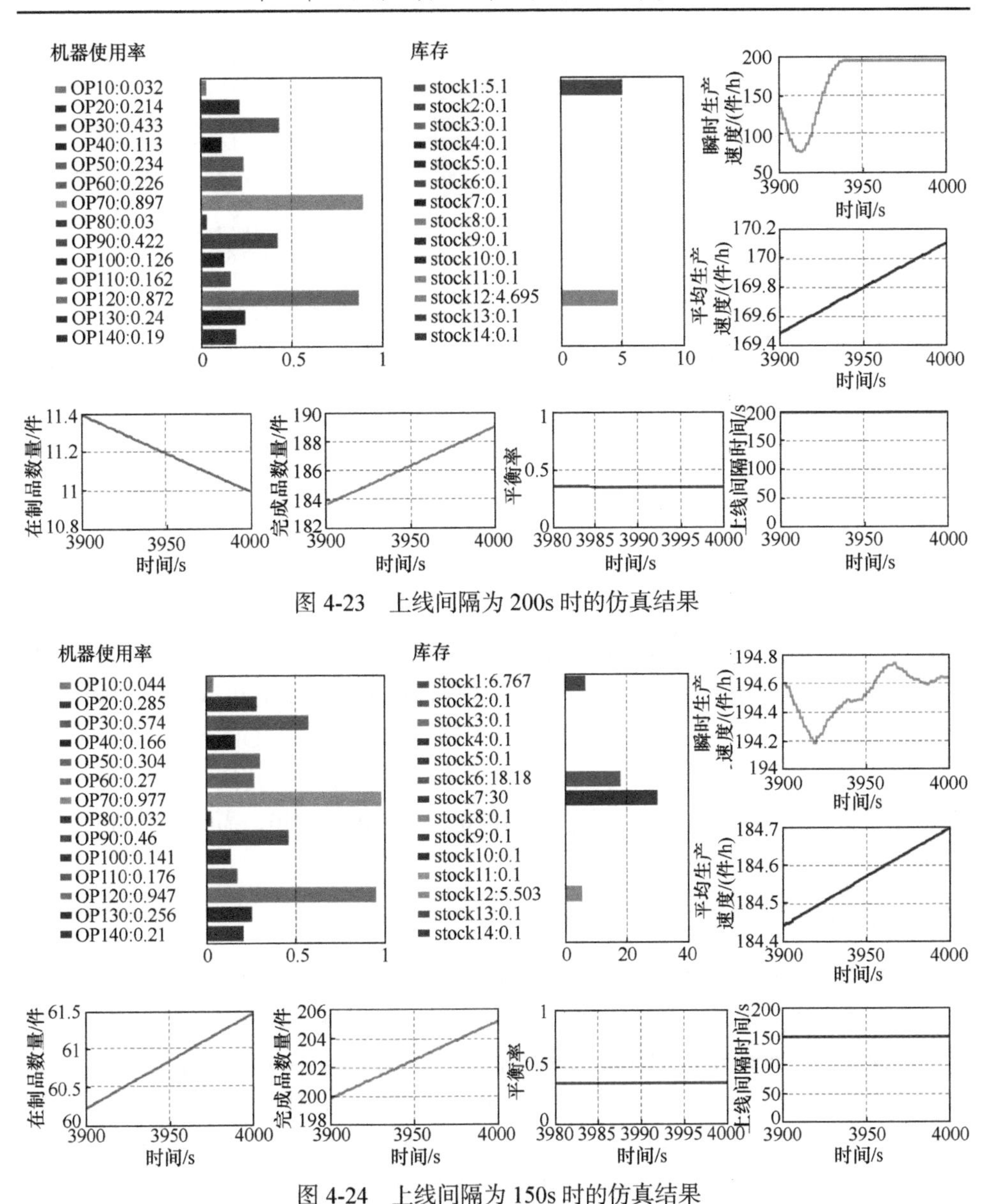

图 4-23　上线间隔为 200s 时的仿真结果

图 4-24　上线间隔为 150s 时的仿真结果

从仿真结果来看，原料上线间隔时间越短，平均生产速度越快，相同时间内完成的产品数量越多，因此适当减小原材料的上线间隔时间有利于提高生产效率。但是，上线间隔时间减小到一定程度时，生产速度几乎不发生明显变化，而且在制品数量持续增加时，说明上线间隔已经减小到一个极限。生产线已经发挥最大生产能力，各工位的缓冲区内工件发生堆积，此时生产效率受到瓶颈工序的限制。

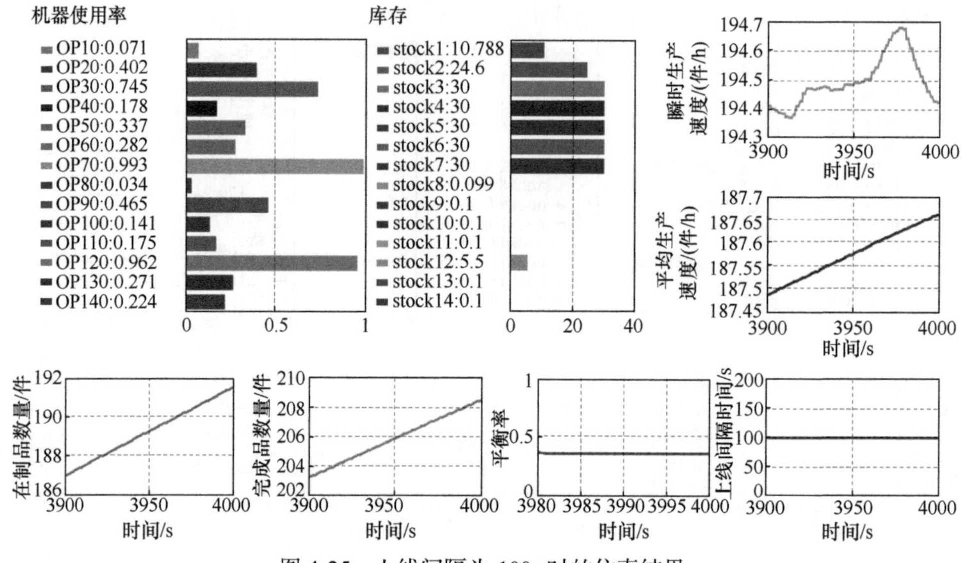

图 4-25　上线间隔为 100s 时的仿真结果

目前生产线平衡率只有 35.2%左右，说明生产线的平衡情况非常差，还处于粗放状态。机器使用率排在前三位的工序分别是 OP70、OP120、OP30。OP70 的机器使用率已经达到 0.95 以上，几乎处于满负荷状态，而 OP40、OP10、OP80 等机器使用率相对较低。同时，stock7 的缓存工件明显高于其他缓冲区，stock12 缓存也较多，说明生产线瓶颈工序是 OP70、OP120、OP30，需要对其进行平衡优化。

2. 自动调节上线间隔

一般来说，上线间隔时间越小，平均生产速度越快，因此人们往往将上线间隔设置得较小，但是这又会导致在制品堆积，超过生产线的生产能力，造成浪费。因此，设置一个自动调节上线间隔时间的机制，从较小的上线间隔开始，根据在制品的数量，逐渐增加上线间隔时间，保持在制品稳定在一个固定值附近，便于操作人员找到一个合适的上线间隔时间。自动调节上线间隔的仿真结构如图 4-26 所示。

它可以自动调节的基本原理是引入在制品数量的反馈机制，即若在制品数量增加，则将上线时间间隔 interArrival 加 1，否则将 interArrival 减 1。具体的实现过程是，首先使用 Data Set 类型的变量 dataWIP 记录最新的 10 个在制品数值。dataWIP 的实现如图 4-27 所示。然后，使用函数 WIPtrans()判断在制品的变化，如果增加则返回 1，否则返回-1。WIPtrans()的实现如图 4-28 所示。流量 WIPchange 接受函数 WIPtrans()的输出结果后影响积量 stokcInterArrival。积量 stockInterArrival 的初始值设为 interArrival，以 WIPchange 的速度发生变化。stockInterArrival 的实现如图 4-29 所示。

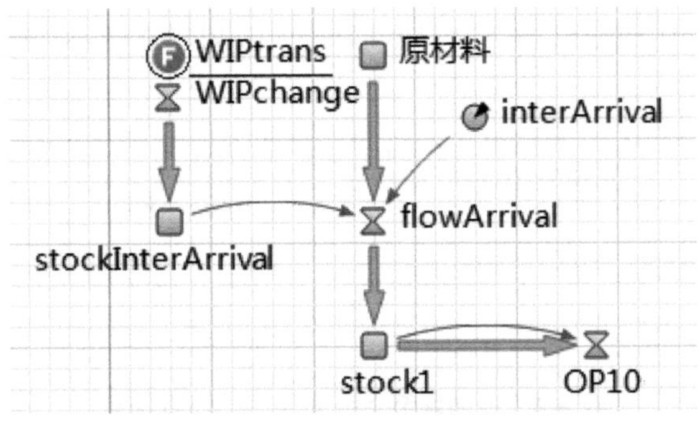

图 4-26　自动调节上线间隔的仿真结构

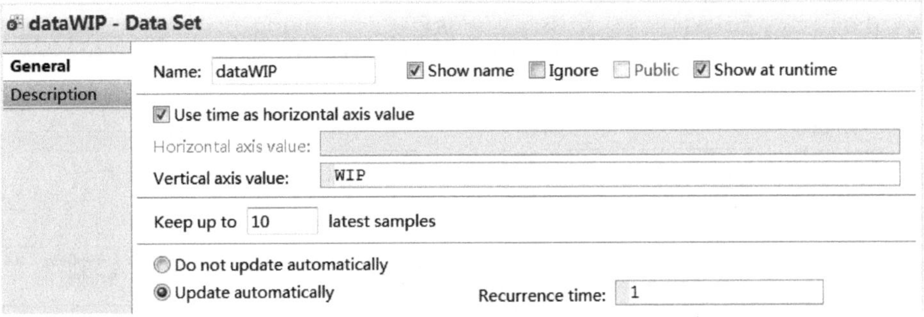

dataWIP - Data Set

General
Description

Name: dataWIP　☑ Show name　☐ Ignore　☐ Public　☑ Show at runtime

☑ Use time as horizontal axis value

Horizontal axis value:

Vertical axis value: WIP

Keep up to 10 latest samples

○ Do not update automatically

◉ Update automatically　Recurrence time: 1

图 4-27　dataWIP 的实现

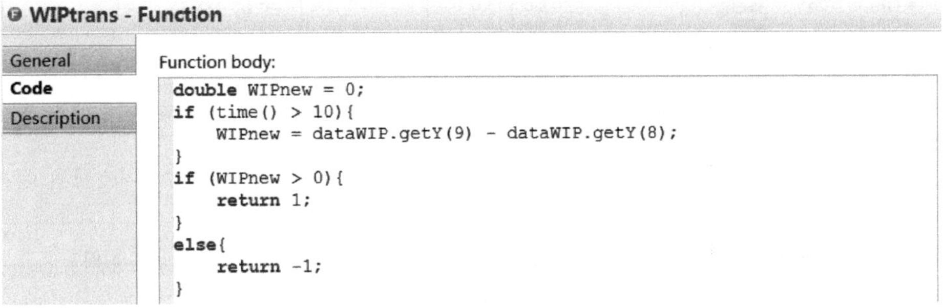

WIPtrans - Function

General
Code
Description

Function body:

```
double WIPnew = 0;
if (time() > 10){
    WIPnew = dataWIP.getY(9) - dataWIP.getY(8);
}
if (WIPnew > 0){
    return 1;
}
else{
    return -1;
}
```

图 4-28　WIPtrans()的实现

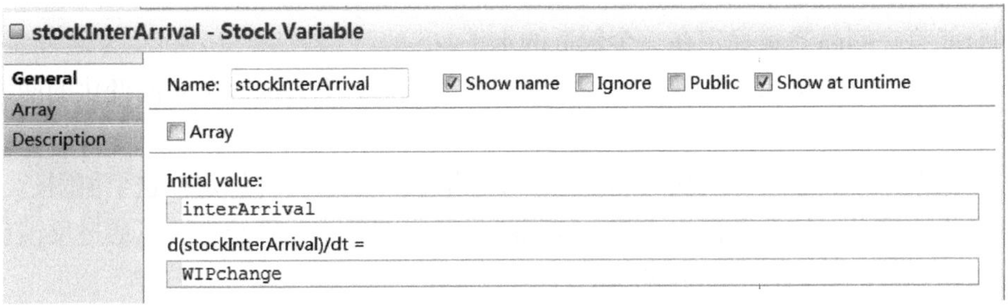

stockInterArrival - Stock Variable

General
Array
Description

Name: stockInterArrival　☑ Show name　☐ Ignore　☐ Public　☑ Show at runtime

☐ Array

Initial value:

interArrival

d(stockInterArrival)/dt =

WIPchange

图 4-29　stockInterArrival 的实现

考虑每次上 10 根原材料，并且限制最小上线间隔为 1s，则最终上线速度表达式为

$$\text{flowArrival}=\min\left\{10, \frac{10}{\text{stockInterArrival}}\right\} \tag{4-8}$$

自动调节上线间隔后的仿真结果如表 4-4 所示。自动调节上线间隔后的仿真结果如图 4-30 所示。

表 4-4 自动调节上线间隔后的仿真结果

上线间隔/s	完成品数量/件	在制品数量/件	平衡率/%	瞬时生产速度/(件/h)	平均生产速度/(件/h)
自动	209.783	32.456	36.1	194.348	188.805

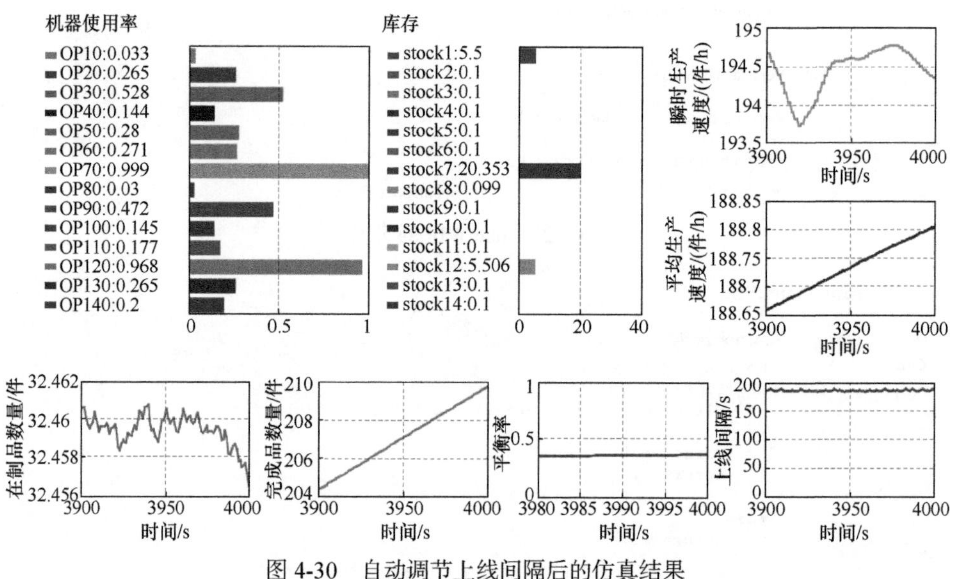

图 4-30 自动调节上线间隔后的仿真结果

与表 4-3 的结果相比，自动调节上线间隔的系统也能达到较高的生产速度，同时能将在制品数量稳定在一个较低的水平。

根据仿真中记录的上线间隔随时间变化的数据，上线间隔随时间变化的曲线图如图 4-31 所示。

根据图中的显示，上线间隔迅速从 20s 增长到 185s，并稳定在这个值附近，做微小的波动。这样即使人为将上线间隔设置得非常小，系统也可以通过反馈自动做出调节，直到在制品数量稳定。

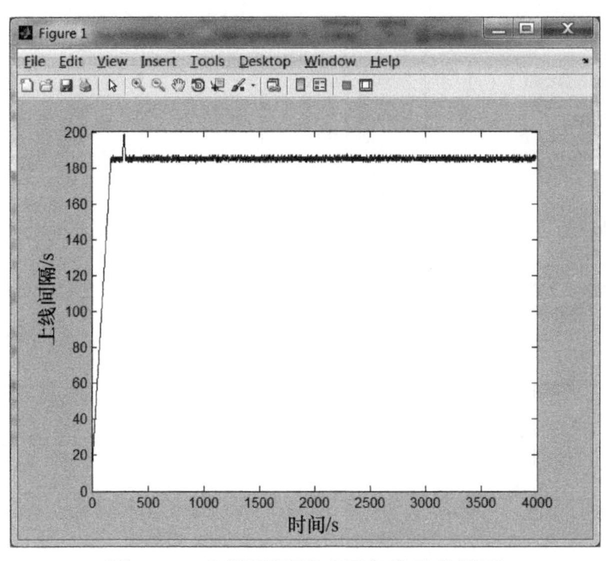

图 4-31　上线间隔随时间变化的曲线图

3. 调节机器数量改进平衡率

根据上面分析的结果，工序 OP70、OP120、OP30 是主要的瓶颈工序。表 4-5 所示为第一次平衡中机器数量的变化情况，因此首先将这三个工序的加工机器数量分别加上 1 台，在其他参数相同的情况下，仿真 4000s。平衡后的仿真结果如表 4-6 所示。第一次平衡后的仿真结果如图 4-32 所示。可以看出，平衡率提高到 53.7%，变化显著，平均生产速度也提高 94%左右，而机器数量的总和相比于原来的 17 台只增加 23.5%。可以推测，增加的收益大于增加的成本，平衡结果比较理想。

表 4-5　第一次平衡中机器数量的变化情况

指标	OP10	OP20	OP30	OP40	OP50	OP60	OP70	OP80	OP90	OP100	OP110	OP120	OP130	OP140
数量	1	2	1～2	2	1	1	1～2	1	1	1	2	1～2	1	1

表 4-6　平衡后的仿真结果

机器数量/台	完成品数量/件	在制品数量/件	平衡率/%	瞬时生产速度/(件/h)	平均生产速度/(件/h)
17	209.783	32.456	36.1	194.348	188.805
21	407.498	30.984	53.7	377.135	366.748
25	714.181	39.052	77	682.484	643.763

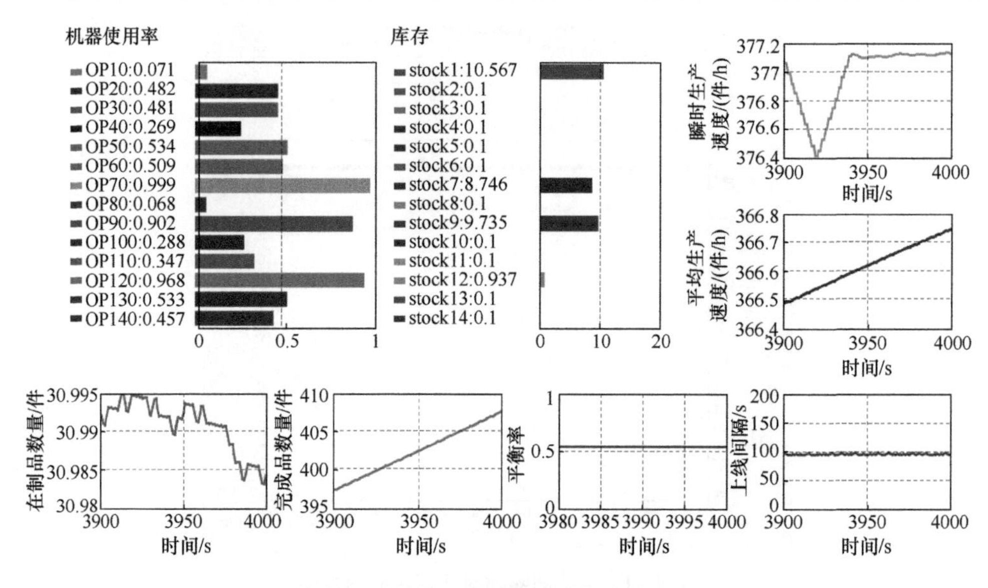

图 4-32 第一次平衡后的仿真结果

从库存情况来看，工序 OP90 的缓冲区有积累，机器利用率也很高，因此将 OP90 机器数量增加 1 台，OP70 和 OP120 机器数量各增加 2 台。第二次平衡中机器数量的变化情况如表 4-7 所示，其他参数不变，仿真 4000s 后，结果仍然记录在表 4-4 中。第二次平衡后的仿真结果如图 4-33 所示。此时平衡率达到 77%，可以认为是进行了比较科学的管理，平均生产速度也提高到原来的 2.404 倍。

表 4-7 第二次平衡中机器数量的变化情况

指标	OP10	OP20	OP30	OP40	OP50	OP60	OP70	OP80	OP90	OP100	OP110	OP120	OP130	OP140
数量	1	2	1~2	2	1	1	1~4	1	1~2	1	2	1~4	1	1

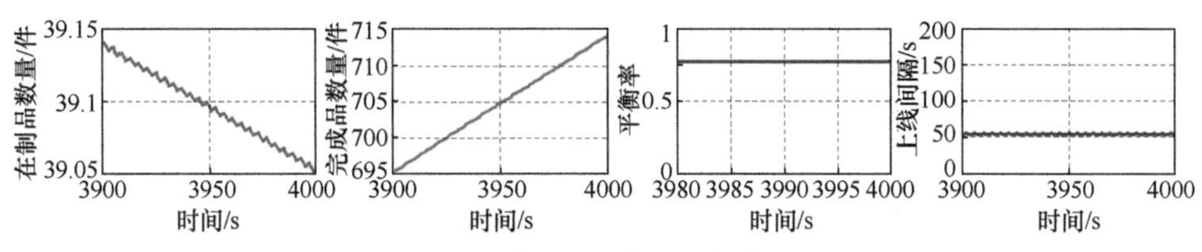

图 4-33　第二次平衡后的仿真结果

仿真中还发现稳定时的上线间隔发生了变化，显示了自动调节的优势。当然这不是最优的配置情况，因为机器的增添还需要考虑成本、工人数量的等多种因素，所以在不同的要求下，配置也会随之变化。

4. 机器维护水平对平衡率稳定性的影响

为了进一步研究机器维护水平对生产线平衡率稳定性的影响，我们调节机器维护水平 maintainLevel 从 0 开始，每次增加 0.1，直到变成 1，一共进行 11 组实验，同时记录每次仿真中出现的平衡率最大值、最小值和最后 20s 的平均值。系统的其他参数是采用第二次平衡后的机器数量，工人操作熟练程度设置为 0.99。

最大平衡率和最小平衡率分别记录在辅助变量 balancingRateMax 和 balancingRateMin 中，采用 DataSet 变量的 getYMax 和 getYMin 方法。balancingRateMax 的实现如图 4-34 所示。balancingRateMin 的实现如图 4-35 所示。

balancingRateMax - Auxiliary Variable

General
Array
Description

Name: balancingRateMax　☑ Show name　☐ Ignore　☐ Public　☑ Show at runtime

☐ Array　☐ External　☐ Constant

balancingRateMax =

```
balancingRate.getYMax()
```

图 4-34　balancingRateMax 的实现

balancingRateMin - Auxiliary Variable

General
Array
Description

Name: balancingRateMin　☑ Show name　☐ Ignore　☐ Public　☑ Show at runtime

☐ Array　☐ External　☐ Constant

balancingRateMin =

```
balancingRate.getYMin()
```

图 4-35　balancingRateMin 的实现

每次仿真的结果存在 balancingRate.txt 文件中。eventBalancingRate()的实现如图 4-36 所示。

将 txt 文件导入 Matlab，平衡率随维护水平的变化图如图 4-37 所示。

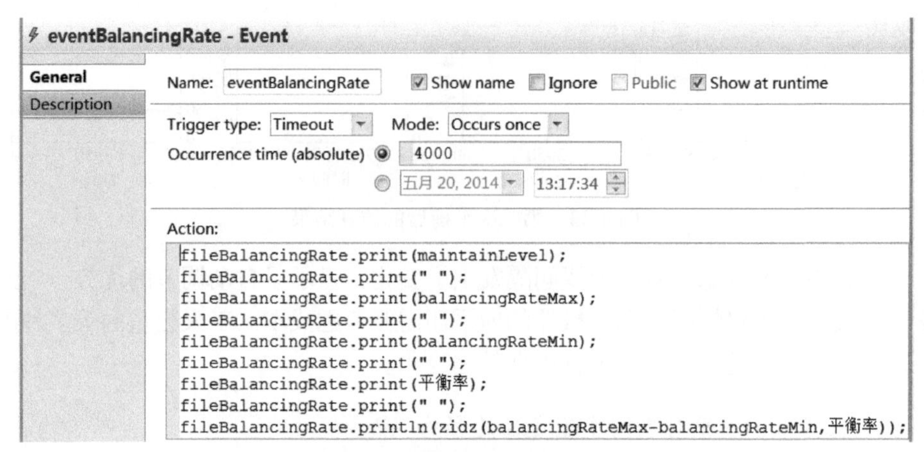

图 4-36　eventBalancingRate()的实现

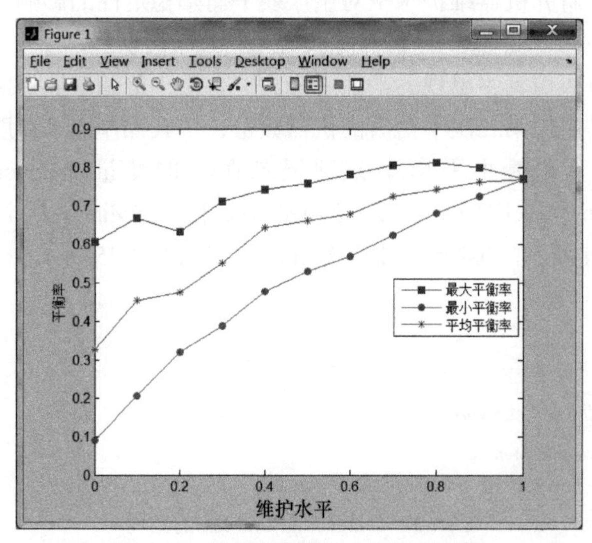

图 4-37　平衡率随维护水平的变化图

在这幅图中，圆圈点标注的是最大平衡率，三角形标注的是最小平衡率，星号标注的是最后 20s 的平衡率平均值。总体来看，随着维护水平增加，三种平衡率也在增加，但是最大平衡率增加得越缓慢，最小平衡率增加得也越缓慢，但是要比最大平衡率增加得快一些。这三个平衡率越接近，说明平衡率越稳定。当 maintainLevel 是 1 的时候，三者汇于一点，说明系统平衡率很稳定。为了表示平衡率的稳定程度，可以用式(4-9)表示不稳定度，即

$$\text{instability} = \frac{\text{最大平衡率} - \text{最小平衡率}}{\text{平衡率平均值}} \tag{4-9}$$

不稳定性随维护水平的变化情况如图 4-38 所示。可以看出，机器维护程度越

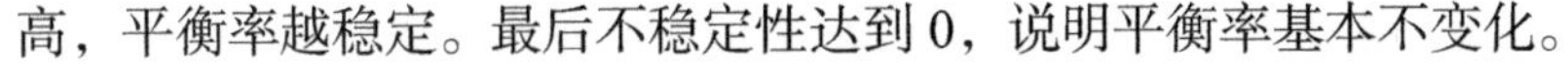

高，平衡率越稳定。最后不稳定性达到 0，说明平衡率基本不变化。

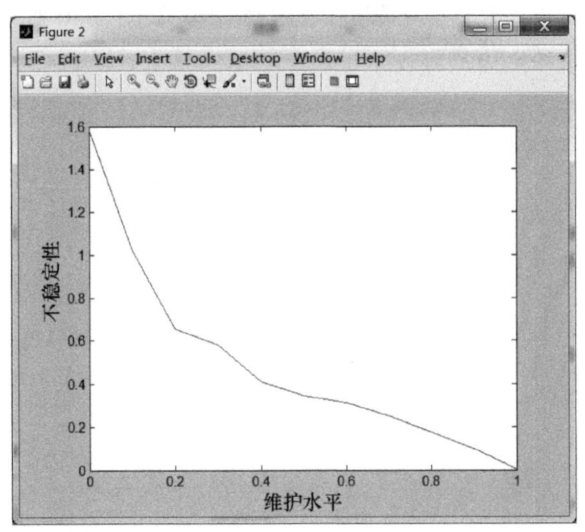

图 4-38　不稳定性随维护水平的变化情况

5. 工人操作熟练程度对平衡率稳定性的影响

工人操作熟练程度会影响工人装卸工件的时间，进而影响工序的加工速度，对平衡率产生影响。为了分析工人操作熟练程度变量对平衡率的影响，我们从 0.01 开始，每次增加 0.1，最后一次为 1，一共进行 11 次实验。记录每次仿真中平衡率的最大值、最小值和最后 20s 的平均值。平衡率随工人操作熟练程度的变化情况如图 4-39 所示。机器数量采用第二次平衡后的结果，机器维护水平设置为 0.99。

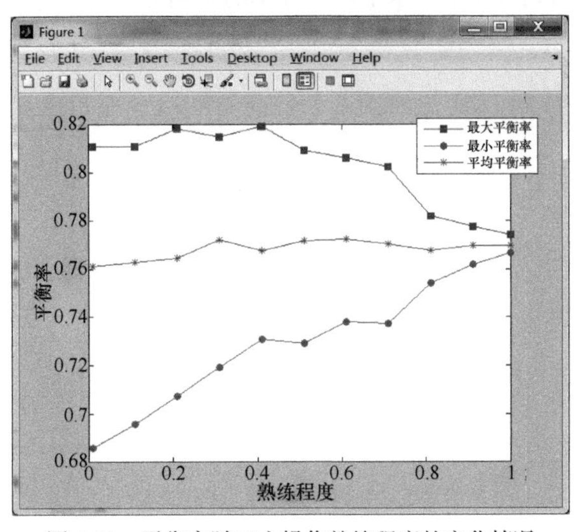

图 4-39　平衡率随工人操作熟练程度的变化情况

与分析机器维护水平对平衡率的影响方法类似，按照式(4-9)计算不稳定性，并绘制不稳定性随工人操作熟练程度的变化情况，如图 4-40 所示。可以看出，工人操作熟练程度越高，仿真过程中平衡率的波动越小，系统越稳定。

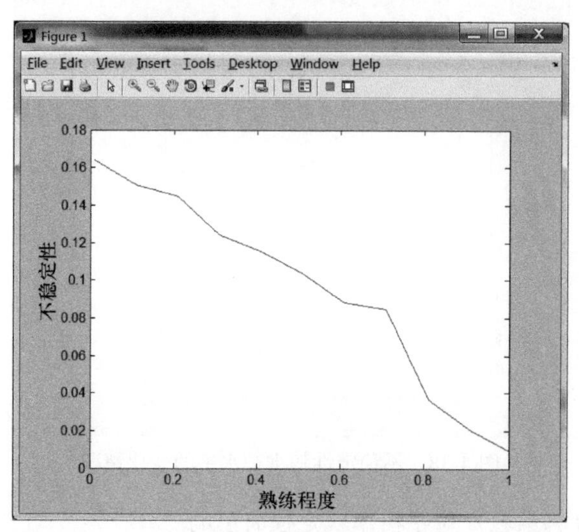

图 4-40　不稳定性随工人操作熟练程度的变化情况

通过对比图 4-38 可以发现，工人操作熟练程度影响不稳定性的下降速度比 maintainLevel 的要小，说明工人操作熟练程度对平衡率的影响比机器维护水平对平衡率的影响要小。这是因为工人装卸时间都在几秒左右，而机器加工时间都在几十秒左右，并且每台机器同时加工的工件数量也不等，后者占工序加工总时间的大部分比例，因此机器维护水平对平衡率的影响更大。

第 5 章　众智仿真方法在装备保障体系分析中的应用

5.1　装备保障体系仿真简介

5.1.1　装备保障系统建设现状

1. 国外装备保障系统建设的现状

美军的装备保障体系包含在后勤保障体系中，没有独立出来。早在 20 世纪 50 年代初期，美军就开始重视装备信息的收集工作。在六七十年代，美国就建立了总部级的后勤自动化管理信息系统[109-111]。80 年代末，美国陆军 18 个现役师已全部装备陆军战术级的战斗勤务保障系统和维修保障信息系统等。

美国国防部最先提出并实施在武器系统采办与保障过程中开展计算机辅助后勤保障[现称为持续采办与寿命周期保障(continuous acquisition and life-cycle support，CALS)]，并利用国家基础信息设施、防务综合基础信息设施和全球信息基础设施建立分布式开放型综合武器数据库，实现武器装备采办与保障过程的数字化、自动化、网络化、集成化。

CALS 的集成数据环境(integrated data environment，IDE)已初具规模。在此基础上，美国国防部开始广泛开展各种新技术、新系统和新项目的应用，并取得一定的成果。美国国防部近些年来一直在开展交互式电子技术手册(interactive electronic technical manual，IETM)这一 CALS 关键技术的应用研究。

IETM 是一种具有交互功能的装备使用与维修支持程序。它是一种基于计算机的技术信息集合体,其中收集了某种武器系统或武器装备所需的相关使用操作、故障查找和维修方面的全部技术信息。这些信息可以被直观地组织和格式化，并在电子屏幕上交互式地显示给最终用户。同时，IETM 的数据来自 CALS 综合武器系统数据库，可实时更新，通过各种磁、光和网络媒体进行发布和部署，也可通过网络访问。相对于传统的基于纸张的维修技术资料，IETM 的优势是显著的，是对装备保障技术的创新。

面向 21 世纪，美军结合战场数字化建设，对未来战争的军事需求做出了全新的思考，先后提出《联合设想 2010》和《联合设想 2020》。其中对后勤保障的发展方向给出了明确的要求。在这一设想的指导下，美军建立联合资产可视化系统(简称 JTAV)、后勤信息处理系统(简称 LIPS)、库存控制自动化信息系统(简称

ICPAIS)、全球运输网络(简称 GTN)、联合战区后勤自动化信息系统(简称 JTLAIS)等，并对各个系统的有效集成做了长远规划。

2. 国内装备保障系统建设的现状

我国装备保障信息系统建设始于 20 世纪 80 年代初，各军兵种自上而下相继建立了以保障使用和维修工作为主要目标，形式多样的信息系统。20 世纪 80 年代的装备保障信息系统主要是单机运行，处理一些简单的文字和数据，用来提高装备保障业务的准确性与时效性。

20 世纪 90 年代前期，采用 C/S 与单机并行运用，并展开大规模的装备保障综合数据库的建设，使装备保障领域的工作效率显著提高。

20 世纪 90 年代后期，各级装备保障指挥中心和全军指挥信息网逐步建成，采用 Internet 模式与 Web 方式，初步实现了装备保障系统网上多媒体信息浏览，为实施装备保障及时提供了丰富的信息，使装备保障系统自动化建设进入一个全新的发展时期。

2000 年以来，人工智能技术在国内引起高度的重视及应用，装备保障智能决策支持系统的研制和开发已经取得了一定的成果。

3. Agent 技术在装备保障方面的应用现状

在国外，基于 Agent 技术的仿真与决策已经应用到战争中。1997 年，一种名为不可约的半自动化智能战斗系统(简称 ISAAC)的软件仿真，将战争看成一种复杂适应性系统，并用 Agent 技术来模拟战争。1999 年，美国国防部利用 Agent 技术建立了一种有效的决策支持系统，使作战保障人员的安全性有了很大的提高。例如，数字化战场是一个复杂、动态、开放的系统，在战场布雷时，需要及时、准确的信息和决策支持方案，美国陆军装备研究中心建立的一种基于 Agent 的仿真模型和辅助决策系统可以大大地减小执行维修任务人员的死亡率。

Karsai 等考虑快速供应与响应是下一代飞机保障系统的两大需求，为了满足飞机以最短的维修时间进行维修，以及装备保障过程中经济费用最低，讨论利用 Agent 技术建立可视化飞机后勤保障系统，使系统可以自主响应事件，并提高装备的修复率，减少装备的维修费用。

Perugini 等对军事装备后勤保障运输问题的重要性进行了分析，通过 Agent 技术，建立管理协作 Agent 运输 Agent，对运输行程安排进行建模，并介绍 Agent 的工作原理，通过模型对后勤保障运输行程安排做出结论。

Heck 等考虑当前装备的故障诊断与监控系统的问题，为大范围的装备故障诊断与监控系统提供了一些新的集成结构体系观念，通过多 Agent 技术对装备故障诊断系统分析，并利用知识查询和处理语言(knowledge query and manipulation language，KQML)与基于 TCP/IP 的 CORBA 协议对 Agent 之间的通信进行实现，并采用 TCP/IP 网络对装备实现远程故障诊断或监控。

近几年，为了提高作战指挥控制保障能力，美国提出建立基于智能 Agent 的决策支持系统，介绍分布式 Agent 的体系结构，并通过仿真模拟加强作战人员训练的有效性，加强机载报警与控制系统中的控制和指挥效能。

国内将 Agent 技术应用到装备保障方面也引起部分研究机构和学者的关注，近年来已有部分研究成果。

2006 年，曾平华等提出利用多 Agent 技术设计装备故障诊断与维修系统，设计该系统的工作流程和若干个智能 Agent。各个单独的 Agent 都具有自己的判断方法、知识处理及同其他 Agent 的协作能力，通过任务共享和结果共享完成装备的故障诊断与维修。

2009 年，宋建社等为应对战场环境的动态性与不确定性，优化装备维修保障信息化系统的整体决策，提出一种基于约束的多 Agent 装备维修保障系统集成决策模型，利用单个 Agent 独立决策与多个 Agent 的相互合作、信息共享的机制，不考虑需求分解等细节，在满足服务约束的条件下，建立维修保障信息化系统集成问题的多 Agent 决策模型。

2011 年，刘伟等依据战时装备维修保障系统效能评估的目的、原则和多 Agent 仿真效能评估的要求，从效果、效率和效益三方面构建战时装备维修保障系统效能评估指标体系，建立评估模型。在此基础上，以 Swarm 为平台，建立战时装备维修保障仿真原型系统，初步实现装备维修保障仿真，并对仿真结果进行评估示例分析。

2012 年，贺建斌等针对装备维修工作分析的实际需求，在 Agent 技术和装备维修保障系统的基础上，论证 Agent 技术对装备维修保障系统的适应性，从体系结构等方面设计和构建装备维修工作分析系统，研究基于多 Agent 的装备维修工作分析系统的实现技术。

通过以上研究现状分析可以看出，目前装备保障系统的建设已经引起国内外的高度重视，并且积极向智能化、可视化、信息化的方向发展，但总体来说，将 Agent 技术运用到装备保障决策系统建设的应用还很少。相比而言，Agent 技术在工业、信息处理、电子商务、电信网络、移动计算、用户助理和娱乐方面等领域的应用比较多。这也从某一个侧面反映了基于 Agent 的装备保障体系研究的可行性。

5.1.2　装备保障流程的仿真

战争史和军事史表明，当某种新的武器形成一个新的系统并大量装备部队时，军事家们总是力图找出它的最佳编组形式。它对作战方法产生的影响不但局限于战斗，而且必然会影响战役，甚至双方的战略行动。传统的战场概念也会引起变化。装备保障体系同样如此，如何给作战单元配备合理的保障组织，以及各级保障组织如何有效协调，都将对作战行动产生很大的影响。建立合理、科学的保障流程往往能决定一场战争的胜负。

装备保障流程主要指保障机构的组织机构设置和保障制度，包括平时与战时装备保障机构的设置和保障工作的有关管理规定。一般来说，装备的保障分为基层级、中继级和基地级。各级保障机构、人力、物力，以及保障能力均不相同。以保障单元为例，其上层的保障机构(直到基地级保障)对下层作战单元(直到基本作战单元的乘员级保障)均有保障作用。因此，仿真平台应具有灵活配置装备保障流程的能力，可以分析不同流程下的保障体系效能。

5.1.3 装备保障资源的仿真

装备保障资源是构成保障体系的实体，是实施保障的基本单元。装备保障资源可分为保障设施，保障设备，保障人员，保障备件，技术资料，包装、装卸、储存和运输资源，计算机资源，训练与训练保障等八大类资源。

① 保障设施指保障所需要的永久性和半永久性的构筑物机器设备，包括各保障级别的补给、修理、存储、试验等场所。

② 保障设备包括实施保障所用的拆卸和安装设备、工具、测试设备(含自动测试设备)和诊断设备，以及工艺装置与切削加工和焊接设备等。保障设备可分为通用设备和专用设备。

③ 保障人员指利用各种保障设施、设备、备件，对装备进行维护、修理、使用和供应，保证装备正常使用的各类人员。

④ 保障备件指在装备保障工作中用于替换已损坏或即将损坏的零部件的供应物资，以及装备正常运转需要使用和供应的物资。

⑤ 技术资料指将装备和设备要求转化为保障所需的工程图纸、技术规范、技术手册、技术报告、计算机软件文档等。

⑥ 包装、装卸、储存和运输资源是为保障装备达到部队需要的各种资源。

⑦ 计算机资源主要指为保障装备上嵌入式计算机系统的使用与维修提供所需的硬件、软件、检测仪器保障工具等资源。

⑧ 训练与训练保障资源主要是为培训部队现有人员的专业技术水平而准备的训练计划、大纲、教材、教员、器材等资源。

装备保障资源的仿真主要是建立关于上述八类资源真实、可信的仿真模型。这些模型必须有效组合起来，具备修复性、预防性、改进性的保障能力。

5.1.4 装备保障决策的仿真

装备保障决策是为了达到或实现装备保障中的某个具体目标，提供一些可行的解决方案，并选择其中最佳方案并实施的过程。由于装备保障资源是保障体系中的重要组成部分，对保障资源的不合理决策往往会造成部分资源严重短缺，以及部分资源严重积压共存的现象，将直接影响部队装备的战备完好性和机动能力，也会严重影响部队的训练和作战任务的完成。因此，对装备保障资源的确定与优化可以使保障能力最大限度地转化为直接战斗力，是仿真的核心问题。在装备保障过程中，占主要地位的是装备保障备件、装备保障人员和装备保障设备的决策。

1. 装备保障备件的决策问题

装备保障备件需求的确定主要根据保障工作分析中记录的保障工作与备件之间的关系，根据装备的部署数量和使用时间，确定各保障级别上需要配备的备件品种与数量。其具体分析工作主要包括以下步骤。

① 根据装备保障工作分析中记录的保障工作与备件的关系，确定备件的品种。

② 确定备件的属性，区分备件为消耗备件(对应使用保障)、供应备件(对应供应保障)、可修复备件(对应维修保障)和更换备件(对应维修保障)。

③ 对消耗备件、供应备件和更换备件，确定各保障级别，在备件保证期内使用、供应和更换所需备件的储备量。

④ 对可修复备件，根据各维修级别的修复率，确定在备件保证期内修复性维修和预防性维修所需的备件储备量。

⑤ 确定装备保障的备件需求量，主要包括初始备件库存量和战时保障的备件携带量。

装备维修保障备件的决策比供应和使用保障备件的决策复杂一些。装备维修保障备件的决策流程示例如图 5-1 所示。

2. 装备保障人员的决策问题

保障人员需求的确定主要根据保障工作分析中记录的保障工作与人员专业、技术等级与数量之间的关系，以及各级别保障人员的编制、装备的部署数量和使用时间等约束条件，确定各个保障级别需配备的人员专业、技术等级与数量。具体的分析工作包括以下步骤。

① 根据保障工作分析中记录的保障工作与保障人员之间的关系，确定所需人员数量、专业、技术等级等信息。

② 根据保障设备信息，按照设备的使用量或维修率计算每件设备在各个保障级别上的工作量。

③ 根据所要求的人员可用有效工时，以及工作量的要求，确定各个专业、技术等级的人员需求。

装备维修保障人员的决策比供应和使用保障人员决策复杂一些。装备维修保障人员的决策流程示例如图 5-2 所示。

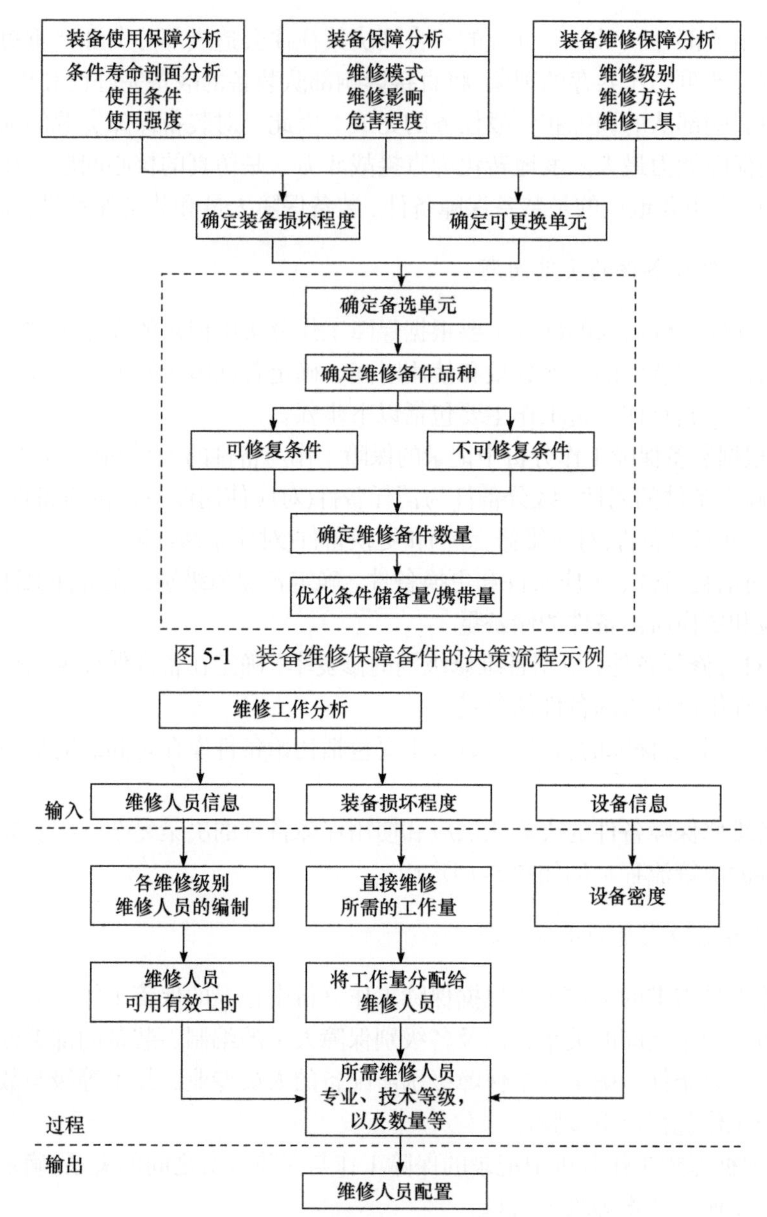

图 5-1　装备维修保障备件的决策流程示例

图 5-2　装备维修保障人员的决策流程示例

3. 装备保障设备的决策问题

装备保障设备决策分析主要根据保障工作分析中确定的保障工作与保障设备之间的关系及保障设备功能要求和被保障单元的参数描述，根据装备的部署数量和使用时间，确定各保障级别需配备保障设备的品种与数量。具体的分析工作包括以下步骤。

① 根据保障工作分析结果中记录的保障工作与保障设备的关系，检索被保障设备的功能需求。

② 根据记录的保障设备的功能需求，对照现有保障设备或货架产品的功能，进行对比分析，确定保障设备的属性，即是否沿用已有保障设备、对已有的保障设备进行局部改造或研制新保障设备。

③ 对保障设备进行功能组合，将功能需求能够组合的保障设备组合为一个保障设备，以简化保障设备的品种。

④ 根据装备的部署数量与使用任务量，计算各保障级别保障设备的任务量，同时在满足对保障设备提出的利用率要求的前提下，确定保障设备的数量或配套比例。

装备维修保障设备的决策比供应和使用保障设备决策复杂一些。装备维修设备的决策流程示例如图 5-3 所示。

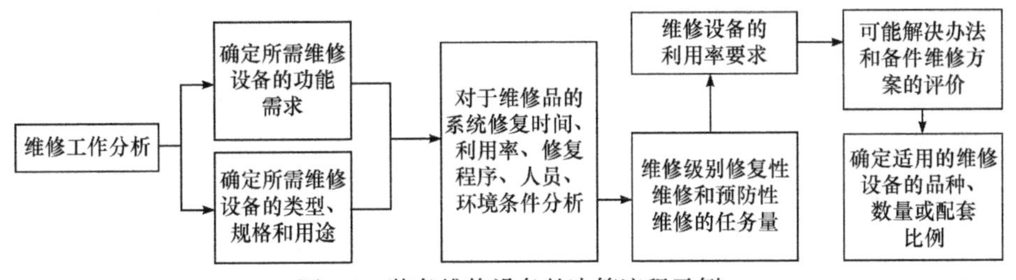

图 5-3　装备维修设备的决策流程示例

5.1.5　装备保障体系的评估

装备保障体系评估的根本目的是评定体系的效能，不断修改和完善装备的保障体系，保证其与主装备匹配，有效而经济地运行，进而提高装备的保障能力。

任何一个系统都具有效能。装备保障体系作为装备系统的一个子系统，也具有一定的效能。保障体系效能的高低直接影响着装备完好率的高低，以及装备战斗力的形成和发挥。因此，从某种意义上说，评价装备保障体系的效能也成为衡量装备战斗力水平高低的有效手段。开展装备保障体系效能评价研究，科学客观地评价装备保障体系，不断改进、完善保障体系，提高装备的保障能力，不仅是部队平时建设的需要，更是打赢未来高技术条件下局部战争的需要。根据系统工程的研究方法，对装备保障体系的效能进行评估应遵循以下几个步骤。

① 分析评估对象。对要评估的对象，即装备保障体系进行分析，明确评估的前提、条件，以及应遵循的规则和要求。评估所要达到的目的，对评估结果进行处理，获得必要的评估数据。

② 建立评估指标体系。在确定研究的对象并进行深入的研究和分析后，制定合理的评估指标体系。该指标体系应既能反映要评估的装备保障系统的性能特点，

又能在简化的基础上抽象结果，因此必须满足科学性原则、独立性原则、可行性原则、全面性原则等。

③ 构建评估模型。在指标体系已经确定的基础上，确定评估对象(装备保障体系)各种指标的量化、计量或分级方法，即对每一个指标的评估构建合适的模型，并采用适当的算法。最后将所有指标纳入一个数学或逻辑体系，形成定量的综合评估指标体系，即综合评估模型。模型构造时应采取结构化和模块化的方法，按合理的层次结构组织。需要注意的是，虽然从理论上来说，按照效能指标建立的效能计算模型考虑的因素越多越好，但有时却并非如此。评估模型本身是对装备保障系统总体性能的一种抽象，允许有假设和简化，模型建立过分复杂反而可能不准确。作为装备保障系统的效能评估模型，应侧重于研究对装备保障系统效能有重要影响的因素，应该“掌握全面，抓住重点”。

④ 实施验证。输入一定的数据，通过模型运算得出评估结果。对于计算机仿真模拟系统，首先将数学模型转化为可运行的程序。在程序运行的过程中，可能发现一些问题而需要对指标体系和评估模型进行一些修改，因此一般先编制一个可实现预定功能的简化程序，通过不断地运行、检验，提出修改的意见，最后产生完整的程序。

⑤ 对评估结果进行分析。得出评估结果后，首先对结果的可信度进行分析，确定结果后，再以此为依据分析如何对装备保障系统的效能进行改进。

装备保障体系的评估流程如图 5-4 所示。

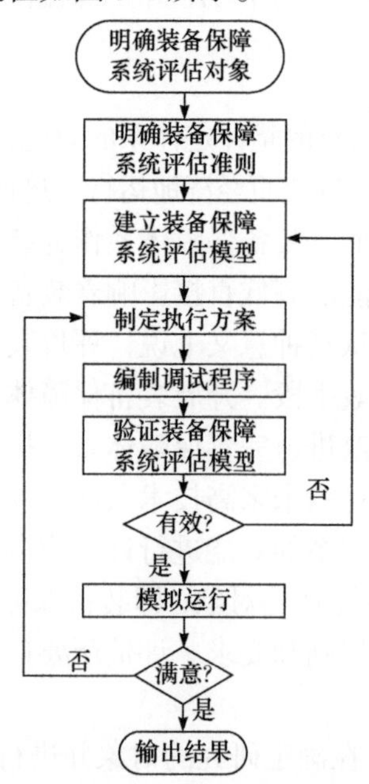

图 5-4　装备保障体系的评估流程

5.1.6　装备保障体系的优化

装备保障体系的优化是在约束条件下选择一定准则对目标函数寻求最优解的过程。运用系统工程的思想，通过对其关键问题研究，在对装备保障系统进行深入分析研究的基础上，结合综合评价的结果和体系优化的理论，对装备保障体系进行科学合理的优化，最终可以形成系统的、完善的、切实可行的评价与优化的闭环系统，将优化结果直接应用于部队装备保障实际工作中，便于保障部门对装备保障体系进行优化和改善，使军队装备保障体系发挥最大的效益。

传统的系统优化方法有线性规划法、非线性规划法和动态规划法等。现代优化算法主要有网络计划优化算法、启发式算法、模拟退火算法、神经网络算法、蚁群优化算法和遗传算法等。在选择优化算法的基础上结合体系评估，反复迭代，可以形成有效的闭环，最终求得最优解。装备保障体系的优化流程如图 5-5 所示。

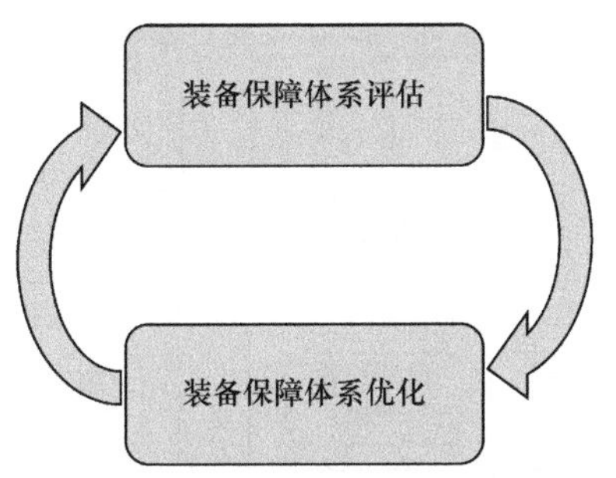

图 5-5　装备保障体系的优化流程

装备保障体系建模与仿真平台的体系结构如图 5-6 所示。该体系结构可分为四层，分别为仿真支撑层、物理数据库层、仿真运行层和仿真应用层。仿真支撑层主要进行仿真前的保障体系模型，保障任务准备，以及仿真后的数据库管理和查询分析工作。物理数据库层主要存储仿真前和仿真运行过程中产生的各种模型、保障任务、保障规则和仿真数据。仿真运行层主要进行各 Agent 模型在仿真运行过程中的管理，以及仿真的控制、仿真数据的实时采集等工作。仿真应用层基于仿真数据进行态势显示、模拟推演和体系评估等。装备保障体系仿真平台的运行流程如图 5-7 所示。

基于多 Agent 的装备保障体系建模与仿真平台的核心目标是，把装备保障纳入一个真实客观的、动态连续的、实时的作战体系中去仿真运行，然后对仿真结果进行评估、优化。为此，系统的运行流程应分为仿真准备、仿真运行、仿真推演、效能评估和体系优化这五个部分。各功能子系统也应按照系统框架进行设计。基于混合仿真的装备保障体系建模与仿真平台功能结构如图 5-8 所示。

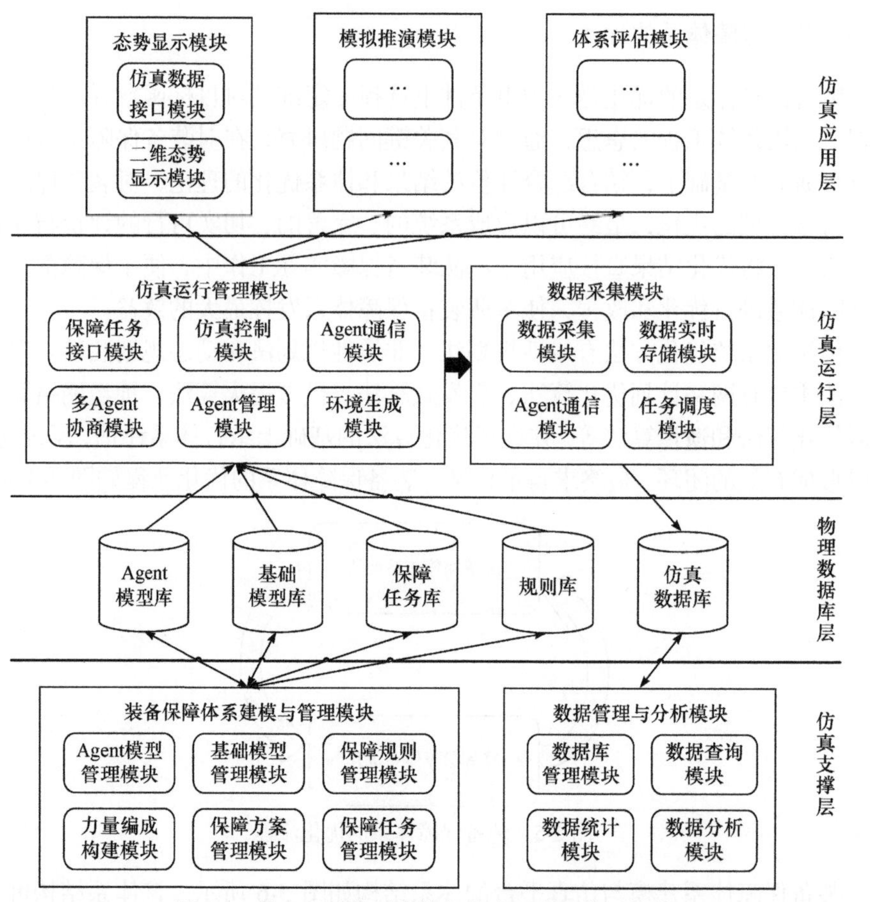

图 5-6　装备保障体系建模与仿真平台的体系结构

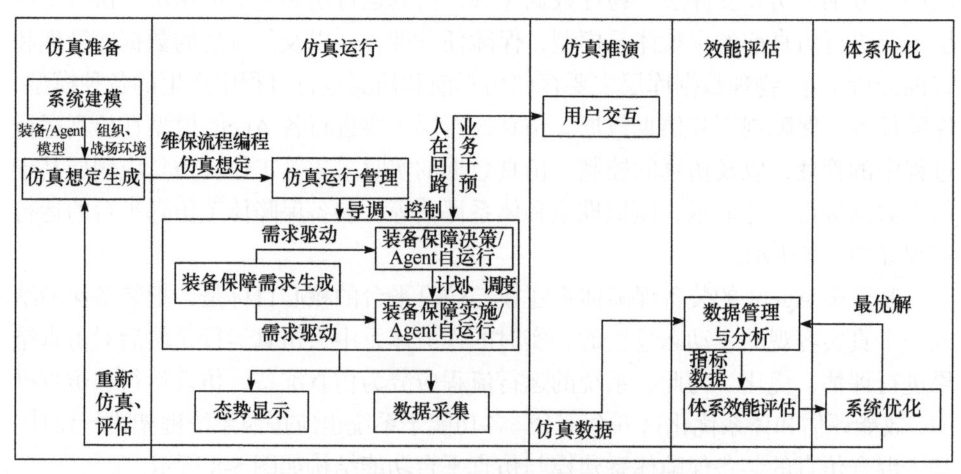

图 5-7　装备保障体系仿真平台的运行流程

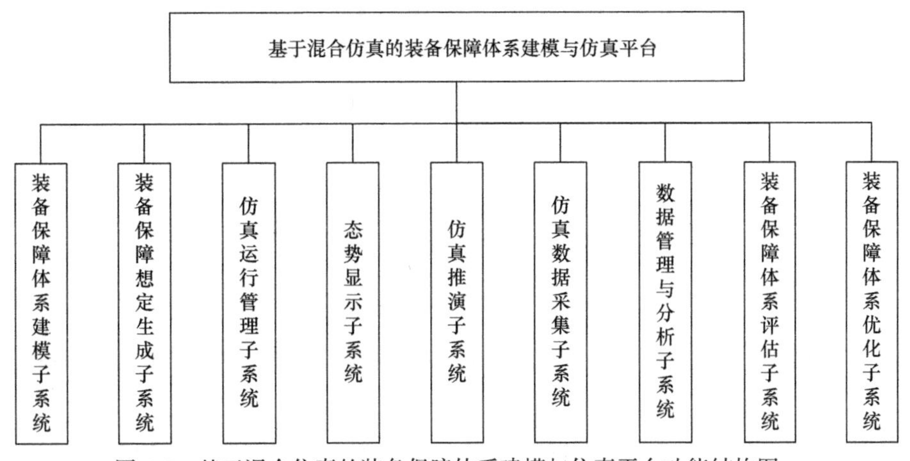

图5-8 基于混合仿真的装备保障体系建模与仿真平台功能结构图

5.2 装备保障体系仿真建模设计

5.2.1 Agent理论介绍

1. Agent内涵

Agent的含义包括智能体、自治体、主体等，目前尚无统一化的定义。智能物理智能体的基金会(Foundation for Intelligent Physical Agents, FIPA)是目前致力于Agent技术标准化的重要组织。它定义Agent为某一特定领域中能够完成一项或者多项任务的能力。为了实现目标，它能对自身的环境表现出一定的行为，同时具有同其他外部软件或实体进行交互的能力。

针对计算机领域，Wooldridge和Jennings提出目前较为权威的Agent定义，得到该领域专家的普遍认同。该定义包含一个弱定义和一个强定义。

弱定义：Agent是一个基于软件或者硬件的计算机系统，多数情况下以软件为基础，具有自治性、社会能力、反应性和能动性等特性。

强定义：除了弱定义中包括的特性外，Agent还具有情感人类的特性。

2. Agent体系结构

Agent体系结构关注的是Agent的组成模块及其交互关系。Agent的结构一般由知识库、通信模块、推理机、事务处理模块、学习模块和用户界面等组成。Agent的基本结构如图5-9所示。

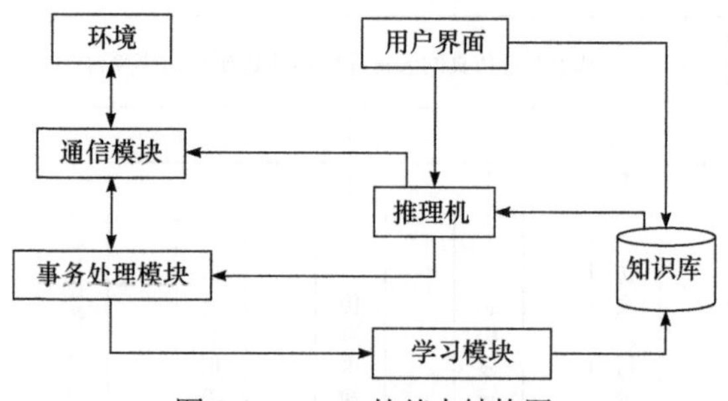

图 5-9　Agent 的基本结构图

① 知识库。用于储存 Agent 应对问题的相关知识，主要是从学习模块中获得的。

② 通信模块。负责 Agent 与其他 Agent，或者 Agent 与环境之间的通信和交互。

③ 推理机。当 Agent 处于某一特定的环境时，推理机会通过知识库中存储的经验或知识做出相应的判断，从而合理地控制其他模块的行为。

④ 事务处理模块。事务处理模块会对事务进行相关的处理，并将最终的处理结果发送到用户界面。

⑤ 学习模块。在 Agent 的运行中，学习模块不断地从周围环境学习知识，并对之前的经验进行总结，从而更新知识库，提高 Agent 的环境适应能力。

⑥ 用户界面。用户界面是用户与 Agent 进行沟通的媒介，可以实现用户维护知识库和控制各个模块运行的功能。

根据 Agent 应对环境的不同机理，可以将它们分为慎思型 Agent(cognitive agent)、反应型 Agent(reactive agent)和混合型 Agent(hybrid agent)三类。

① 慎思型 Agent。慎思型 Agent 最主要的特点是可以推理它们的自身行为。它以传统的基于知识系统技术为基础，用推理机对环境进行符号化表示和维护。它的优点是编码简单，缺点是难以用准确恰当的符号描述现实环境。具有代表性的是，1995 年，Rao 和 Georgeff 以哲学逻辑思想提出信念-愿望-意图(belief-desire-intention，BDI)结构。它采用形式逻辑定义信念、愿望和意图的心智状态。BID 模型具有强大的实用性，在它的基础上出现许多广泛应用的 Agent 系统。其他的典型例子还有 Bratman 等提出的智能资源受限机器体系结构(intelligent resource bounded machine architecture, IRMA)、Jennings 等提出的 GRATE 等。慎思型 Agent 结构如图 5-10 所示。

② 反应型 Agent。反应型 Agent 没有中心符号化模型，通过环境与行动之间的映射进行决策，优点是反应迅速，但智能化较低，难以解决负责问题。最著名的反应型 Agent 是 1991 年 Brooks 提出的分类体系结构。其核心思想是，智能是某些复杂系统的涌现特性，智能行为的生成不依赖符号化人工智能技术的表示和推理。Brooks 根据这种思想，研制出基于 Subsumption 结构的机器人，能对环境做出快速反应。反应型 Agent 结构如图 5-11 所示。

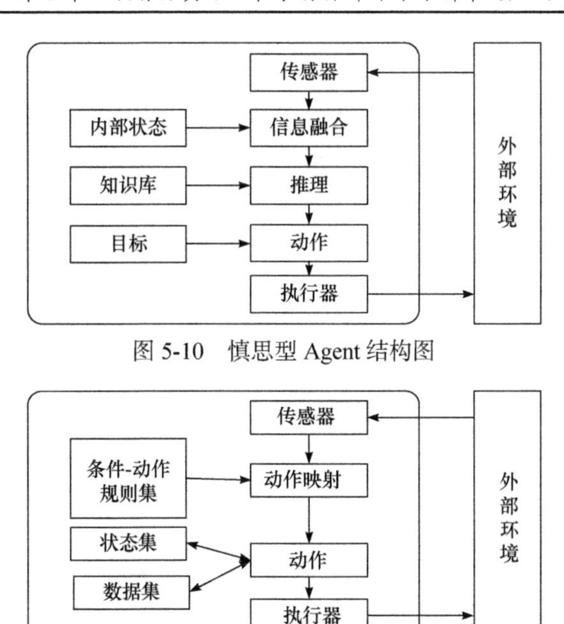

图 5-10　慎思型 Agent 结构图

图 5-11　反应型 Agent 结构图

③ 混合型 Agent。混合型 Agent 是对慎思型 Agent 和反应型 Agent 的集成。慎思子系统包含符号化的环境模型，用符号人工智能的方法进行规划和决策，负责处理智能程度较高的问题。反应子系统能对环境中的特定事件做出反应，负责处理需要对环境的变化采取快速反应的问题。为了对环境中的重要事件做出快速反应，反应子系统通常具有更高的优先级。

3. 多 Agent 系统

多 Agent 系统是由多个 Agent 组合而成的集合，重点研究的是一组自治的智能 Agent 的协作行为，可以保证每个 Agent 个体都能以一致的方式进行相互作用。它是分布式人工智能研究的重心之一。多 Agent 系统是 Agent 技术的一次质的飞跃。其体系结构图如图 5-12 所示。

实现多 Agent 系统的关键是 Agent 之间的通信与协作。下面对这两个方面进行介绍。

① Agent 通信。

Agent 只有具有与其他 Agent、环境资源或用户进行通信的能力，才能实现协作、协调和协商的功能机制，因此可以说通信对于多 Agent 系统是至关重要的。

Agent 系统中常见的通信模式大致上可以分为无通信、消息传递、方案传递与黑板模式，在目前的软件系统，特别是在面向对象的系统中，消息传递模式是常用的一种交互方式。

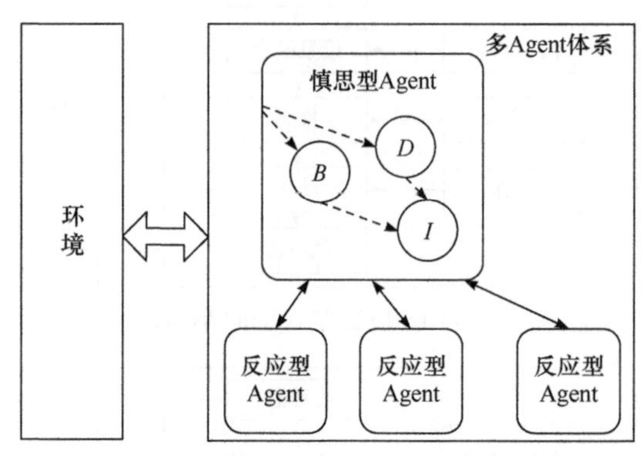

图 5-12　多 Agent 体系结构图

20 世纪 90 年代初，美国国防部高级研究计划署(Advanced Research Project Agency，ARPA)的知识共享计划(Knowledge Sharing Effort，KSE)提出了第一个广泛使用的 Agent 通信语言(agent communicate language，ACL)，即知识查询及操作语言(knowledge query and manipulation language，KQML)，定义动词原语，并允许使用 KIF(knowledge interchange format)语言来描述消息的内容，是一种交换信息和知识的语言和协议。ACL 由 KQML、KIF 和 Ontolingua(共享本体论开发语言)组成，它基于言语理论，将通信行为与内容语言分离开来。

FIPA ACL 是目前广泛使用的 Agent 通信语言，它吸收了 KQML 的众多优点，可以使用不同的内容语言，并通过预定义的交互协议管理对话。FIPA ACL 基于言语行为理论，强调消息代表的是通信行为，其中常用的通信行为有询问(query)、通知(inform)、请求(request)、同意(agree)、拒绝(refuse)、赞成(subscribe)和不理解(not-understood)等，并且 FIPA ACL 并不限定表达内容所使用的语言。

② Agent 协作。

考虑每个 Agent 个体可能拥有不同的能力和知识，Agent 的目标可能导致 Agent 之间出现行为冲突，或者它们的目标之间存在相互的依赖关系，通过合作能够更快更好地完成任务，所以可以说 Agent 协作是多 Agent 系统不可或缺的一种能力。实现 Agent 之间协作的主要方式有组织结构、合同、多 Agent 系统规划和协商。

4. Agent 技术对装备保障体系建模的适用性

装备保障系统规模宏大、结构复杂、不可预测性强、行为种类多，各个要素之间存在复杂的交互关系，并且存在大量的决策需求。总的来说，该系统表现出非线性、涌现性、自适应性、自组织性等特点。对于这样的复杂系统，若采用自顶而下的方法来解决问题较为复杂，不适合采用离散事件的仿真方法。

多 Agent 系统属于分布式人工智能的研究范畴，Agent 是一个能在动态环境中灵活、主动活动的计算实体，具有主动性、自治性、反应性、社会性等特点。基于 Agent 的建模方法是用 Agent 模拟系统的每个基本单位，建立每个个体 Agent 模型，然后利用交互关系组合这些 Agent，形成多 Agent 系统，因此，这是一种自底向上的建模方法。考虑装备保障体系的自适应性特点，多 Agent 技术具有很强的适应性。

① Agent 自主求解的决策能力。Agent 自主求解的能力能够灵活地应对装备保障体系中不可预测的情景，为系统提供实时而可靠的决策。

② Agent 灵活的粒度抽象能力。Agent 的粒度抽象能力能实现复杂系统的模块化和层次化。

③ Agent 之间的交互机制。利用 Agent 之间的交互机制，可以构建复杂、开放的分布式系统，非常适合解决多个装备功能单位之间复杂交互的问题。

④ Agent 与人交互的能力。Agent 能与用户进行友好的交互，这样不仅可以增加系统的稳定性，还能使系统不会因为某个模块出错而全局崩溃。

⑤ Agent 灵活的组织框架与演化机制。装备保障体系中的各种资源需要随着保障任务的改变而灵活地组织和搭配，而 Agent 具有的组织框架和演化机制，能较好地解决装备保障体系中的问题。

5.2.2　装备保障体系众智仿真

装备保障体系建模与仿真系统要遵循真实系统的实际情况，它的实质是对真实的装备保障体系进行合理、科学的抽象和提炼。此外，整个仿真系统的运行机制也要遵循真实体系的运作流程。

对装备保障体系的建模与仿真过程主要经过以下流程。首先，对真实系统中的主要模型元素进行抽象和选取，确定需要建立的 Agent 模型的类型。然后，对现实实体对象的特性和作用进行分析和概括，确立每类 Agent 模型应当具有的属性和行为。在建立每类 Agent 模型的基础上，通过分析真实系统中各类实体对象之间的关系，确定各类 Agent 之间存在的交互关系，从而建立多 Agent 系统。除了各类模型 Agent 之外，还需要建立多种功能 Agent，对整个系统的运行提供支持、维护和分析等功能，如数据采集 Agent 等。拥有以上基本架构之后，还要对该系统的数据进行管理，为仿真体系建立一个专属的数据库，用于分类存储各种数据，为系统的分析提供基础。最后，为系统建立展示界面，实现用户与机器的友好交互，方便非技术人员的使用和交流。

5.2.3　装备保障体系众智仿真架构

基于多 Agent 的装备保障体系建模与仿真体系具有系统的一般特性。首先，对装备保障体系中包含的 Agent 和其他仿真模型的构建是系统运行的核心和关键。这些模型模拟装备实体和装备保障实体的属性(内部状态、组织关系等)、行为(行进规则、修理规则、通信规则、使用规则、供应规则，以及自适应规则等)，以及战场环境，通过设定初始条件驱动它们在计算机中模拟运行。其次，基于多 Agent 的仿真运行管理也同样重要，它建立各 Agent 模型之间互相交互、通信的规则及控制仿真推进，是仿真各实体运行的基础平台。

5.3 装备保障体系仿真的功能结构

装备保障系统的具体功能可分为 Agent 模型管理、仿真基础模型管理、力量编成构建、保障规则管理、保障任务管理，以及模型数据文件管理等几部分。装备保障体系建模与管理模块功能结构如图 5-13 所示。

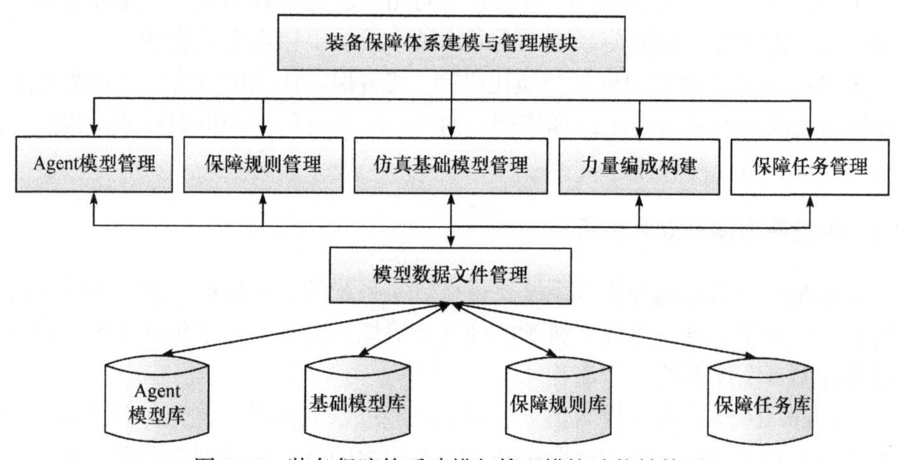

图 5-13 装备保障体系建模与管理模块功能结构图

5.3.1 Agent 模型管理

Agent 模型管理模块的主要功能是负责装备保障 Agent 模型的构建、编辑和删除。装备保障 Agent 模型主要包括装备 Agent、部件 Agent、零件 Agent、保障机关 Agent、保障机构 Agent 等。装备保障 Agent 模型示例如图 5-14 所示。

根据对 Agent 技术的介绍可知，Agent 模型可以分为慎思型 Agent、反应型 Agent 和混合型 Agent。由于保障备件、保障设施等保障资源是受保障任务制约的，并没有什么推理的过程，因此可以设置为反应型 Agent。保障机关、保障机构在接收到保障任务时，会根据任务的信息对各类保障资源进行合理的统筹和调配，

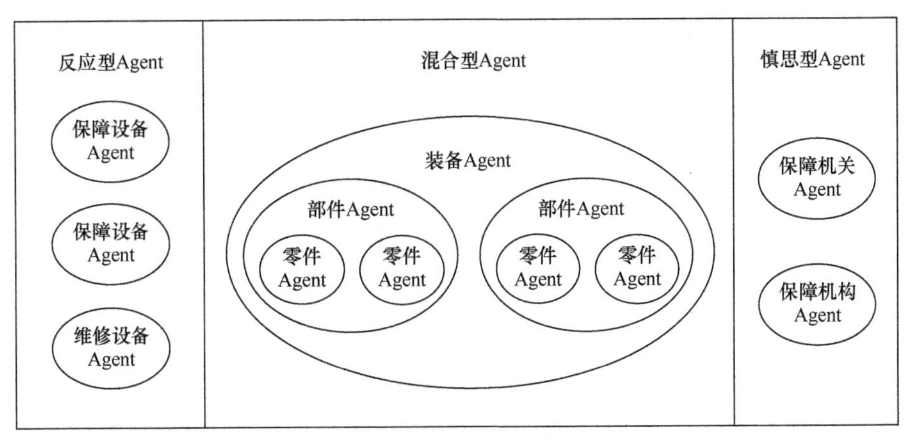

图 5-14　装备保障 Agent 模型示例

因此可以设置为慎思型 Agent。装备是由各式各样的零部件组成的，当其子级部件发生故障时，既需要判断自身的状态，还需要反应性地向保障机关发送维修信息，因此可以将装备零部件设置为混合型 Agent。

在建立好装备保障体系中的各类 Agent 模型后，还可以根据各类 Agent 之间的交互关系建立起多 Agent 体系，因为慎思型 Agent 对周围环境的变化具有一定的思考能力，在将这些 Agent 进行组合的过程中，可以由慎思型 Agent 引导反应型 Agent 的各类活动。这样就形成一个由慎思型 Agent 为核心的多 Agent 系统。这样的系统模型也更加贴近真实世界的情形。

5.3.2　仿真基础模型管理

仿真基础模型管理的功能是负责各种仿真运行需要的基础数据模型的构建、编辑和删除。这些基础数据模型主要包括实体状态模型、装备故障树模型(故障类型清单、故障等级)、保障方案模型、保障过程模型、组织机构基础模型、资源库存模型等。仿真基础数据模型示例如图 5-15 所示。

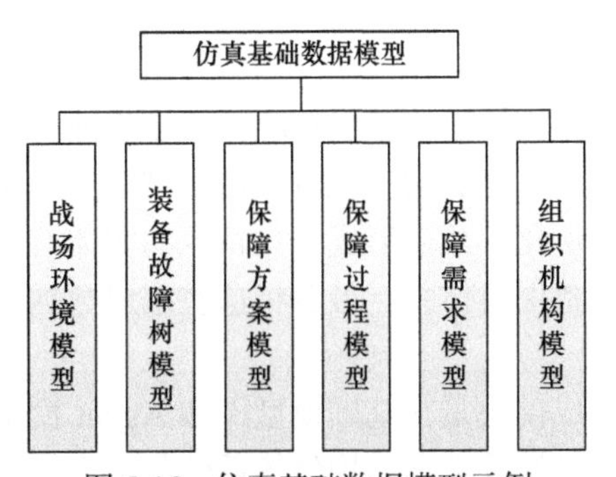

图 5-15　仿真基础数据模型示例

仿真基础模型采用统一的结构进行描述，可以从属性、方法、事件和交互等方面进行定义。仿真基础数据模型管理模块功能结构如图 5-16 所示。

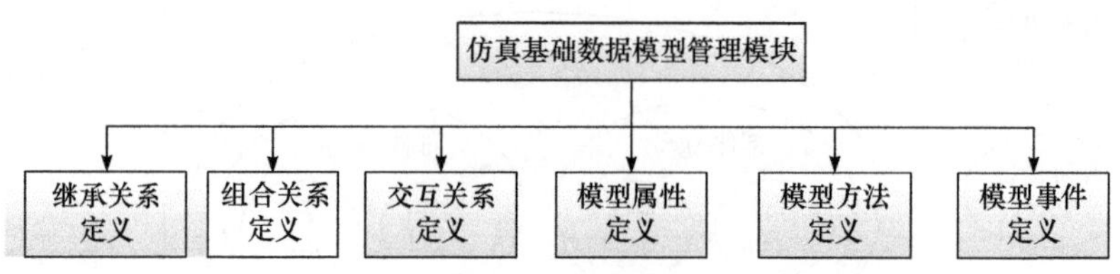

图 5-16　仿真基础数据模型管理模块功能结构

模型的属性定义包括实体的属性名、属性的描述、属性的类型、属性的初始值等。

模型的方法反映模型的行为特性。模型的方法可以分为两种类型。一种是用于描述实体模型的功能特性，通过模型方法的定义实现模型的功能。模型方法的定义主要描述方法的处理流程和处理逻辑。另一种是辅助计算，主要提供计算服务。这类方法属于数学逻辑模型，可以通过组件调用的方式引入实体模型。

模型的继承关系定义主要用来描述实体对象是继承于哪种实体类。当一个实体对象继承于一个类时，它将自动继承其父类定义的所有信息。在此基础上，还可以定义自己的“个性”，成为具有自身特性的继承子类。

模型的组合关系定义用于描述模型间的父子关系和各类耦合关系，通过组合多个已有的模型，可以形成一个新的组合模型，这样就可以减少系统中的通信量。

模型的交互关系定义模型类与模型类之间存在的交互关系。它表示每类 Agent 与其他 Agent 类之间可能存在的交互。交互关系的定义主要包括交互的参数和交互的行为处理两个部分。

模型事件定义了模型对环境事件和自身内部触发事件的响应。对模型事件的定义也可以说是一种方法，通过输入正确类型的事件参数，引用事件处理函数名称，就可以调用事件处理函数中定义的事件处理方法。

5.3.3　力量编成构建

根据装备保障体系中实际组织编成情况，力量编成构建模块可以构建上下级的隶属关系结构，然后利用各类初始化数据对基础模型库中的模型，以及预编好的 Agent 模型库进行实例化，从而形成各具特色的实体对象。这些实体对象就基本构建成一个完整的装备保障体系，最后将这些编成数据存储到基础模型中进行管理。

可以看出，力量编成模块是在基础模型库和 Agent 模型库的基础上实现的，通过输出各类模型的力量编成数据，构建体系的各类实体对象。这些编成数据支持重用，可以针对不同的保障任务构建不同的力量编成，以便满足不同任务的特点和要求。

5.3.4 保障规则管理

保障规则管理主要负责制定部队之间的保障关系、保障流程，以及保障需求生成模型等信息，并存储到保障规则库中，支持重用。

5.3.5 保障任务管理

保障任务管理模块主要对保障任务进行规划，设定保障任务的开始、结束时间等基本信息，选择本次任务使用的保障部队和保障规则。装备体系建模与管理模块运行流程如图 5-17 所示。

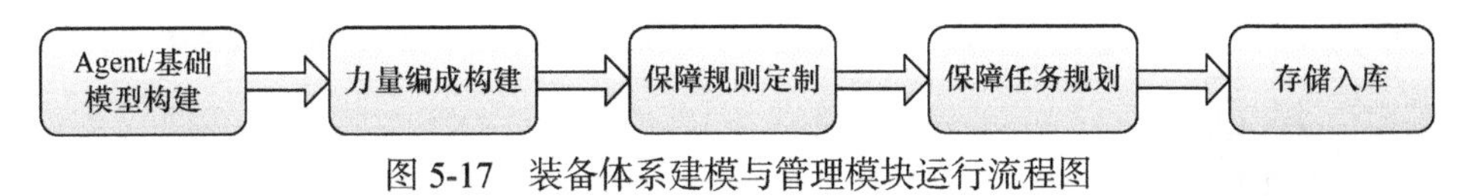

图 5-17　装备体系建模与管理模块运行流程图

5.3.6 数据的采集与管理

为了减少装备保障仿真体系与数据库的传输接口，我们设置一个数据采集 Agent，所有的 Agent 将其状态信息统一发送给这个 Agent，然后由它将收到的信息存入数据库的相应表格中。

针对数据的管理采用的是 MySQL 关联数据库管理系统。它能通过设置表格之间的外关联关系，将数据储存在不同的表中，这样不仅能系统地管理种类繁多、关系复杂的数据，还能提高数据储存的速度，方便用户的理解和分析。MySQL 使用的是结构化查询语言(structured query language，SQL)。它具有极大的灵活性，是目前访问数据库常用的标准化语言。此外，MySQL 还具有体积小、速度快、成本低的优点。

本建模仿真系统需要进行数据管理的主要有两个部分。

一个部分是储存装备保障系统的各类初始化数据。除了包括建立 Agent 实体对象类型库、故障类型库、实体对象状态库、资源库等规则模型，还包括建立各类 Agent 初始化信息。Agent 的初始化信息建立在各种规则模型上，或者说这两类表格表现出外关联的特性，因此可以建立如图 5-18 所示结构关系的初始化数据库。

图 5-18 中表格之间的实线代表两个表格之间具有外关联的约束。每个表格内带有钥匙图标的项目是该表格的主键。通过主键的查询可以唯一确定该表格中的数据行信息。

实体对象类型表、实体对象状态表、故障属性表、资源(库存状态)表属于规则库定义数据，通过不同的编号代表实体对象不同的类属性、状态类型、故障类型和资源类型。

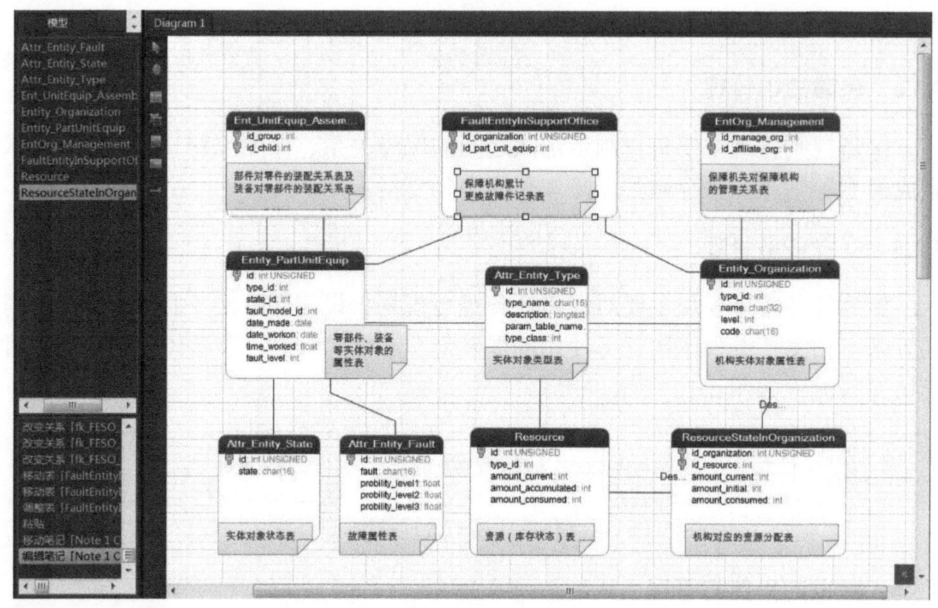

图 5-18　初始化数据库的内部结构关系

零部件、装备等实体对象的属性表和机构实体对象属性表属于 Agent 类的实体对象初始化数据表。例如，零部件、装备等实体对象的属性表用于储存装备、部件和零件的属性信息，它们具有统一的 ID 编号，根据 type_id 可以确定它的具体类型。根据 fault_model_id 可以确定它的故障类型属性，同时还可以初始化生产日期、投入工作的日期等信息。

部件对零件的装配关系及装备对零部件的装配关系表、保障机关对保障机构的管理关系表用于明确 Agent 之间的包含或管理关系。

另一个部分是用于储存仿真过程中各个 Agent 产生的中间数据信息。例如，零件 Agent、部件 Agent 和装备 Agent 每一时刻的状态信息、位置信息和故障等级信息；维修场所接收维修任务和完成维修任务的时间信息。每一个 Agent 对象在创建的时候都会根据自己的 ID 在数据库中建立属于自己的表格。这些仿真中间结果数据的采集和储存都是由一个数据采集 Agent 完成的。

5.3.7　界面查询模块

由于装备保障系统的各类初始化数据，以及中间结果数据都储存在数据库中，想要查询相关的数据时，还要从数据库中进行读取，这种方式对非相关技术人员的使用非常不便。因此，需要设计一个简洁、友好的查询界面，用户只需采取简单地点击界面上的相应部件，就可以轻松地查询想要的信息。

JavaFX 是近年来应用较为广泛的一种界面编程语言。JavaFX Script 编程语言由 Sun 公司在 2007 年首次公布，它是一种声明性的、静态类型的(declarative，statically typed)脚本语言。相比于 Swing，JavaFX 能够从 Web 浏览器中将应用抽取到桌面，应用起来更加简单，并且 JavaFX 生成的应用界面比 Swing 更加流畅。此外，JavaFX 与 Java 代码、Swing 组件具有较好的交互性，可以直接调用 Java API，还具有结构化代码、重用性和封装性等优点。和其他技术相比，JavaFX 最大的优势在于它与平台无关，因为它与 Java Runtime 完全集成，任何能够运行 Jave 的系统或设备都能使用，可以说 JavaFX 具有良好的应用前景。查询界面设计如图 5-19 所示。

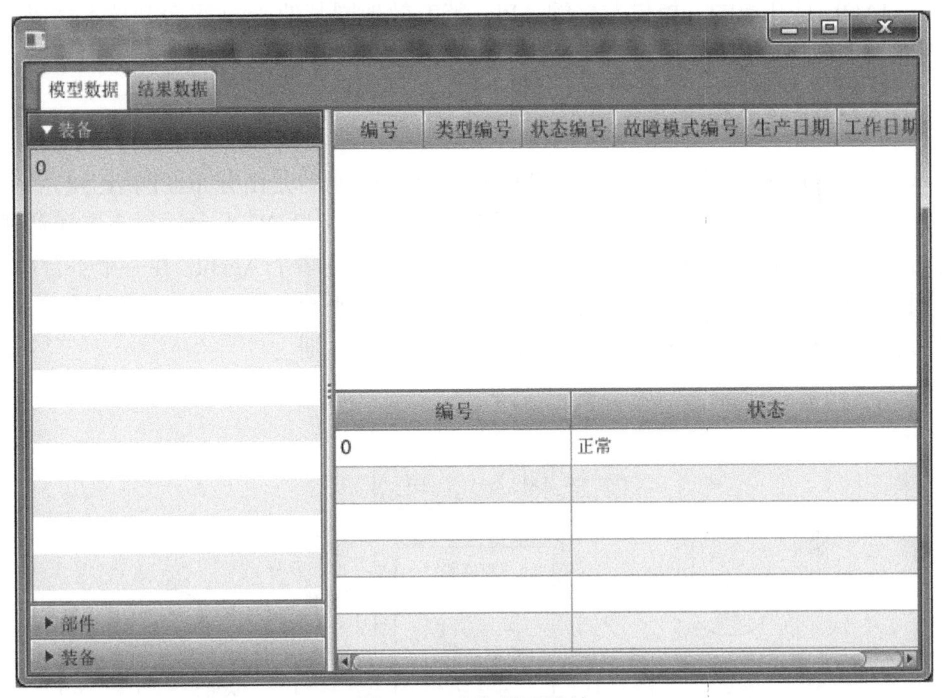

图 5-19　查询界面设计

5.4　装备保障体系仿真原型系统的设计与实现

5.4.1　JADE 概述

JADE 是一个提供基本中间层功能的软件平台，是目前应用最为广泛的 Agent 中间件。它的最初设计是为了验证 FIPA 规范，但它通过提供一系列包含 FIPA 规范的抽象软件和工具，大大推动了 FIPA 规范的广泛使用。

JADE 是一个完全分布式的中间件系统，具有灵活的基础设施。JADE 提供了一个实时的运行环境，可以执行 Agent 的整个生命周期必需的功能和 Agent 自身的核心逻辑。JADE 完全遵循并远远超越了 FIPA 规范。它提供了整套的 Agent 服务和基础设施，包括 Agent 管理系统(agent management system，AMS)、目录服务代理(directory facilitator，DF)、消息传递服务(message transport service，MTS)和 Agent 通信通道等。

JADE 的一个显著优点在于，它完全采用 Java 语言实现对 Agent 的抽象，可以充分地利用 Java 强大的语言库和第三方提供的库。因为这些库提供了大量的编程接口，可以极大地降低对开发者的技术要求。

JADE 是开源的，提供友好的 API，能有效地同其他 Java 平台和技术集成，因此受到广大用户的支持，被视为一种占主导地位的 Agent 框架。

5.4.2　JADE 体系结构

JADE 平台的体系结构如图 5-20 所示。JADE 平台是由分布在网络上的多个 Agent 容器所组成的，容器是 Agent 的载体，是提供 JADE 平台运行支撑和管理执行 Agent 所需服务的 Java 进程。一个容器可以容纳多个 Agent。在一个平台中，有且仅有一个特殊的容器，叫作主容器。它是一个平台的入口，也是必须第一个启动的容器。其他容器启动时，都必须在主容器中注册。

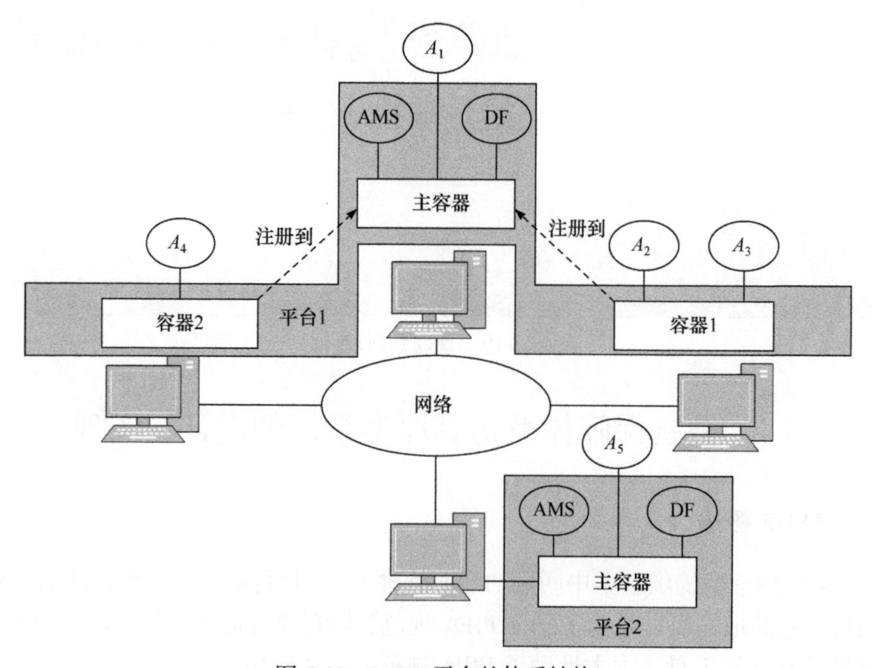

图 5-20　JADE 平台的体系结构

每个 Agent 在 JADE 平台中都有唯一的名字，它们的身份标识由一系列符合 FIPA 结构和语义定义的项组成，并包含在 AID 中。AID 中最基本的元素是 Agent 名称和地址。Agent 名称由平台名称后连接一个本地名称(LocalName)构成，是唯一的。Agent 地址是从平台继承的传输地址，每个平台地址对应相应的 MTP 终点规范，可以实现消息的传输。

5.4.3　JADE 管理和调试工具

JADE 平台中存在多个容器，每个容器含有多个 Agent，每个 Agent 又拥有自己的线程。这使多 Agent 系统的应用变得非常复杂。JADE 提供了一个基本的 JADE RMA 管理控制台和一些图形化的工具，大大方便了开发者的管理和调试，这些工具被封装于 JADE 包 jadeTools.jar 中。下面对 JADE 提供的图形工具进行简要介绍。

1. 远程监视 Agent

远程监视 Agent(remote monitoring agent，RMA)提供可视化界面来监控和管理 JADE 平台。远程监视 Agent 界面如图 5-21 所示。

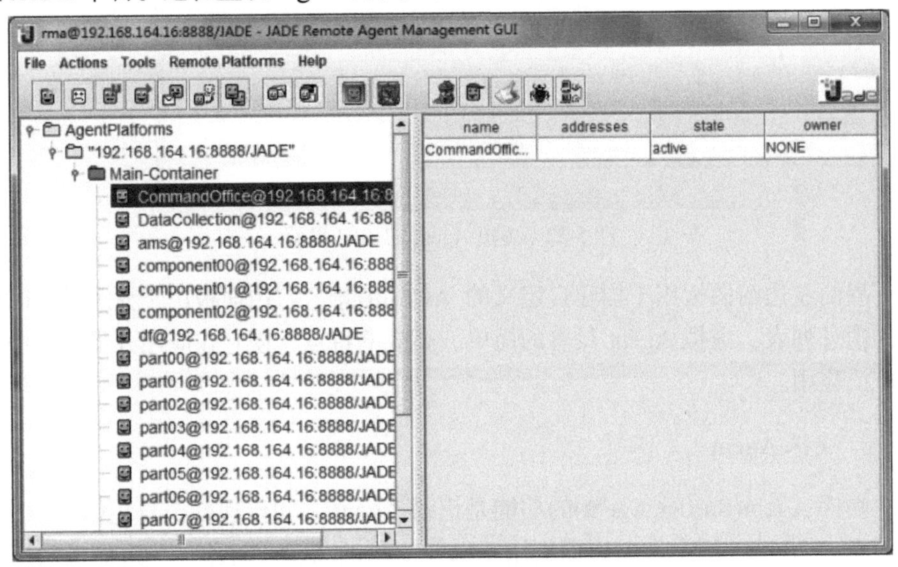

图 5-21　远程监视 Agent 界面

界面的左面提供台的拓扑视图，通过点击相应的节点，可以对平台、容器或者 Agent 进行多样化的操作，如对一个 Agent 可以采取暂停、恢复、杀死、复制、冻结或转移到其他容器等操作。右边的面板显示选中节点的相关信息。此外，它还包含一个工具菜单，通过点击相应的图标可以启动其他调试工具。

2. 虚拟 Agent

虚拟 Agent(Dummy Agent)的唯一功能是组织、发送和接收自定义的 ACL 消息，通过 Dummy Agent 发送自定义的消息给某个应用 Agent，观察 Agent 的反应，从而达到分析和测试的作用。虚拟 Agent 由一个图形化的用户界面和一个潜在的 JADE 主体构成。虚拟 Agent 的 GUI 界面如图 5-22 所示。

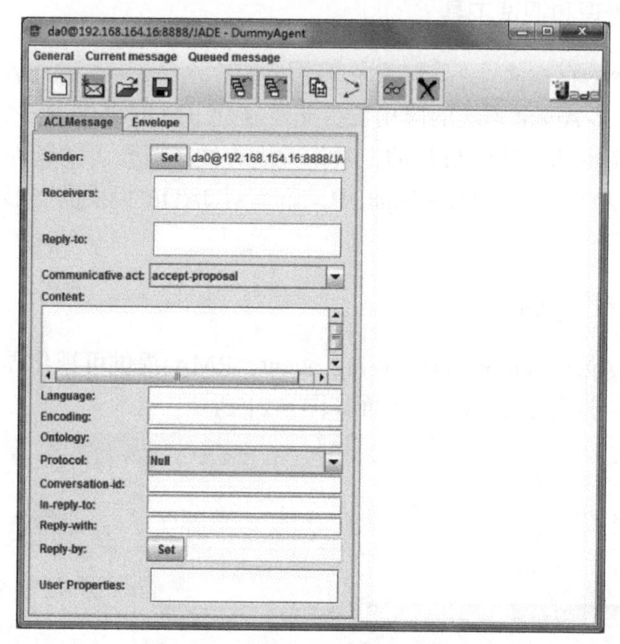

图 5-22　虚拟 Agent 的 GUI 界面

界面左边的面板用于构建自定义的 ACL 消息，右边面板用于显示带有时间戳的消息列表。虚拟 Agent 具有的简单、高效的特点，使它在应用开发过程中得到广泛应用。

3. 嗅探 Agent

嗅探 Agent(Sniffer Agent)的功能是记录 Agent 之间传递的消息记录。它的图形界面如图 5-23 所示。左边面板用于选择监测的 Agent 对象，右边面板采用类似于 SysML 顺序图的形式来展示消息传递的过程。

4. 内测 Agent

内测 Agent(Introspector Agent)用于监测某个 Agent 的生命周期、正在执行的行为和交换的信息。Introspector Agent 图形界面如图 5-24 所示。

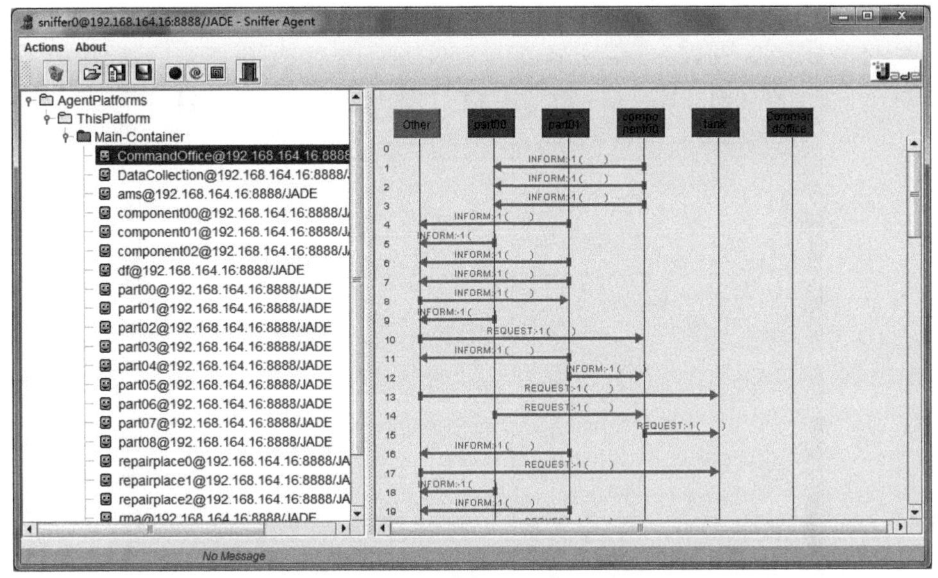

图 5-23　Sniffer Agent 图形界面

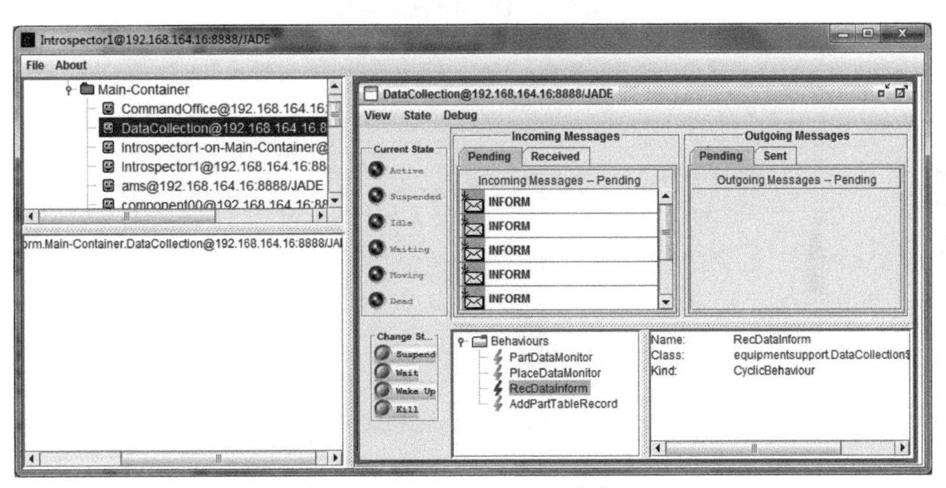

图 5-24　Introspector Agent 图形界面

5. DF GUI

DF GUI 用于控制目录服务信息，是 JADE 目录服务器自带的图形界面。DF GUI 图形界面如图 5-25 所示。

6. 日志管理 Agent

日志管理 Agent(Log Manager Agent)是一种用于简化日志动态和分布式管理的图形化工具。日志管理 Agent 图形界面如图 5-26 所示。

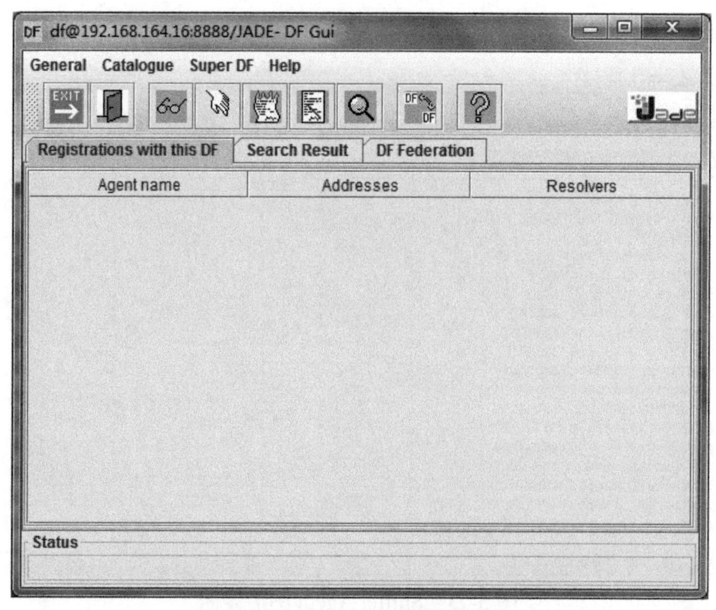

图 5-25　DF GUI 图形界面

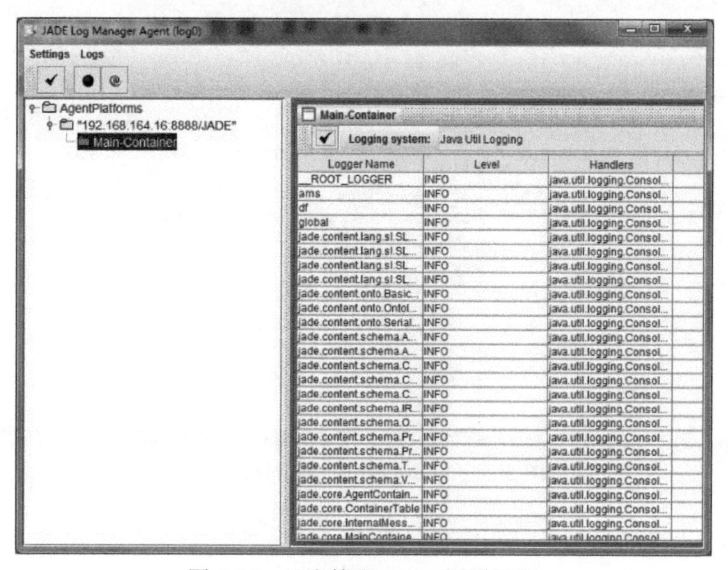

图 5-26　日志管理 Agent 图形界面

5.4.4　JADE 中的 Agent

根据 FIPA 规范，一个 Agent 的生命周期包括图 5-27 所示的几种状态。因为 JADE 完全遵循 FIPA 规范，所以 JADE 中的 Agent 可能处于这几个状态中的一个。在 Agent 类中可以用几个常量表示，即 AP_INITIATED(初始状态)、AP_ACTIVE(激活状态)、AP_SUSPENDED(挂起状态)、AP_WAITING(等待状态)、AP_DELETED(删除状态)、AP_TRANSIT(传送状态)、AP_COPY(复制状态)和 AP_GONE(离开状态)。Agent 的生命周期如图 5-27 所示。

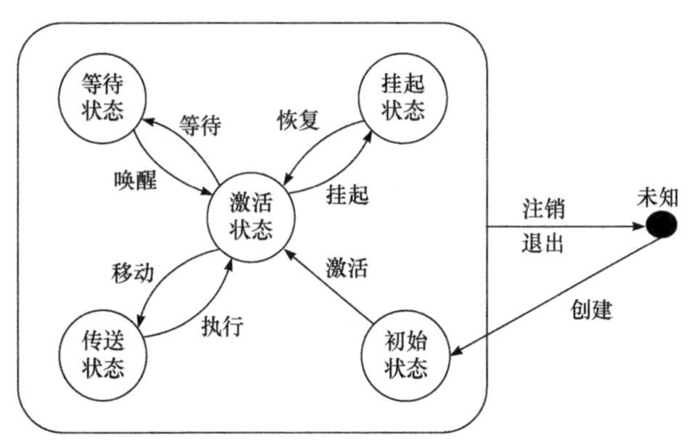

图 5-27　Agent 的生命周期

对于一个 Agent，它最重要的活动包括创建、发生某种设定的行为和与其他 Agent 进行通信。

(1) JADE Agent 的创建

创建一个 JADE Agent 需要定义一个从 jade.core.Agent 类继承的类,并实现其定义的 setup()方法，通过 setup()对 Agent 进行初始化。

每一个 Agent 在创建时都有一个标识符，其格式为<local-name>@<platform-name>。这个标识符是唯一的，可以实现 Agent 之间的通信。

(2) JADE Agent 的行为

在 JADE 平台中，Agent 的任务都是通过“行为”完成的，每个“行为”都是继承 jade.core.behaviours 类的对象，通过“行为”机制，实现每个 Agent 占用一个单独的 Java 线程，并能与其他 Agent 并行执行。JADE 的 Behaviour 类包含很多子类，可以实现不同形式的行为，如 Simple Behaviour(简单行为)包含 OneShotBehaviour(一次行为)、CyclicBehaviour(循环行为)等。

其中，继承 Behaviour 的类都包含 action()和 done()两个抽象方法，其中 action()定义 Agent 的实际操作，done()返回一个 boolean 对象，显示一个行为是否完成。

(3) JADE Agent 之间的通信

在 JADE 平台中，Agent 之间采用异步通信模式，完全遵守 FIPA 规范。每个 Agent 都有属于自己的“邮箱”(Agent 消息队列)，当邮箱收到消息时，就会通知其所属的 Agent，接收 Agent 再对该消息进行相应的处理工作。JADE 异步消息传递机制如图 5-28 所示。

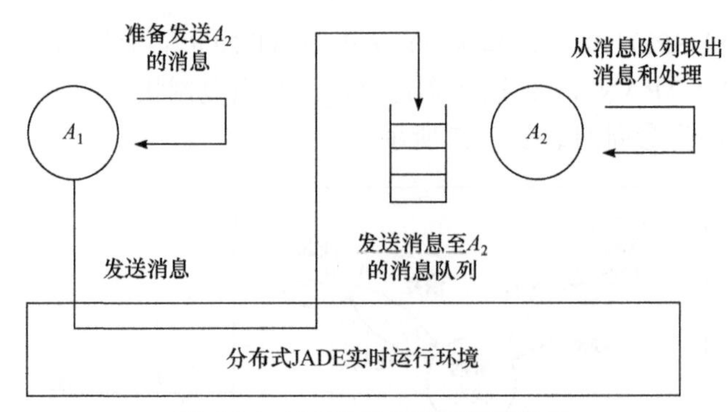

图 5-28　JADE 异步消息传递机制

在 JADE 平台中，Agent 之间交换的消息采用的是 ACL，它是继承 jade.lang.acl.ACLMessage 类的一个对象。发送 Agent 首先建立一个 ACLMessage 对象，利用 set 方法设置消息的接收者列表、消息原语、消息内容、消息内容的语言等，然后调用 send()方法实现发送消息的行为。JADE 运行环境会将消息自动放入接收 Agent 的消息队列中，Agent 通过 receive()方法取出消息，利用 get()方法获得 ACLMessage 的各项字段。

5.4.5　采用 JADE 平台对本体系开发的适用性

多 Agent 系统在理论上具有较高的复杂性，因此开发并不容易。经过很多年的发展，现在已经存在许多种多 Agent 系统的开发平台。这些平台既是多 Agent 系统的开发环境，也是运行平台，对多 Agent 系统的发展起到了至关重要的作用。

目前出现的多 Agent 系统开发平台有很多，如 AgentBuilder、JAFMAS、JAOK、AgentFactory、Zeus、MadeKit 等，每种应用平台都是基于不同的应用背景，具有不同的技术特点，表现出不同的侧重点。例如，有的开发平台适合 Agent 通信基础设施的搭建，有的适合 Agent 内在含义的表现。这些开发平台在灵活性、适用性、扩展性等方面具有不同程度的局限性。

JADE 是面向 Agent 的框架，提供遵循 FIPA 规范的分布式 Agent 开发平台，包含一组可以提供 Agent 应用的开发软件包，为 Agent 提供了全方位的服务，包括 Agent 生命周期的管理、黄页服务、消息传输服务等。JADE 平台应用广泛，适合多种应用场合。

装备保障体系中存在有多种类型的 Agent，某些类型的 Agent 数量可能数以万计，要管理好这么庞大的 Agent 集合实属不易，还要实现查询、通信等基本功能，并且装备保障体系中存在的通信种类多、通信量大。这给体系建模带来了诸多困难。而 JADE 平台提供了许多功能软件包，能够简单地实现 Agent 的管理、白黄页服务和 Agent 之间点对点的通信。此外，JADE 平台还具有丰富多样的图形化管理和调试工具，非常方便系统开发人员的使用，在 JADE 平台上进行多 Agent 的装备保障体系建模具有很强的适用性和优势。

5.5　装备保障体系仿真原型系统仿真的设计

装备保障体系仿真原型系统仿真是对装备保障系统的一种简化模型，包含真实系统的主要构成元素，也继承了真实系统的主要运行流程。它只是对某些部分进行了一些小型化、简单化的处理，下面将对这个原型系统进行简单的介绍。

5.5.1　Agent 模型种类

依据实现功能的不同，装备保障体系可以构建出多种类型的基本功能单位。每种功能单位分别对应一类 Agent，通过设定各个 Agent 的基本属性，可以利用继承和重载的方式减少开发的工作量。本节设计的装备保障体系的原型系统包含的 Agent 类型可以分为两大类，一类属于对装备保障体系中真实对象的抽象化建模，另一类属于功能性 Agent。

第一类 Agent 对象主要包含装备、部件、零件、保障机关、保障机构、维修场所、保障设施和保障备件等。其中每一个智能体都会生成一个独立的 Agent。每种 Agent 的功能如下。

① 装备，是执行作战任务的主体，也是维修保障的对象。每类装备是由不同种类的部件组成的。当内部的某个部件出现故障时，装备根据某种规则可能表现为瘫痪，也可能继续工作。当装备内部出现故障时，它会将故障信息发送给保障机关，并等待维修。

② 部件，是具有某种特定功能的零件组合体，也是装备的基本组成单元。当某个零件发生故障时，部件根据某种规则可能瘫痪，也可能继续工作。当部件内的零件出现故障时，部件会接收零件发送的故障信息，并转发给装备。

③ 零件，是装备的最小组成单元，也是发生故障的基体。每种零件具有自己的特点，它们有不同的故障类型和发生不同级别故障的概率。在仿真运行过程中，每个零件独立运行，并按照自己的规则库执行不同的行为。

④ 保障机关，是执行保障任务的指挥机构。它负责接收装备的故障信息，经过决策，保障任务下发给保障机构。保障机关中的主要角色是指挥人员，他们具有决策的能力。

⑤ 保障机构，是统筹各类保障资源的机构。它包括维修场所、资源包和保障人员等，当它接收到保障任务后，会根据任务的类型进行分配，并统筹各类保障资源。

⑥ 维修场所，是执行维修任务的具体单位。在维修场所储备有各种保障资源，每个维修场所内部有两个维修站点。当接收到维修任务后，维修站点会派出维修车辆。

⑦ 保障设施，是执行维修任务必需的设施，是每个维修场所的标配。对每一项维修任务，都必须设置维修车辆与维修工具才能正常执行，否则维修任务在维修场所等待。

⑧ 保障备件，是执行维修任务时具有特殊性的一类维修工具。因为不同类型的零件具有不同类型的故障模式，维修时需要的备件种类可能不同。对每种故障模式，分别设置对应的保障备件，当发生某种类型的故障时，若暂时没有与它相应的保障备件，则该任务排队等待执行。

对于第二类功能性 Agent，仿真系统包含的是数据采集 Agent 和界面 Agent。

① 数据采集 Agent，用于收集所有 Agent 发送的中间结果数据，并存入数据库的相应表中进行管理。

② 界面 Agent，用于生成与用户进行交互的界面，可以展示仿真系统的各类模型数据和仿真过程中的各类结果数据。

5.5.2 基本规则

经过对装备保障体系真实情况的研究，在遵循实际情况的基础上，本章对原型系统的运行规则做了以下简化和规定。

针对装备的构造形式，假设装备含有三个部件，每个部件含有三个零件。每个装备的组成形式如图 5-29 所示。

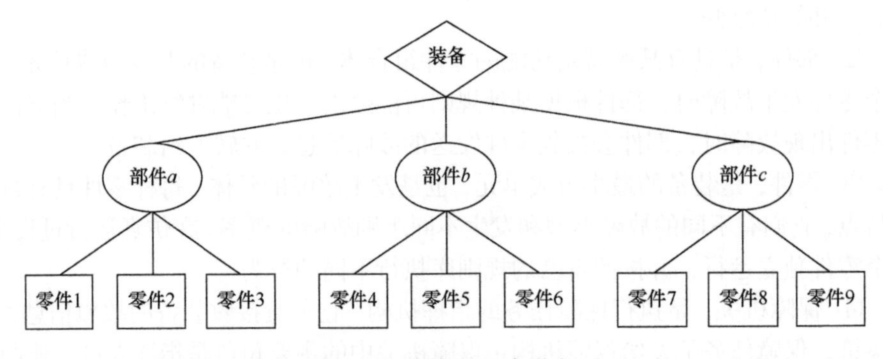

图 5-29 装备的组成形式

当一个零件需要保养或者出现故障时，先将故障信息报告给部件，再由部件报告给装备，装备停止工作状态后再报告给保障机关，并等待维修。

经过查找相关的文献资料，零件发生故障的时间点多采用泊松分布进行假设。

我们的原型系统也遵从这样的原则，并为零件设置一定的故障概率，在它的生命周期中以泊松分布的形式确定发生故障的时间点。

仿真开始时，各个零件正常工作，当某个零件出现故障时，会根据它的故障类型，按照事先设定好的概率产生三种不同等级的故障。

当某个零件距离上一次维修的时间达到规定的保修间隔时间时，该零件就需要进行保养性维修。

当某个零件的累计使用时间到达其预先设定好的寿命时，该零件报废，并进行更换性维修。

仿真系统中只包含一个保障机关和一个保障机构。保障机关负责同装备 Agent 进行沟通，保障机构负责合理地调度各类保障任务和保障资源，并管理每个维修场所。

维修场所分为一级、二级、三级。其中一级的维修能力最高，三级的维修能力最低，每个维修场所只能执行等于和低于其维修等级的维修任务，且这三个等级的维修场所各有一个。

维修人员分为 a 种、b 种、c 种。每种维修人员可以执行不同的任务。为了简单，我们将维修人员与维修场进行匹配，即每个维修场所配备相应种类的维修人员。每个维修场的维修人员都可以执行本维修场所的所有任务。

假设维修需要的保障设施有维修车辆和维修工具。这是每种维修任务必需的资源，当这两种资源短缺时，维修任务要进行排队等待。

每个维修任务所需的保障备件各不相同，这是由损坏零件的故障类型决定的。假设这九种零件的故障类型各不相同，因此共有九种故障类型，匹配有九种保障备件。当某个维修任务需要的保障备件短缺时，该项维修任务要在维修场所中等待执行。

每个维修场所更换下来的损坏零件达到一定的数量时，会送到固定的加工厂进行维修，即假设经过一定的等待时间后，该批损坏零件又可以继续正常使用。

5.5.3　原型系统中的主要交互关系

在确定好系统中的主要 Agent 模型，以及系统的主要运行规则之后，就能很容易地掌握系统中存在的各类交互关系，利用这些交互关系就能建立整个多 Agent 系统。在原型系统中，各类 Agent 之间主要以消息传递的方式进行交互。为了便于理解，图 5-30 用图形化的方式展现了原型系统中的主要交互关系。

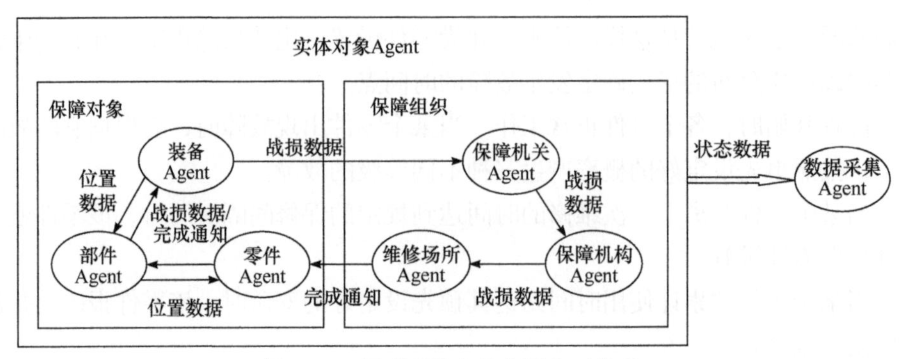

图 5-30　原型系统中的主要交互关系

5.6　装备保障体系仿真原型系统仿真的代码实现

JADE 完全采用 Java 编写。JADE 平台的源代码实质上是由一个 Java 包和若干子包的层次结构组织的。每个包都包含实现某一特定功能的类和接口，因此对 JADE 的应用和开发需要在集成开发环境 Netbeans 上完成。在安装好 Netbeans 后，在环境变量 CLASSPATH 中设置 JDK 编译环境和 JADE 包文件所在的路径，就可以通过使用 Java 语言对 JADE 提供的各项功能服务进行二次开发。

5.6.1　程序的整体架构

Java 是面向对象的程序设计语言，采用的是包机制。每个包包含的 Java 类用于实现某种特定的功能，可以看作功能相似的类的集合。类可以看作一种抽象的方法或者计划，利用类能创建出许多真实的对象，可以说编写 Java 程序就是在编写一个一个的类。

在代码实现的过程中，将这个项目取名为 EquipmentSupport，并设置两个包，即 INFO 和 equipmentsupport。其中 INFO 包定义所有 Agent 之间可能传递的消息内容类，equipmentsupport 包定义系统包含的所有 Agent 类。每个 Agent 类用一个 Java 类表示，具有的属性和行为定义在相应的 Java 类中。程序的整体架构如图 5-31 所示。

5.6.2　Agent 类的代码实现

每一类 Agent 都具有属于自己的属性和功能，在利用 Java 语言实现 Agent 属性的时候，可以将 Agent 的属性设定为对应 Java 类中封装的变量，并事先规定好每种变量取某种值时代表的实际含义，通过对属性变量赋予不同的值表示 Agent 所处的状态。

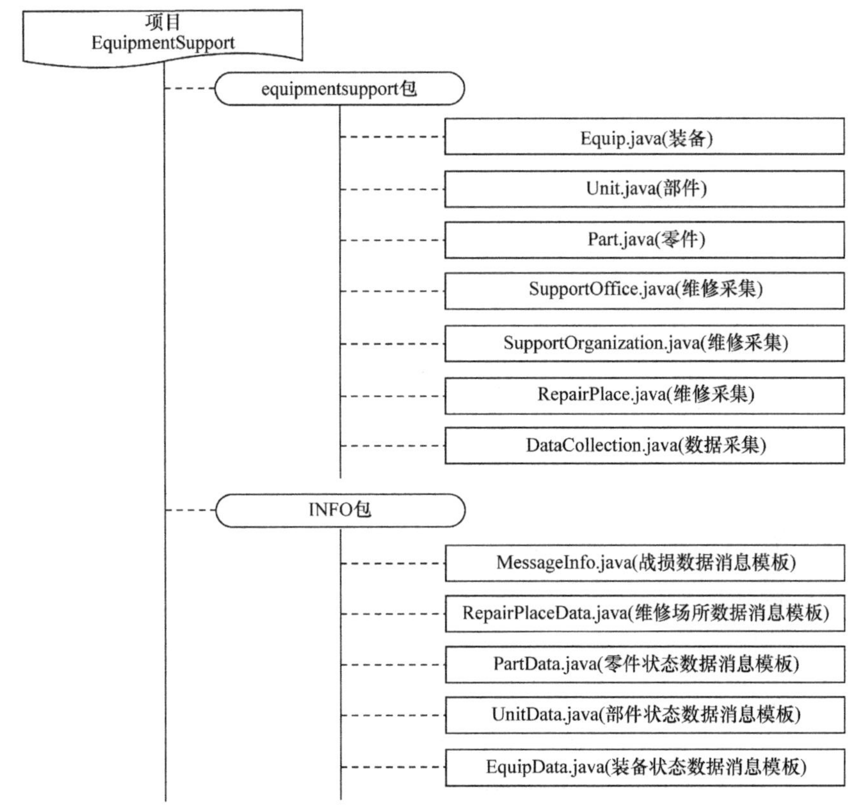

图 5-31　程序的整体架构

为了支持 Agent 内部并行活动的高效执行，JADE 引入行为(Behaviour)的概念。一个行为的实质是一个事件处理，是描述一个 Agent 如何对事件做出响应的方法。对于一个注册成功的 Agent，它的实际工作和任务通常情况下都是在 Agent 类添加的行为中执行。可以说，一个注册成功且处于活动状态的 Agent 就相当于是一个完成任务的主体，而 Behaviour 类的实例才是任务真正的载体。

下面介绍 Agent 类所包含的属性和功能，即每个 Java 类包含的变量和 Behaviour 类。

1. 零件

零件 Agent 的属性值定义如表 5-1 所示。

表 5-1　零件 Agent 的属性值定义

变量	类型	定义
PartID	String	零件的 ID 编号
SuperUnitID	String	零件所属部件的 ID

续表

变量	类型	定义
faultRate	Double	发生故障的概率
FaultModel	Int	故障类型
maintainTime	Int	保养的间隔时间
FaultLevelRate	Float[]	发生三种故障级别的概率
AccumulatedUseTime	Int	累计使用时间
LastRepairTime	Int	距离上一次维修的时间
CurrentStatus	Int	目前状态：正常运行 0、待机状态 1
lifespan	Int	寿命
FaultLevel	Int	故障级别(1/2/3)， 0 代表无故障
PartReqMsg	MessageInfo	维修请求的消息内容类的对象
waittime	Int	零件故障后一直未被维修的时间
PartPosition	Float[]	零件所处的地点
MyData	PartData	向数据采集 Agent 发送的数据信息

零件 Agent 的行为类定义如表 5-2 所示。

表 5-2 零件 Agent 的行为类定义

行为类名称	行为类型	行为的作用
PartSendRepairReq	OneShotBehaviour	向部件发送修理请求的行为子类
PartReceiveInform	CyclicBehaviour	接收部件发送的位置信息或维修场所 Agent 发送的维修完成通知的行为子类
RanNums	OneShotBehaviour	根据泊松分布生成零件的故障时间点，根据故障概率生成相应故障级别的行为类
PartSendData	OneShotBehaviour	向决策监控 Agent 发送修理请求的行为子类

2. 部件

部件 Agent 的属性值定义如表 5-3 所示。

表 5-3　部件 Agent 的属性值定义

变量	类型	定义
UnitID	String	部件的 ID
UnitState	Int	部件的状态
PartIDArray	String[]	部件所包含的零件地址
PartStateArray	Int[]	部件所包含的零件状态数组
SuperEquipID	String	部件所属的装备 ID 号
UnitPosition	Float[]	部件的位置

部件 Agent 的行为类定义如表 5-4 所示。

表 5-4　部件 Agent 的行为类定义

行为类名称	行为类型	行为的作用
UnitMonitor	CyclicBehaviour	部件接收通知的行为子类
UnitSendRepairReq	OneShotBehaviour	部件向装备发送故障消息的行为子类
UnitSendPosition	OneShotBehaviour	部件向零件 Agent 发送地点位置的行为子类
SetUpTable	OneShotBehaviour	建立数据库的子行为
UnitSendData	TickerBehaviour	Unit 向数据采集中心发送数据的子行为

3. 装备

装备 Agent 的属性值定义如表 5-5 所示。

表 5-5　装备 Agent 的属性值定义

变量	类型	定义
EquipID	String	装备的 ID
UnitNum	Int	装备所包含的部件数量
UnitIDArray	String[]	装备所包含的部件地址
UnitStateArray	Int[]	装备所包含的部件状态数组
EquipState	Int	装备的状态
EquipPosition	Float[]	装备的位置
MoveSpeed	Float	装备的运动速度
MyData	EquipData	装备的状态数据

装备 Agent 的行为类定义如表 5-6 所示。

表 5-6　装备 Agent 的行为类定义

行为类名称	行为类型	行为的作用
EquipRecUnitInform	CyclicBehaviour	装备接收部件通知的行为子类，并作出相应行为
EquipMonitor	TickerBehaviour	当装备处于正常状态时，每秒进行一次位置的更新，并发送给其部件
EquipSendRepairReq	OneShotBehaviour	向保障机关发送修理请求的行为子类
NEWPositionXY	Float[]	随机设定下一时刻位置的函数
EquipSendPosition	OneShotBehaviour	向零件包含的部件发送位置信息的行为类
SetUpTable	OneShotBehaviour	建立数据库的子行为
EquipSendData	OneShotBehaviour	向数据采集 Agent 发送数据的 Agent

4. 保障机关

保障机关 Agent 的属性值定义如表 5-7 所示。

表 5-7　保障机关 Agent 的属性值定义

变量	类型	定义
myID	Int	保障机关的 ID 号
myName	String	保障机关的名称
DecisionWaiting	Int	保障机关的决策时间
PartFaultsMsgQue	Queue<MessageInfo>	零件故障消息对象数组，将收到的任务消息均存于此
WaitLock	ReentrantLock	为等待队列创建一个锁对象
partfinmsg	MessageInfo	定义维修反馈的消息内容类的对象

保障机关 Agent 的行为类定义如表 5-8 所示。

表 5-8　保障机关 Agent 的行为类定义

行为类名称	行为类型	行为的作用
SOfficeRecRepairReq	CyclicBehaviour	接收装备发送的维修请求的行为子类
TaskDecision	CyclicBehaviour	保障机关的任务决策行为

5. 保障机构

保障机构 Agent 的属性值定义如表 5-9 所示。

表 5-9　保障机构 Agent 的属性值定义

变量	类型	定义
myID	Int	保障机构的 ID 号
myName	String	保障机构的名称
DecisionWaiting	Int	保障机构的决策时间
PlaceArray	String[]	记录场所 Agent 的 localname 的数组
PartFaultsMsgQue	Queue<MessageInfo>	零件故障消息对象数组，将收到的任务消息均存于此
WaitLock	ReentrantLock	为等待队列创建一个锁对象

保障机构 Agent 的行为类定义如表 5-10 所示。

表 5-10　保障机构 Agent 的行为类定义

行为类名称	行为类型	行为的作用
TaskDecision	CyclicBehaviour	维修场所依次安排执行任务消息队列中的任务
SOrgRecRepairReq	CyclicBehaviour	接收装备发送的维修请求的行为子类
SOrgaSendRepairInform	OneShotBehaviour	向维修场所 Agent 发送修理任务的行为子类

6. 维修场所

维修场所 Agent 的属性值定义如表 5-11 所示。

表 5-11　维修场所 Agent 的属性值定义

变量	类型	定义
RepairPlaceID	String	维修场所的 LocalName
myID	Int	维修场所的 ID 号
myName	String	维修场所的名称
PlaceLevel	Int	维修场所的级别：一级、二级、三级
RepairSite	Int[]	维修坑位设置为数组形式，当为 0 时代表空闲
RepairSiteNum	Int	维修坑位的数目
repairtime	Int	零件的维修时间
FacilityAmount	Int[]	各种维修设备的数量

续表

变量	类型	定义
ResourceAmount	Int[]	各种维修备件的数量
partreqmsg	MessageInfo	定义维修任务的消息内容类的对象
waitque	Queue<MessageInfo>	等待队列
SiteTask	MessageInfo[]	每个维修坑位正在处理的任务
WaitLock	ReentrantLock	为等待队列创建一个锁对象
Site0Lock	ReentrantLock	为坑位 0 正在执行的任务设置锁
Site1Lock	ReentrantLock	为坑位 1 正在执行的任务设置锁
MyReceiveData	RepairPlaceData	维修场所接收任务相关数据的消息模板
MyFinishDataA	RepairPlaceData	维修站点 0 完成任务相关数据的消息模板
MyFinishDataB	RepairPlaceData	维修站点 1 完成任务相关数据的消息模板

维修场所 Agent 的行为类定义如表 5-12 所示。

表 5-12 维修场所 Agent 的行为类定义

行为类名称	行为类型	行为的作用
PRecRepairInform	CyclicBehaviour	维修场所接收维修任务的行为类
PSendFinishInform	OneShotBehaviour	此为向零件 Agent 发送维修完成的行为子类
RepairMonitor	CyclicBehaviour	向维修坑位分配任务的控制行为类
RescourceDecision	Int	此为判断保障资源是否充足的函数
SiteMonitor1	CyclicBehaviour	第一个坑位的控制行为类
SiteMonitor2	CyclicBehaviour	第二个坑位的控制行为类
SetUpTable	OneShotBehaviour	这是建立数据库的子行为
PSendData	OneShotBehaviour	向数据采集 Agent 发送状态数据的行为子类

7. 数据采集中心

数据采集 Agent 的属性值定义如表 5-13 所示。

表 5-13 数据采集 Agent 的属性值定义

变量	类型	定义
partwaitque	Queue<PartData>	零件状态数据的等待队列
unitwaitque	Queue<UnitData>	部件状态数据的等待队列
equipwaitque	Queue<EquipData>	装备状态数据的等待队列

续表

变量	类型	定义
placewaitque	Queue<RepairPlaceData>	维修场所状态数据等待队列
PartLock	ReentrantLock	为零件消息等待队列创建一个锁对象
UnitLock	ReentrantLock	为部件消息等待队列创建一个锁对象
EquipLock	ReentrantLock	为装备消息等待队列创建一个锁对象
PlaceLock	ReentrantLock	为维修场所消息队列创建一个锁对象

数据采集 Agent 的行为类定义如表 5-14 所示。

表 5-14　数据采集 Agent 的行为类定义

行为类名称	行为类型	行为的作用
RecDataInform	CyclicBehaviour	接收数据消息，并存入对应的消息队列，等待存入数据库
PartDataMonitor	CyclicBehaviour	向数据库中储存零件信息的控制行为类
UnitDataMonitor	CyclicBehaviour	向数据库中储存部件信息的控制行为类
EquipDataMonitor	CyclicBehaviour	向数据库中储存装备信息的控制行为类
PlaceDataMonitor	CyclicBehaviour	向数据库中储存维修场所信息的行为类
LinkDatabase	OneShotBehaviour	连接数据库的行为类

5.6.3　程序的运行流程

在仿真系统中，各个 Agent 根据设定好的功能正常运行，如装备执行特定的任务、维修场所等待接收维修任务。当某个零件发生故障时，整个保障体系才算是真正地运行起来。仿真系统的运行可以说是由各个零件随机的维修过程组成的，因此只有掌握每个维修过程运行的流程，才能理解和把握整个系统的运行。对于单个维修任务，其运行流程如下。

① 仿真开始后，对各个智能体的属性进行初始设置，并启动每个 Agent。

② 各个 Agent 根据其功能正常运行，每个零件按预先设定好的概率出现故障，当到达设定的维修保养时间或寿命时进行保养性、更换性维修。

③ 需要维修的零件将其维修信息发送给它的上级部件 Agent。该维修信息包括零件的地址、故障模式、故障级别、地点等信息。

④ 部件 Agent 再将故障信息发送给上级坦克 Agent。

⑤ 坦克 Agent 收到故障信息后，判断自身的状态决定能否继续执行任务，并将故障信息报告给保障机关 Agent。

⑥ 保障机关 Agent 经过简单的决策后将维修任务发送给保障机构 Agent。

⑦ 保障机构 Agent 根据任务的故障类型和故障等级，合理调度各个保障任务

和保障资源，得到该维修任务的解决方案，将该项维修任务的信息发送给相应的维修场所 Agent。

⑧ 维修场所 Agent 收到维修任务消息后，将该任务放入任务等待队列。这项任务的排队和维修都由维修场所 Agent 完成。

⑨ 当维修场所 Agent 完成这项维修任务后，将维修完成通知发送给零件 Agent。该零件恢复正常运行。

⑩ 零件 Agent 将维修成功的信息报告给部件 Agent。

⑪ 部件 Agent 将维修成功的信息报告给零件 Agent。

⑫ 维修任务完成，各个智能体继续各自的运行。

程序的运行流程图如图 5-32 所示。

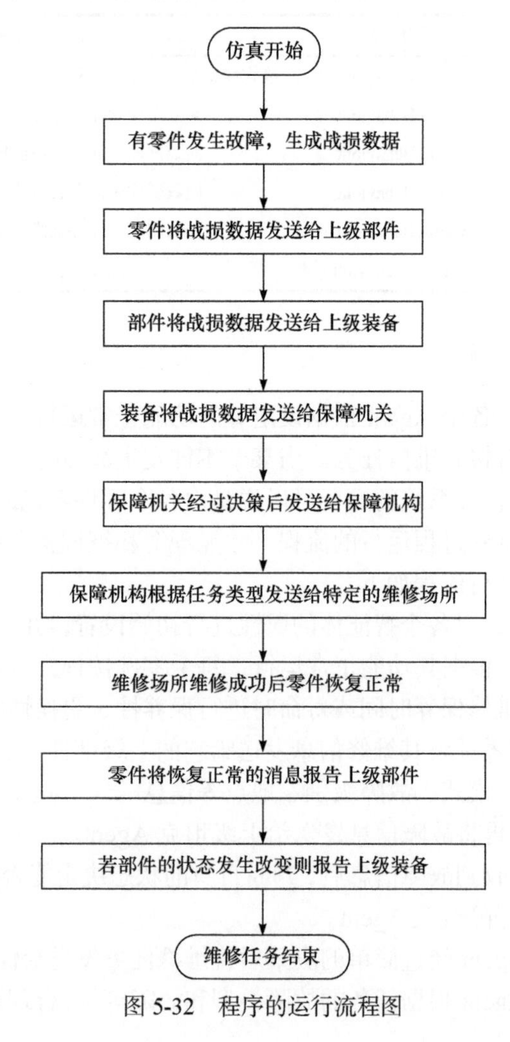

图 5-32　程序的运行流程图

5.6.4　原型系统基础模型库的建立

这个原型仿真系统的基础模型库主要包括实体对象的状态表、故障属性表、实体对象类型表和资源库表。

1. 实体对象的状态表(Attr_Entity_State)

实体对象状态表如图 5-33 所示。装备零部件的状态为 0 时代表处于正常状态，为 1 时代表处于故障状态。

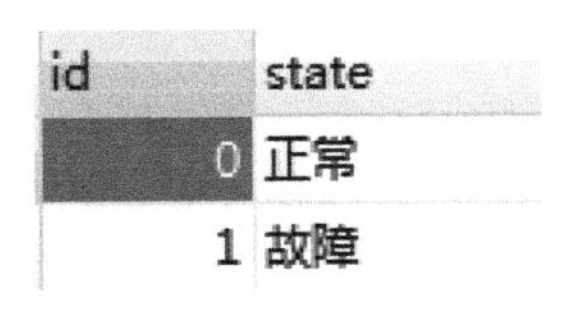

id	state
0	正常
1	故障

图 5-33　实体对象状态表

2. 故障属性表(Attr_Entity_Fault)

故障属性表如图 5-34 所示。装备和部件的故障类型应设置为 0，代表其故障是否由组成部件的状态决定。零件的故障类型设置 9 种，每种类型发生每级故障的概率也做了相应的假定。

id	fault	probility_level1	probility_level2	probility_level3
0	由子级部件决定	0	0	0
1	类型1	0.5	0.167	0.333
2	类型2	0.167	0.5	0.333
3	类型3	0.167	0.333	0.5
4	类型4	0.2	0.3	0.5
5	类型5	0.3	0.3	0.4
6	类型6	0.25	0.25	0.5
7	类型7	0.3	0.2	0.5
8	类型8	0.4	0.2	0.4
9	类型9	0.4	0.4	0.2

图 5-34　故障属性表

3. 实体对象类型表(Attr_Entity_Type)

实体对象类型表确定每个 Agent 个体的类型取不同的值时所代表的真实实体对象类型的含义。实体对象类型表如图 5-35 所示。本原型系统一共建立真实系统中的八种实体的模型，并用 0～7 的编号进行编码。

id	type_name	description	param_table_name	type_class
0	装备	(Null)	(Null)	0
1	部件	(Null)	(Null)	0
2	零件	(Null)	(Null)	0
3	保障机关	(Null)	(Null)	0
4	保障机构	(Null)	(Null)	0
5	维修场所	(Null)	(Null)	0
6	保障设施	(Null)	(Null)	0
7	保障备件	(Null)	(Null)	0

图 5-35 实体对象类型表

4. 资源库表(Resource)

资源库表确定每种保障资源的类型、初始库存量等信息。如图 5-36 所示，编号为 0 的资源代表维修车辆，编号为 1 的资源代表的是维修工具，编号为 2～10 的资源是分别对应故障类型为 1～9 的保障备件。

id	type_id	amount_current	amount_accumulated	amount_consumed
0	6	1000000	1000000	0
1	6	1000000	1000000	0
2	7	1000000	1000000	0
3	7	1000000	1000000	0
4	7	1000000	1000000	0
5	7	1000000	1000000	0
6	7	1000000	1000000	0
7	7	1000000	1000000	0
8	7	1000000	1000000	0
9	7	1000000	1000000	0
10	7	1000000	1000000	0

图 5-36 资源库表

5.6.5 力量编成构建

建立好基础模型库之后，就可以编排原型仿真系统中各种实体对象的构成形式，可以通过对以下几个数据表格进行设计。

1. 零部件、装备等实体对象的属性表(Entity_PartUnitEquip)

零部件及装备等实体对象的属性表如图 5-37 所示。零部件、装备等实体对象的属性表储存所有装备、部件和零件的初始化信息，包括类型号、状态号、故障类型号、生产日期、投入使用的日期等。

id	type_id	state_id	fault_model_id	date_made	date_workon	time_worked	fault_level
0	0	0	0	2015-05-19	2015-05-19	(Null)	(Null)
1	1	0	0	2015-05-19	2015-05-19	(Null)	(Null)
2	1	0	0	2015-05-19	2015-05-19	(Null)	(Null)
3	1	0	0	2015-05-19	2015-05-19	(Null)	(Null)
4	2	0	1	2015-05-19	2015-05-19	(Null)	(Null)
5	2	0	2	2015-05-19	2015-05-19	(Null)	(Null)
6	2	0	3	2015-05-19	2015-05-19	(Null)	(Null)
7	2	0	4	2015-05-19	2015-05-19	(Null)	(Null)
8	2	0	5	2015-05-19	2015-05-19	(Null)	(Null)
9	2	0	6	2015-05-19	2015-05-19	(Null)	(Null)
10	2	0	7	2015-05-19	2015-05-19	(Null)	(Null)
11	2	0	8	2015-05-19	2015-05-19	(Null)	(Null)
12	2	0	9	2015-05-19	2015-05-19	(Null)	(Null)

图 5-37　零部件及装备等实体对象的属性表

2. 部件对零件及装备对部件的装配关系表(Ent_UnitEquip_Assembly)

部件对零件及装备对部件的装配关系表如图 5-38 所示。其中记录了每个装备包含的组成部件编号、每个部件包含的组成零件编号，通过查询这个表就可以了解一个装备的具体组成形式。

id_group	id_child
0	1
0	2
0	3
1	4
1	5
1	6
2	7
2	8
2	9
3	10
3	11
3	12

图 5-38　部件对零件及装备对部件的装配关系表

3. 机构实体对象属性表(Ent_Organization)

机构实体对象属性表如图 5-39 所示。其中记录保障机关、保障机构和维修场所的编号、类型、名称、等级和决策延时等信息，假设只含 1 个保障机关、1 个保障机构、3 个维修场所。

id	type_id	name	level	code	decisionDelay
0	3	supportOffice	0	(Null)	3000
1	4	supportOrganization	0	(Null)	3000
2	5	repairplace1	1	(Null)	3000
3	5	repairplace2	2	(Null)	2000
4	5	repairplace3	3	(Null)	1000

图 5-39　机构实体对象属性表

4. 保障机关对保障机构的管理关系表(EntOrg_Management)

保障机关对保障机构的管理关系表如图 5-40 所示。其中记录保障机关、保障机构和维修场所之间的管理关系，即保障机关管理保障机构和保障机构管理维修场所。这样就可以很容易地根据机构实体对象属性表填写本表。

id_manage_org	id_affiliate_org
0	1
1	2
1	3
1	4

图 5-40　保障机关对保障机构的管理关系表

5. 机构对应的资源分配表(ResourceStateInOrganization)

机构对应的资源分配表如图 5-41 所示。其中记录每种机构所含各类资源的初始库存、当前库存和消耗数量等信息。

5.6.6　仿真结果分析

按照原型系统的设计思想，建立好基础模型库和力量编成数据后，在 NetBeans 上运行程序，并按照初始设定出现相应的仿真结果。下面针对装备保障体系建模的几点需求，对结果进行分析。

id_organization	id_resource	amount_current	amount_initial	amount_consumed
2	0	10000	10000	0
2	1	10000	10000	0
2	2	10000	10000	0
2	3	10000	10000	0
2	4	10000	10000	0
2	5	10000	10000	0
2	6	10000	10000	0
2	7	10000	10000	0
2	8	10000	10000	0
2	9	10000	10000	0
2	10	10000	10000	0
3	0	10000	10000	0
3	1	10000	10000	0
3	2	10000	10000	0
3	3	10000	10000	0
3	4	10000	10000	0
3	5	10000	10000	0
3	6	10000	10000	0
3	7	10000	10000	0
3	8	10000	10000	0
3	9	10000	10000	0
3	10	10000	10000	0
4	0	10000	10000	0
4	1	10000	10000	0

图 5-41　机构对应的资源分配表

1. 装备保障体系模型元素的生成

通过查看 RMA 提供的界面，就可以查看当前系统中生成的 Agent。

运行结果的 RMA 界面如图 5-42 所示。可以看出，预先设定的 ID 为 0 的装备、ID 为 1～3 的部件、ID 为 4～12 的零件、保障机关 SupportOffice、保障机构 SupportOrganization、维修场所 repairplace2～4 和数据采集 DataCollection 都生成对应的 Agent，并具有属于自己的地址信息。除此之外，JADE 提供的 Agent 管理系统、目录服务、远程监视也生成了相应的 Agent，为整个平台的运行提供服务。

2. 装备保障体系流程的仿真的实现

在仿真运行的每个阶段，程序分别设置一条输出语句，并根据程序的运行流程按照顺序对发生的事件进行了编号，即 1～13。通过降低发生故障的概率，减小各种决策时间，可以降低在一次维修任务过程中出现其他维修任务的可能性，得到一次完整的 1～13 连续输出的仿真结果。故障概率设为 0.03 时，仿真结果输出如图 5-43 所示。可以看出，该原型系统完全是按照预先设定的顺序在执行，可以实现对装备保障体系流程的仿真。

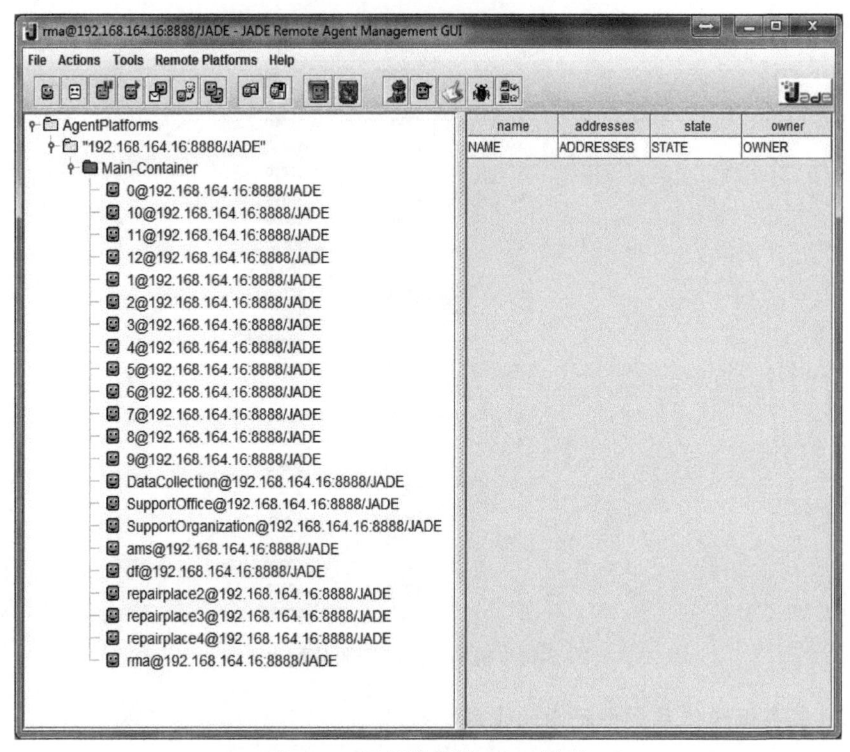

图 5-42　运行结果的 RMA 界面

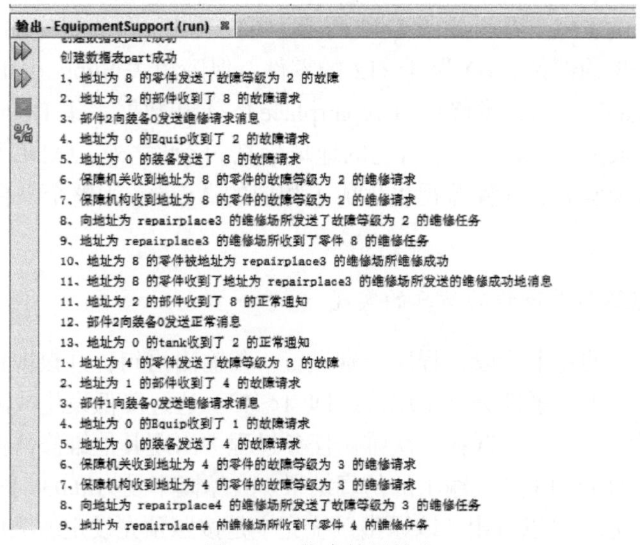

图 5-43　仿真结果输出

此外，因为每一次维修任务的完成过程主要是通过消息传递的方式，所以还可以应用 JADE 的调试工具 Sniffer Agent 提供的界面，查看各个 Agent 之间传输的消息。例如，对于某次仿真结果，选取其中一个零件及其上级部件、装备，以及保障机关、保障机构、维修场所、决策监控中心。通过观察它们之间的消息发送，可以验证流程的执行。运行结果的 sniffer 界面如图 5-44 所示。

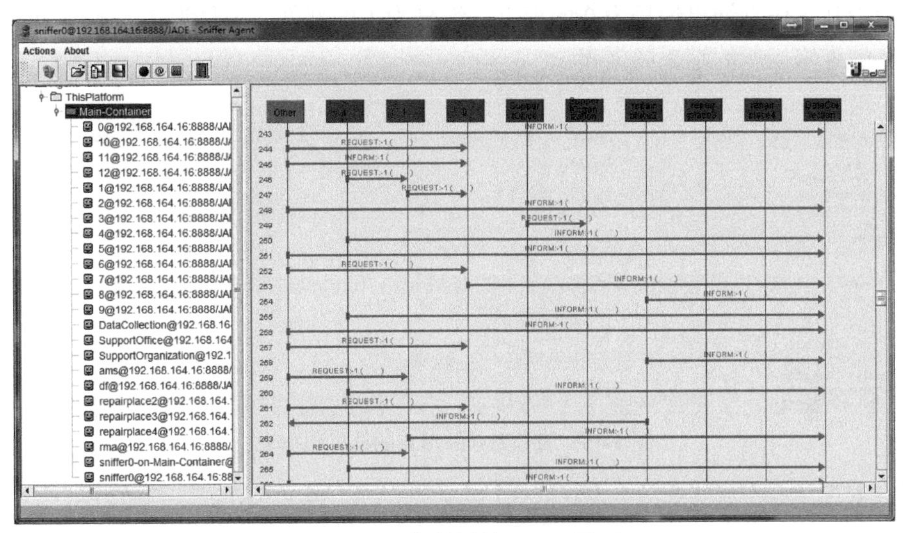

图 5-44　运行结果的 sniffer 界面

3. 装备保障体系数据的管理

对于仿真过程生成的数据，数据采集 Agent 接收所有 Agent 的数据，并存入名为 equipmentsupport 的数据库的对应表。结果数据库的结构如图 5-45 所示。

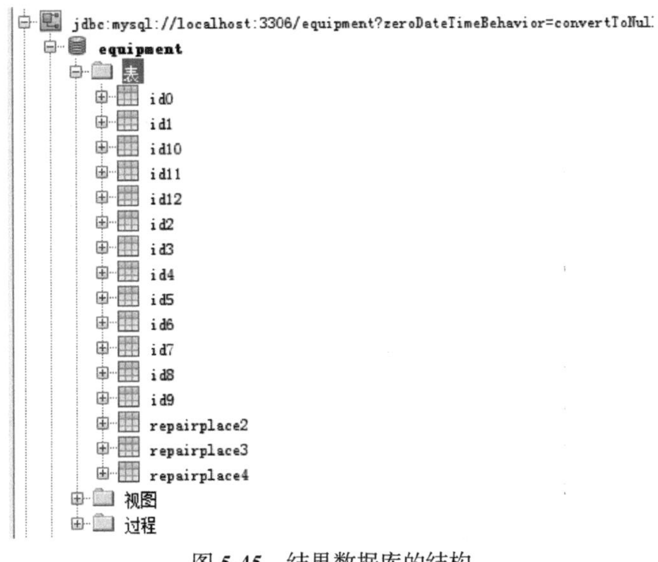

图 5-45　结果数据库的结构

对每一次仿真结果，坦克和部件的数据表记录该坦克或者部件每一秒的状态和位置。零件的数据表记录该零件每一秒的状态、位置和故障等级。维修场所数据表记录接收或完成维修任务的时间、维修对象和完成站点。图 5-46～图 5-49 所示为某次仿真结果编号为 0 的坦克、编号为 1 的部件、编号为 7 的零件和编号为 4 的维修场所的结果数据表。

select * from id0

页面大小：20　总行数：60　第 1 页（共 3 页）　匹配行数：

#	time	currentstate	positionx	positiony
1	2015-05-29 16:23:41.0	0	25.2946	19.6479
2	2015-05-29 16:23:42.0	0	24.8985	20.5661
3	2015-05-29 16:23:43.0	0	23.976	20.9521
4	2015-05-29 16:23:44.0	0	24.786	21.5385
5	2015-05-29 16:23:45.0	0	23.793	21.6566
6	2015-05-29 16:23:46.0	0	22.7951	21.7206
7	2015-05-29 16:23:47.0	0	22.2698	20.8697
8	2015-05-29 16:23:48.0	0	21.2941	21.0889
9	2015-05-29 16:23:49.0	0	20.8028	21.9599
10	2015-05-29 16:23:50.0	0	21.0048	20.9805
11	2015-05-29 16:23:51.0	1	21.0048	20.9805
12	2015-05-29 16:23:52.0	1	21.0048	20.9805
13	2015-05-29 16:23:53.0	1	21.0048	20.9805
14	2015-05-29 16:23:54.0	1	21.0048	20.9805
15	2015-05-29 16:23:55.0	1	21.0048	20.9805
16	2015-05-29 16:23:56.0	0	19.7016	22.3789

图 5-46　编号为 0 的坦克的结果数据表

select * from id1

页面大小：20　总行数：59　第 1 页（共 3 页）　匹配行数：

#	time	currentstate	positionx	positiony
1	2015-05-29 16:23:41.0	0	24.5451	20.3098
2	2015-05-29 16:23:42.0	0	25.2946	19.6479
3	2015-05-29 16:23:43.0	0	24.8985	20.5661
4	2015-05-29 16:23:44.0	0	23.976	20.9521
5	2015-05-29 16:23:45.0	0	24.786	21.5385
6	2015-05-29 16:23:46.0	0	23.793	21.6566
7	2015-05-29 16:23:47.0	0	22.7951	21.7206
8	2015-05-29 16:23:48.0	0	22.2698	20.8697
9	2015-05-29 16:23:49.0	0	21.2941	21.0889
10	2015-05-29 16:23:50.0	0	20.8028	21.9599
11	2015-05-29 16:23:51.0	0	21.0048	20.9805
12	2015-05-29 16:23:52.0	0	21.0048	20.9805
13	2015-05-29 16:23:53.0	0	21.0048	20.9805
14	2015-05-29 16:23:54.0	0	21.0048	20.9805
15	2015-05-29 16:23:55.0	0	21.0048	20.9805
16	2015-05-29 16:23:56.0	0	21.0048	20.9805
17	2015-05-29 16:23:57.0	0	19.7016	22.3789
18	2015-05-29 16:23:58.0	0	19.02	23.1105
19	2015-05-29 16:23:59.0	0	19.192	24.0956

图 5-47　编号为 1 的部件的结果数据表

select * from id7

页面大小：20　总行数：85　第 3 页（共 5 页）　匹配行数：

#	time	currentstate	positionx	positiony	faultlevel
1	2015-05-29 16:24:20.0	0	21.8131	24.5753	0
2	2015-05-29 16:24:21.0	0	22.7302	24.1766	0
3	2015-05-29 16:24:22.0	0	22.5377	25.1579	0
4	2015-05-29 16:24:23.0	0	22.6187	26.1546	0
5	2015-05-29 16:24:24.0	0	23.4866	25.658	0
6	2015-05-29 16:24:25.0	0	22.5195	25.4038	0
7	2015-05-29 16:24:26.0	0	21.9334	26.214	0
8	2015-05-29 16:24:27.0	0	20.9383	26.3131	0
9	2015-05-29 16:24:28.0	0	20.6443	25.3573	0
10	2015-05-29 16:24:29.0	1	20.6443	25.3573	3
11	2015-05-29 16:24:30.0	1	20.6443	25.3573	3
12	2015-05-29 16:24:31.0	1	20.6443	25.3573	3
13	2015-05-29 16:24:32.0	1	20.6443	25.3573	3
14	2015-05-29 16:24:33.0	1	20.6443	25.3573	3
15	2015-05-29 16:24:34.0	1	20.6443	25.3573	3
16	2015-05-29 16:24:35.0	1	20.6443	25.3573	3
17	2015-05-29 16:24:41.0	0	20.6443	25.3573	0
18	2015-05-29 16:24:42.0	0	20.6443	25.3573	0

图 5-48　编号为 7 的零件的结果数据表

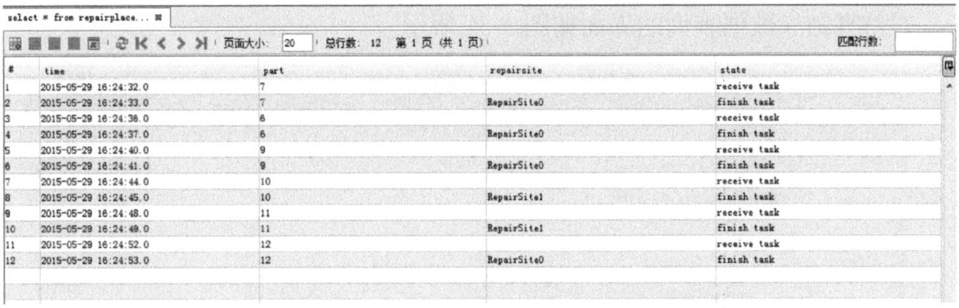

select * from repairplace...

#	time	part	repairsite	state
1	2015-05-29 16:24:32.0	7		receive task
2	2015-05-29 16:24:33.0	7	RepairSite0	finish task
3	2015-05-29 16:24:36.0	6		receive task
4	2015-05-29 16:24:37.0	6	RepairSite0	finish task
5	2015-05-29 16:24:40.0	9		receive task
6	2015-05-29 16:24:41.0	9	RepairSite0	finish task
7	2015-05-29 16:24:44.0	10		receive task
8	2015-05-29 16:24:45.0	10	RepairSite1	finish task
9	2015-05-29 16:24:48.0	11		receive task
10	2015-05-29 16:24:49.0	11	RepairSite1	finish task
11	2015-05-29 16:24:52.0	12		receive task
12	2015-05-29 16:24:53.0	12	RepairSite0	finish task

图 5-49　编号为 4 的维修场所的结果数据表

可以看出，每个 Agent 的活动状态，例如从 id7 的零件数据表中可以看到，该零件在 2015-05-29 16:24:29 发生级别为 3 的故障，在 2015-05-29 16:24:35 收到维修完成通知并恢复正常运行。从编号为 4 的维修场所(按照力量编成构建时的设定，它的维修等级为 3)的表中可以看到，该维修场所在 2015-05-29 16:24:32 收到编号为 7 的零件的维修任务，并由站点 RepairSite0 于 2015-05-29 16:24:33 完成任务。

从该数据库的结构和表格中的数据可以看出，对每个 Agent 的数据都进行了全方位、系统化的管理，可以满足装备保障体系数据的管理的需求。

综上所述，该原型仿真系统基本上实现了预先设定好的目标，具有较好的性能指标。

5.6.7　界面展示

利用 JavaFX 设计的查询界面可以展示查询到系统初始化模型库和仿真数据结果。

对模型数据查询的界面如图 5-50 所示。

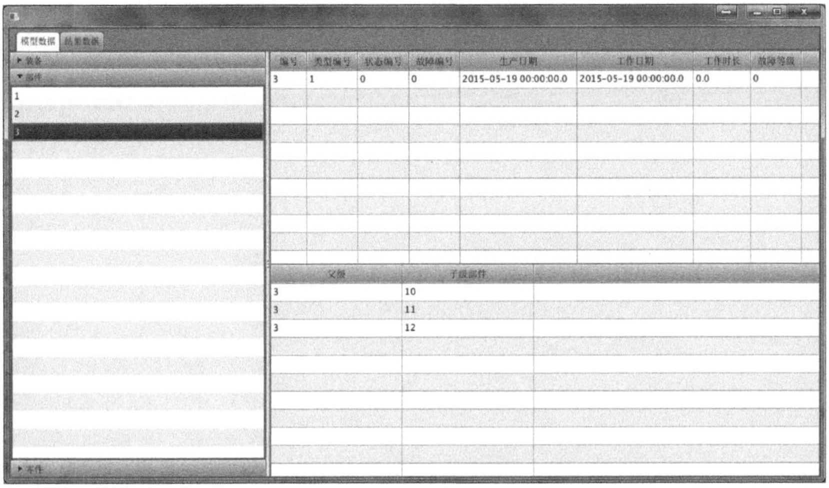

图 5-50　对模型数据查询的界面

对仿真结果数据查询的界面如图 5-51 所示。

模型数据　结果数据

▸ 装备
▸ 部件
▾ 零件
4
5
6
7
8
9
10
11
12

时间	当前状态	位置横坐标	位置纵坐标	故障等级
2015-05-29 16:23:44.0	0	23.976	20.9521	0
2015-05-29 16:23:46.0	0	23.793	21.6566	0
2015-05-29 16:23:47.0	0	22.7951	21.7206	0
2015-05-29 16:23:48.0	0	22.2698	20.8697	0
2015-05-29 16:23:49.0	0	21.2941	21.0889	0
2015-05-29 16:23:50.0	0	20.8028	21.9599	0
2015-05-29 16:24:17.0	0	20.0931	22.8465	0
2015-05-29 16:24:19.0	0	20.862	24.2663	0
2015-05-29 16:24:20.0	0	21.8131	24.5753	0
2015-05-29 16:24:21.0	0	22.7302	24.1766	0
2015-05-29 16:24:22.0	0	22.5377	25.1579	0
2015-05-29 16:24:23.0	0	22.6187	26.1546	0
2015-05-29 16:24:24.0	0	23.4866	25.658	0
2015-05-29 16:24:25.0	0	22.5195	25.4038	0
2015-05-29 16:24:26.0	0	21.9334	26.214	0

时间　从 2015-05-29 16:23　到 2015-05-29 16:25
状态　0　清空
位置横坐标　从 20　到 24　查询
位置纵坐标　从　到
故障级别

图 5-51　对仿真结果数据查询的界面

第 6 章　基于 Agent 的众智仿真实例

6.1　众进化仿真实例

众进化仿真模型如图 6-1 所示。

仿真单元的影响器连接各个建议者，并存储与各个建议者相对应的数值——影响系数。影响系数用于表达建议者对本个体的影响力。建议者提出的建议会在本轮次的执行后进行评估，并根据评估结果改变该建议者对该个体的影响系数。仿真单元影响器的活动算法(算法 6-1)如下。

算法 6-1　仿真单元影响器的活动算法

输入：仿真单元在格局上的位置 N_s

　　　仿真单元向量的建议者组成的列表{adv}

输出：由建议者提出的建议组成的列表{sug}

Begin

　　foreach adv in {adv} then

　　　　sug : advMethod(N_s)；//调用具体的建议者活动算法

　　　　将建议 sug 添加到列表{sug}中；

　　end foreach

　　return {sug}；

End

决策器包含两个属性，即自信水平与视野。视野是仿真单元本身在格局上能看到的深度。决策器只会考虑视野以内的元素。视野模拟一个人的眼光。眼光的长远代表个体的视野远近。自信水平从本质上讲与影响系数相同，自信水平代表对自身决策的信任程度。决策器会根据看到的深度，以某种从历史中学习的机制得出自己的决策。这种机制就是仿真评价客体。决策器算法(算法 6-2)如下。

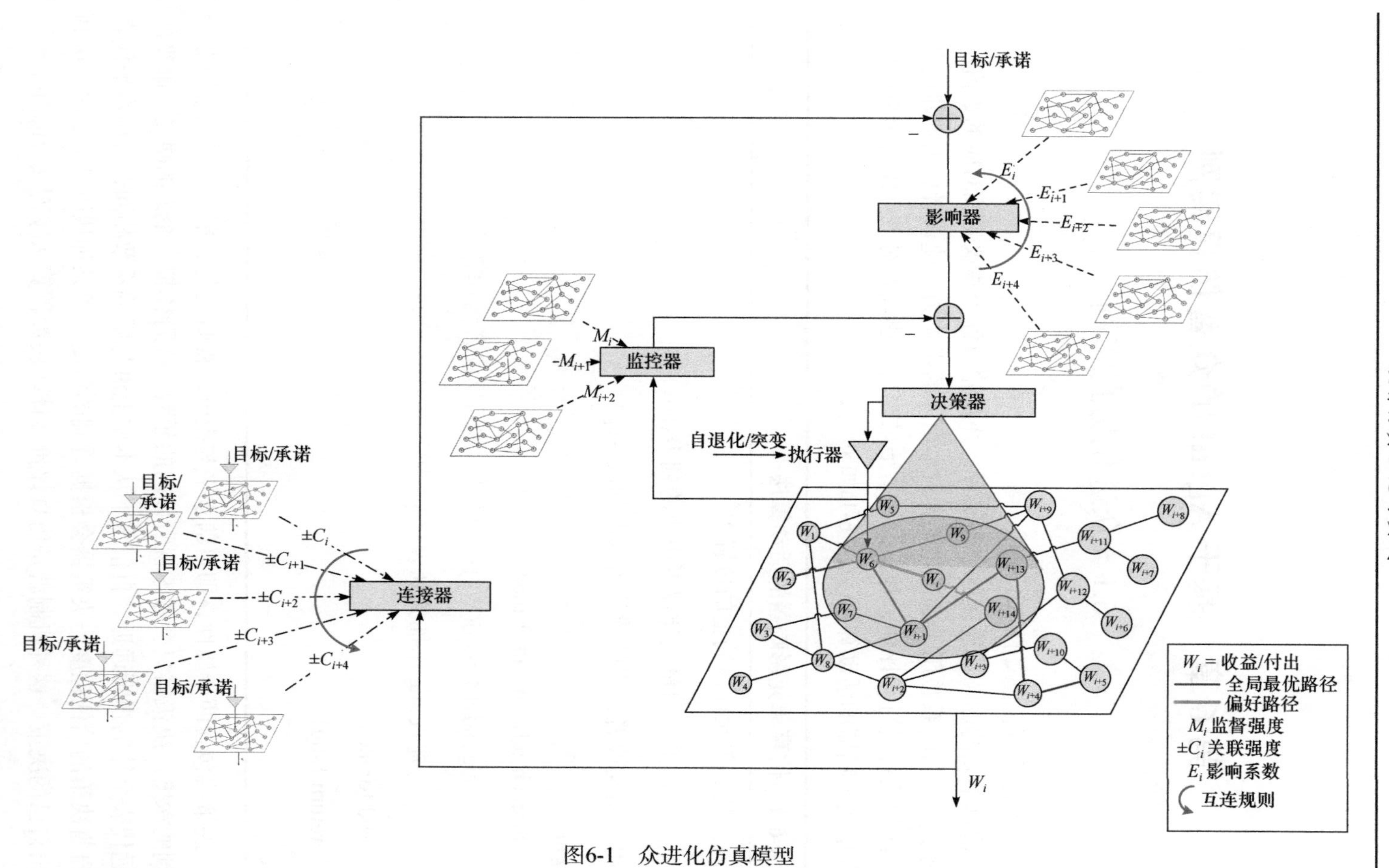
目标/承诺
影响器
E_i
E_{i+1}
E_{i+2}
E_{i+3}
E_{i+4}
监控器
M_i
M_{i+1}
M_{i+2}
决策器
自退化/突变
执行器
连接器
$\pm C_i$
$\pm C_{i+1}$
$\pm C_{i+2}$
$\pm C_{i+3}$
$\pm C_{i+4}$
目标/承诺
目标/承诺
目标/承诺
目标/承诺
目标/承诺
W_i
W_i = 收益/付出
全局最优路径
偏好路径
M_i 监督强度
$\pm C_i$ 关联强度
E_i 影响系数
互连规则

图6-1　众进化仿真模型

算法 6-2　决策器算法

输入：仿真单元拥有的资源 R_s

仿真单元在格局上的视野深度 V

仿真单元在格局上的位置 N_s

输出：仿真单元算得的决策 D

Begin

在资源 R_s 允许的条件下，搜索一条起始于 N_s 的长度为 V 的最佳路径，用序列$\{N\}$来表示；

$D:=\{N\}[1]$；//将获取序列$\{N\}$的第一个元素取出作为决策返回

return D；

End

仿真单元执行器中的自律水平按照本身的既定决策去执行，不会为短期利益改变自己决策的能力。自律水平的反面是自退化程度，两者一体两面。无论是决策器的决策，还是建议者的建议，仿真单元均有视野限制。另外，现实中的人们总会有一些难以言表的原因，在自己得出决策将要执行时，会出现决策的突变，即无缘由地执行一个随机的决策。因此 ，执行器在最后得出比较结果后，再以设定的概率突变。突变结果是当前节点的随机后继节点。执行器与监控器算法(算法 6-3)如下。

算法 6-3　执行器与监控器算法

输入：　仿真单元从决策与建议中计算得到的预动作 a_p

仿真单元在格局上的位置 N_s

仿真单元自律水平 M_s

仿真单元自退化水平 D_s

仿真单元突变率 M_A

监控器的外部监控水平 M

输出：　执行动作 a

Begin

if M_A then //如果发生突变

```
        if not Monitoring(M) then//监控失败
            a := random(action(N_s)) ;  //随机选一个在节点 N_s 上能有的动作
            return  a ;
    end if
    r_1 := (1 − M − D_s)*cost(N_s → a_p) ; //对预定动作代价的接受程度
    r_0 := (1 − M_s + D_s)*min(cost(N_s → a)) ; //对最小代价对应动作的接受程度
    if  r_1 > r_0 then //如果最小代价的接受程度更高
        a := min cost(action(N_s)) ;  //选在 N_s 上能有的代价最小的动作
    else then
        a := a_p ;
    end if
    return  a ;
End
```

连接器是仿真单元与其他仿真单元相连的节点。评估其他仿真单元与本体仿真单元在上一迭代决策的差距，将比对与自身相连个体的决策执行记录和决策执行记录。比对结果的差距会量化到与该个体相连的权重中。在多次迭代仿真中，新迭代可以从旧迭代中学习。连接器算法(算法 6-4)如下。

算法 6-4　连接器算法

输入：与仿真单元连接的其他仿真单元的列表{CL}

仿真单元在格局上活动的所有成本 W_e

仿真单元在格局上活动的付出所有的收益 R_e

仿真单元的自信水平 C_s

输出：仿真单元新的自信水平 C_s

与仿真单元连接的其他仿真单元的新列表{CL}

```
Begin
    avg := average({CL(R_e) − CL(W_e)}) ;
    //计算其他单元纯收益的平均水平， CL(W_e)代表单元 CL 的成本， CL(R_e)
```

```
    //代表 CL 的收益
    {CL}(C) := Normalized({CL}(W_e) − {CL}(R_e) − W_e + R_e);
    //归一化其他单元的差异权重，{CL}(C)代表连接权重
    C_s = 2 / π*tan(W_e − R_e − avg)；//归一化自信水平
    return C_s, (CL)；
End
```

6.2　众决策仿真实例

众决策仿真成员模型如图 6-2 所示。众决策就是将群体中的成员意见进行综合。因为群体决策过程的多样性，所以决策任务具有复杂性、动态性、不确定性的特点。决策属性之间存在十分复杂的关联关系。偏好主要有偏好矢量、效用值偏好、残缺值偏好、不确定语言值偏好、模糊偏好和关系偏好等。

针对偏好矢量的讨论主要是围绕两个成员间的相似度进行的。设 $X=(x_1, x_2,\cdots,x_n)$ 和 $Y=(y_1,y_2,\cdots,y_n)$，这两个 n 维矢量都是实数集上的矢量，并且所有分量都是正实数。

两矢量和之间的相似度为

$$J(X,Y)=\frac{XY}{\|X\|_2^2+\|Y\|_2^2-XY}=\frac{\sum_{i=1}^{n}x_iy_i}{\sum_{i=1}^{n}x_i^2+\sum_{i=1}^{n}y_i^2-\sum_{i=1}^{n}x_iy_i} \tag{6-1}$$

其中，$XY=\sum_{i=1}^{n}x_iy_i$ 为 X 向量和 Y 向量的内积；$\|X\|_2=\sqrt{\sum_{i=1}^{n}x_i^2}$ 和 $\|Y\|_2=\sqrt{\sum_{i=1}^{n}y_i^2}$ 为矢量 XY 的 Euclidean 范数。

E 相似度定义为

$$E(X,Y)=\frac{2XY}{\|X\|_2^2+\|Y\|_2^2}=\frac{2\sum_{i=1}^{n}x_iy_i}{\sum_{i=1}^{n}x_i^2+\sum_{i=1}^{n}y_i^2} \tag{6-2}$$

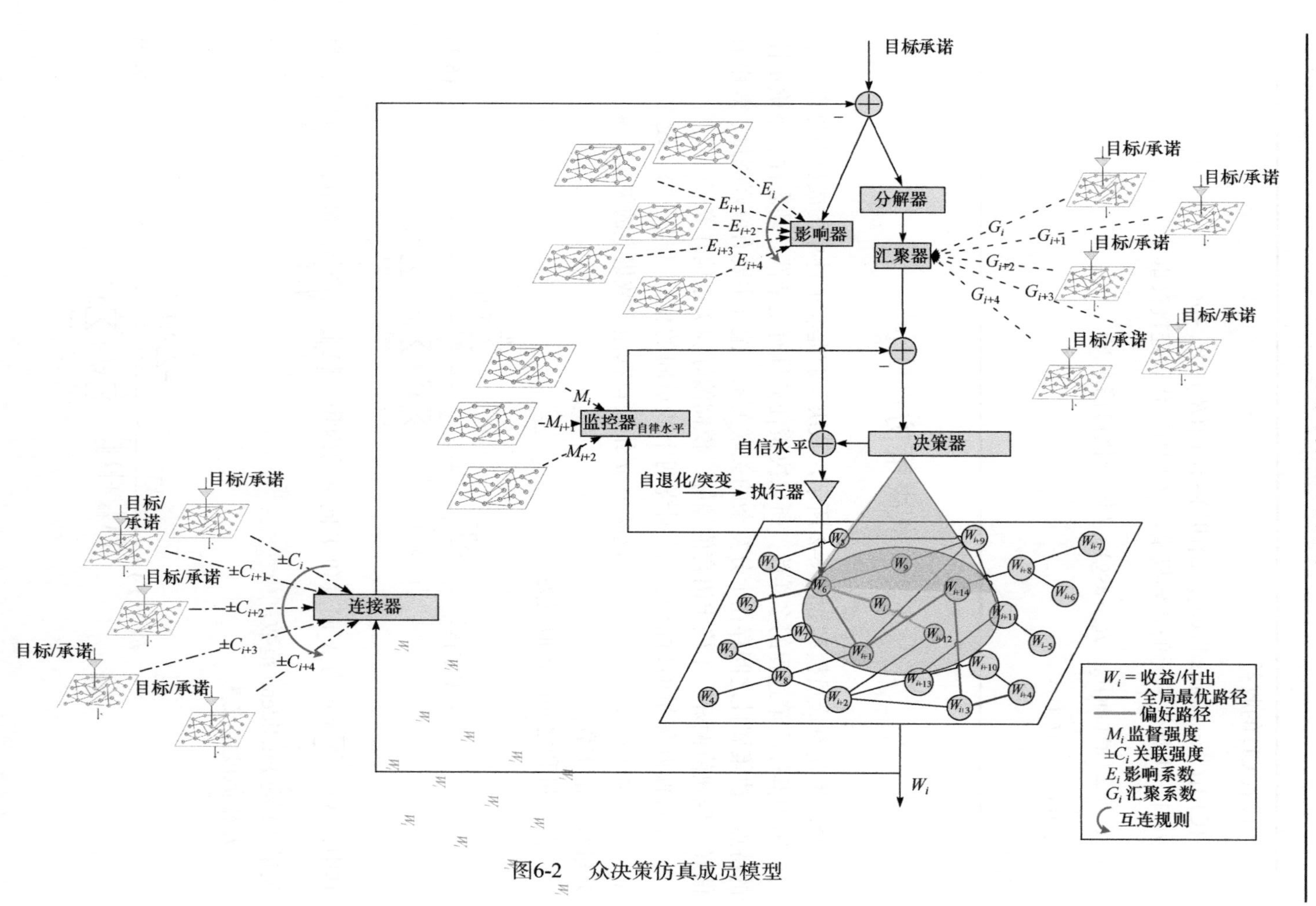

图6-2　众决策仿真成员模型

C 相似度为

$$C(X,Y)=\frac{XY}{\|X\|_2+\|Y\|_2}=\frac{\sum_{i=1}^{n}x_i y_i}{\sqrt{\sum_{i=1}^{n}x_i^2}+\sqrt{\sum_{i=1}^{n}y_i^2}} \tag{6-3}$$

对于 C 相似度即余弦相似度，是用向量空间中两个向量夹角的余弦值衡量两个差异的大小，取值范围为[−1，1]，但是在偏好矢量求解中，大多规定其通过两向量的余弦值就能判断两个向量方向一致，方向相同为 1，方向相反为−1。在求解候选特征偏好向量与智能主体在该偏好领域的倾向性在该领域的投影时，我们使用余弦值求解投影值。

将偏好按照领域划分，领域虽然包含众多偏好矢量，但是成员在某领域的偏好符合正态分布 $A\sim N(\mu,\ \sigma^2)$，即

$$f(a)=\frac{1}{\sqrt{2\pi\sigma}}\exp\left[-\frac{(a-\mu)^2}{2\sigma^2}\right] \tag{6-4}$$

因此，规定某一领域计算偏好时，成员在某一领域的偏好最多是一个偏好矢量。

候选偏好在领域 k 的偏好与成员 i 在该领域的偏好 $p_k^{v_j}=(w,\theta)_k^{v_j}$ 的余弦值为

$$\begin{aligned}\text{similarity}&=\cos(P_k^{c_j},P_k^{v_i})\\&=\frac{P_k^{c_j}P_k^{v_i}}{\left\|P_k^{c_j}\right\|\times\left\|P_k^{v_i}\right\|}\\&=\frac{w_k^{c_j}\cos\theta_k^{c_j}\times w_k^{v_i}\cos\theta_k^{v_i}+w_k^{c_j}\sin\theta_k^{c_j}\times w_k^{v_i}\sin\theta_k^{v_i}}{\sqrt{(w_k^{c_j}\cos\theta_k^{c_j})^2+w_k^{v_i}\cos\theta_k^{v_i2}}\times\sqrt{(w_k^{c_j}\sin\theta_k^{c_j})^2+(w_k^{v_i}\sin\theta_k^{v_i})^2}}\end{aligned} \tag{6-5}$$

由此得出的候选特征偏好矢量在领域 k 与成员 i 在该领域偏好矢量的投影 $(\text{PRO}_k)_{v_i}^{c_j}$ 为

$$\begin{aligned}&(\text{PRO}_k)_{v_i}^{c_j}\\&=w_k^{c_j}\cos(P_k^{c_j},P_k^{v_i})\\&=w_k^{c_j}\frac{w_k^{c_j}\cos\theta_k^{c_j}\times w_k^{v_i}\cos\theta_k^{v_i}+w_k^{c_j}\sin\theta_k^{c_j}\times w_k^{v_i}\sin\theta_k^{v_i}}{\sqrt{(w_k^{c_j}\cos\theta_k^{c_j})^2+(w_k^{v_i}\cos\theta_k^{v_i})^2}\times\sqrt{(w_k^{c_j}\sin\theta_k^{c_j})^2+(w_k^{v_i}\sin\theta_k^{v_i})^2}}\end{aligned} \tag{6-6}$$

在求解偏好的投影中，由于极坐标取值为[0，2π]，当角度为 0 时，两个偏好矢量方向相同。当角度为 π 时，两偏好矢量方向相反，所以相似度的值也存在负值。由于方向不同，候选成员的偏好可能是正方向上的投影，也可能是反方向的投影，因此投影存在负实数。为了后续数据的处理更符合实际情况，我们规定

$$(\text{PRO}_k)_{v_i}^{c_j} = \begin{cases} 1, & \dfrac{(\text{PRO}_k)_{v_i}^{c_j}}{w_k^{c_j}} > 1 \\ -1, & \dfrac{(\text{PRO}_k)_{v_i}^{c_j}}{w_k^{c_j}} < -1 \end{cases} \tag{6-7}$$

智能主体对于候选成员的认可度可以通过候选成员在各领域对智能主体投影的均值表示，即

$$\text{PRO}_{v_i}^{c_j} = \frac{1}{q}\sum_{k=1}^{q}(\text{PRO}_k)_{v_i}^{c_j} \tag{6-8}$$

在众决策仿真中，我们重点探讨不同分解器和汇聚器的形态对众决策结果的影响。其他部分的模型可能相对简单。

设初始利益可表示为偏好 p，下一节点的偏好值为 p_1，依此类推分别为 p_2，$p_3,\cdots,p_n$。弧上的权重为 w，且 w 在每条弧上的值不同。具体求解为 $p_{i+1} = w_i + p_i$，$(i = 1,2,\cdots,n)$。

众决策仿真格局如图 6-3 所示。

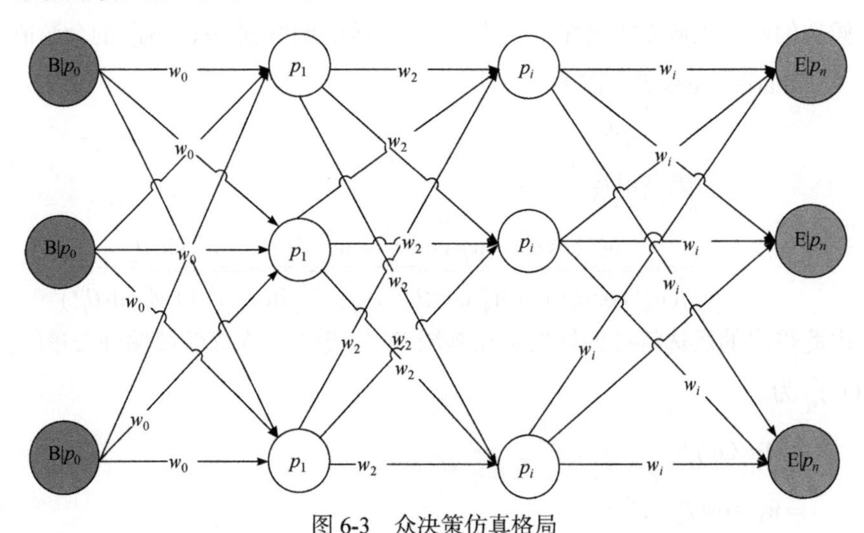

图 6-3　众决策仿真格局

影响器是若干建议者众智单元决策的影响。其影响强度由互连规则决定。建议者的建议与决策器的决策在执行器进行汇总。影响器的其他部分(如建议的出发点、智能水平、能力)对众智单元来讲不可见。

分解器针对原始目标/承诺的分解能力，通过判断节点类型是集合型成员，进行分解，直到没有集合型成员。分解器算法(算法 6-5)如下。

算法 6-5　分解器算法

输入：每个集合型成员包含的成员$\{S_{\mathrm{id}}^{a^b}\}$

集合型成员标识 id

分解器方法$\{S_i\}$

输出：原子型成员集合$\{A_{\mathrm{id}}^{\mathrm{i}}\}$

Begin

if ($\{S_{\mathrm{id}}^{a^b}\} = \varnothing$) then

if($S_i \neq 0$) then

$A_{\mathrm{id}}^{\mathrm{i}}$ {选择任意一个$\{S_i\}$作为结果给($\{S_{\mathrm{id}}^{a^b}\}$)}；

end

else if($\{S_{\mathrm{id}}^{a^b}\} \neq \varnothing$) then

Decompositor$\left(\left\{S_{\mathrm{id}}^{a^b}\right\},\mathrm{id},\left\{S_i\right\}\right)$；//重复递归调用分解器函数

end if

return $\{A_{\mathrm{id}}^{\mathrm{i}}\}$；

End

汇聚器根据分解器分解后的结果综合，供决策器进行下一步决策。汇聚器算法(算法 6-6)如下。

算法 6-6　汇聚器算法

输入：原子型成员集合$\{A_{\mathrm{id}}^{\mathrm{i}}\}$

输出：集合型成员$\{S_{\mathrm{id}}\}$

Begin

foreach $A_{\mathrm{id}}^{\mathrm{i}}$ in ($A_{\mathrm{id}}^{\mathrm{i}}$) then

if (原子型成员 $A_{\mathrm{id}}^{\mathrm{i}}$在某一集合型单元下) then

$\{(S_{\mathrm{id}})\} += \{(A_{\mathrm{id}}^{\mathrm{i}})\}$；//汇总原子型成员的运行结果

end if

end foreach

return $\{S_{\mathrm{id}}\}$；

End

决策器综合考虑资源情况(大于等于格局中弧的权重才选择该条路径)和能力(在时间序列上能够看到的回合数，体现深度、禀赋的一个方面)进行决策。影响

器和众决策算法(算法 6-7)如下。

算法 6-7 影响器和众决策算法

```
输入：投票者(建议者)偏好向量 P^{v^i}
      候选者偏好向量 P^{c^j}
      投票者数量 n
      候选者数量 m
      领域数量 q
输出：决策器(影响器)得出的获胜者 W^D (W^I)
Begin
   //求解候选成员在每个区域上对投票成员偏好向量的投影
   for j←1 to m do
       for i←1 to n do
           for k←1 to q do
               通过式(6-6)计算投影得到 (PRO_k)_{v_i}^{c_j}，大于 1 取值为 1，
             小于−1 取值−1；
           end for
           PRO_{v_i}^{c_j} := Σ_{k=1}^{q} (PRO_k)_{v_i}^{c_j} / q ；//各个领域投影取均值
       end for
   end for
   for i←1 to n do
       PRO_{v_i} := sqrt(PRO_{v_i}^{c_j},1,m) ；  //每个投票成员对所有候选成员的集合
                                                 //进行排序
   end for
   W^D := PRO_{v_i}[1] ；//将最符合投票者倾向的候选者作为本轮获胜者返回
   return W^D ；//影响器结果为 W^I，计算方式与 W^D 相同
End
```

执行器根据决策器的决策和影响器的建议执行选择。其比例受自信水平的影响。此外，它还受到自退化现象的影响(智慧体总是趋向于对自己最有利的方向退

化，是扰动的主要方面)。执行器算法(算法 6-8)如下。

算法 6-8　执行器算法

输入：决策器得出的获胜者 W^{D}

影响器得出的获胜者 W^{I}

投票者数量 n

自信水平 C_1

自退化水平 S_{d}

输出：执行器得出的获胜者 W^{E}

Begin

for j←1 to n do

$W^{\mathrm{E}'} := \mathrm{compare}(W^{\mathrm{D}} * C_1, W^{\mathrm{I}} * (1 - C_1))$；//比较外部的建议与自己的决策

$W^{\mathrm{E}} := W^{\mathrm{E}'}(S_{\mathrm{d}})$；//计算自退化

end for

return W^{E}；

End

第 7 章　基于 HLA 的众智仿真实例

7.1　众协作仿真实例

众协作仿真成员模型如图 7-1 所示。

仿真单元的影响器连接各建议者，并存储与建议者相对应的数值——影响系数。影响系数用于表达建议者对本个体的影响力。原子型众智单元在仿真开始设定影响强度 I_1，I_2，…，I_n($I\in(0,1)$代表其余多个众智单元的影响)、设定互连规则 L($L\in(0,1)$)，互连规则与影响强度正相关。统计每种建议的影响强度，如果建议相同，则影响强度相加，找出最大影响强度的建议 I 作为影响器的结果。影响器算法(算法 7-1)如下。

算法 7-1　影响器算法

输入：建议强度列表{IC}

　　　建议列表{SU}

输出：建议结果集$\{S\}$

Begin

　　定义$\{S\}$为空结果集；

　　foreach S_u, I_c in {SU},{IC} then

　　　　if S_u not in $\{S\}$ then

　　　　　　将 S_u 加入$\{S\}$中，并记录权重 I_c；

　　　　else then

　　　　　　将$\{S\}$中对应的 S_u 的权重累加 I_c；

　　　end if

　　end foreach

```
    return {S};
End
```

决策器将他人的建议与自身的倾向中选择权重最大的一项作为最终决策的结果。自身的倾向在仿真单元初始化时就已经决定。其本质是格局上的一条从起点到终点的路径。决策器算法(算法 7-2)如下。

算法 7-2　决策器算法

```
输入：建议结果集{S}
      倾向 A
      自信水平 C
输出：结果 DR
Begin
    //初始化决策结果 DR 的临时权重 W
    DR := A , W := C ;
    foreach S in {S} do
        //对比建议 S 附带的权重 S(I_c)与临时权重 W
        if (S(I_c) > W)  then
            DR := S ;
            W = S(I_c) ;
        end if
        end foreach
    return  DR ;
End
```

执行器进行决策时通过选择函数从建议和自身的决策中选出执行器要执行的决策。由于决策器本身有视野限制，我们默认建议者给出的建议也具有视野限制，即建议者可能给出能够直达结尾的方案，但是个体只能看到建议者给出方案的前几步，因此仿真对建议的方案就可以有一个基于本仿真单元视野的评价体系。执行器和监控器算法(算法 7-3)如下。

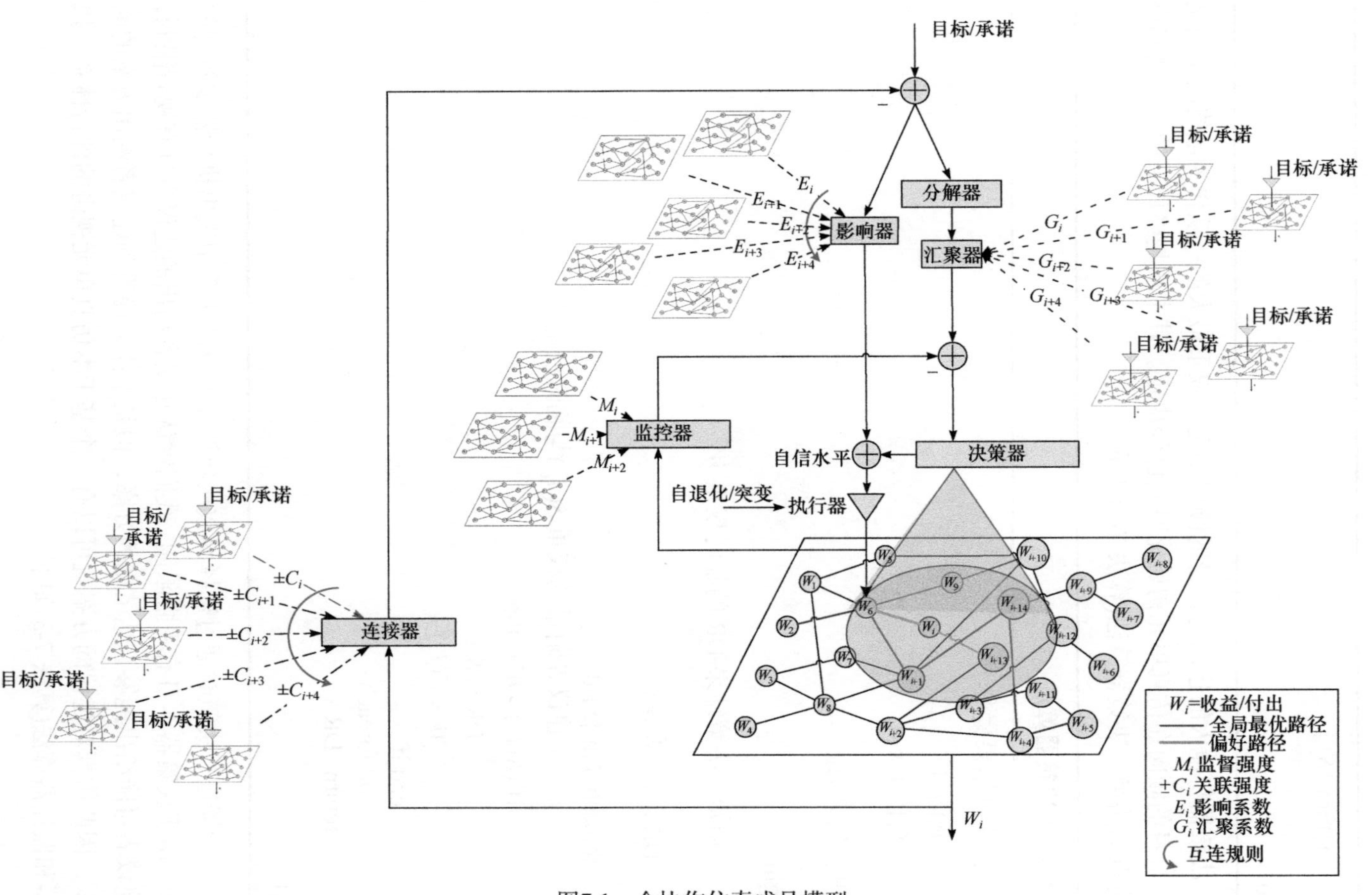

图7-1 众协作仿真成员模型

算法 7-3　执行器和监控器算法

```
输入：格局{P}
      监控强度{ML}
      当前节点 NP
      决策结果 DR
输出：执行结果 ER
Begin
    if 发生突变 then
        ER := random(NP.nextline) ; //选择当前节点的随机一条变执行
        if 监控器起作用 then
            ER := DR ;
        end if
    end if
    ER := DR ;
    NP := NP + ER ;
    return ER;
End
```

连接器到达结束节点后表示一轮仿真结束。根据收益与付出，从众多相关众智单元选出比值最高的一种方案作为建议者，作用于下一轮的仿真。其影响强度由关联规则决定。连接器算法(算法 7-4)如下。

算法 7-4　连接器算法

```
输入：执行结果 R
      期望值 E
输出：连接强度 IC
Begin
    if(R > E) then
        IC+ = 0.1 ;
    else
```

```
            IC- = 0.1 ;
        end if
        return IC;
End
```

7.2 众演化仿真实例

众演化仿真模型如图 7-2 所示。

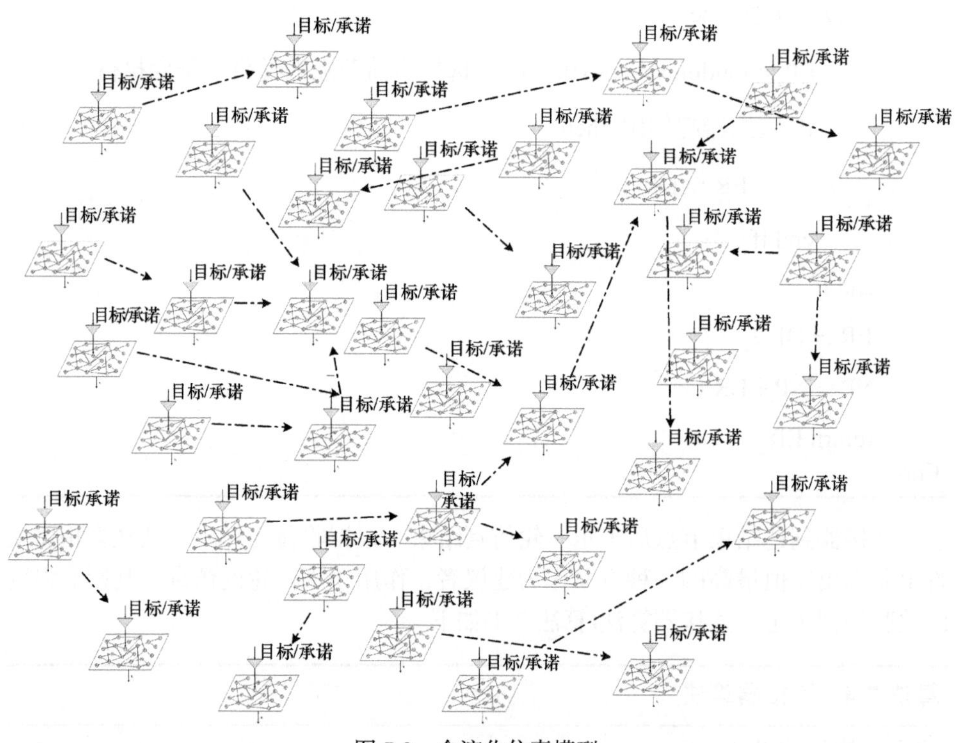

图 7-2 众演化仿真模型

对于格局，每一个节点 W_i 都是一个电商网络系统，包括生产商、服务商、中介商。它们彼此之间建立利益关系，可以用节点的权重表示这种关系的收益。每条路径 C_i 表示三者之间关系的强度(三者所占的数量比例、联系的多少、依赖程度的高低)。权重就是建立这样的关系需要付出的代价。

对于影响器，建议者的建议和上一轮迭代后指定的生产经营策略进行生产和交易。建议者/被建议者存储连接强度。建议者根据自己的偏好建议他人的行为。一个建议者的主要内容是格局。影响器算法(算法 7-5)如下。

算法 7-5　影响器算法

```
输入：仿真单元 p
      建议者集合列表{SL}
输出：建议 sug
Begin
    foreach SL in {SL} then //对于每个建议者
        {sug} + = SL(p)；//从每个建议者那里获取建议倾向的集合
    end foreach
        在{sug}中选择权重最高的建议作为影响器的最终结果返回；
    return  sug；
End
```

对于决策器，在每一轮迭代开始前，从自产自销、中介商转售和购买服务直接销售三种模式中选择收益最大的模式进行生产经营。根据资源情况和能力对跟谁交易、完成交易的指标、生产商品或交易必须服务的劳动禀赋分配进行决策，对交易必须服务的需求量进行决策，即

$$D^c = (kM^n + 1 - kI^g)t^r d^t \tag{7-1}$$

其中，D^c 为决策器；M^n 为监控器；I^g 为汇聚器；t^r 为资源总量；d^t 为深度；k 为监控器与汇聚器的系数。

决策器算法(算法 7-6)如下。

算法 7-6　决策器算法

```
输入：生产经营模式 mode(a,b,c)
      建议 sug
      连接器较其他成员的收益在上一轮迭代学习自身决策器中的影响 cMode
      决策器决策某种行为的阈值 T
输出：决策器的决策命令 OD
Begin
```

```
    if sug 的影响强度高于连接器的学习强度或第一次迭代 then
        仿真单元生产经营模式设置为 sug；
    else then
        仿真单元生产经营模式设置为 cMode;
    end if
    设 I 为仿真单元的当前收益;
    if ( I ≥ T ) then
        OD := "keep"；
    else if (I < T) then
        if (仿真单元状态为单个状态) then
            OD := "combine"；
        else if (仿真单元状态为全复合状态) then
            OD := "split"；
        else if (50%随机概率) then
            OD := "combine"；
        else then
            OD := "split"；
        end if
    end if
    return OD
End
```

执行影响器和决策器的结果，并受自退化水平/突变的影响执行操作，即

$$E^c = [kA^f + (1-k)D^c]s^{\mathrm{dm}} \tag{7-2}$$

其中，E^c 为执行器；A^f 为影响器；s^{dm} 为自退化水平/突变；k 为影响器与决策器系数。

监控器算法(算法 7-7)如下。

算法 7-7　监控器算法

输入：监控者集合列表{ML}

输出：监控强度 E_m

```
Begin
    foreach  ML  in  {ML}  then
        {E_m}+ = ML() ; //监控者的外部监控强度
    return  E_m := random({E_m}) ; //随机选择一个监控者的外部监控强度作为返
                                   //回值
End
```

对目标或承诺的偏离进行修正，监控器代表外部的纠正能力；监控强度平均分布，设定监控范围。监控者根据格局上的偏好解，监控众智单元行为和偏好解的偏离程度。其主要内容是一个给定的格局及其偏好路径。执行器算法(算法 7-8)如下。

算法 7-8　执行器算法

输入：决策器算法产生的决策命令 OD

突变概率 m

监控强度 E_m

自退化水平 s

输出：no

```
Begin
    if 完成一轮仿真迭代周期  then
    return ;
    else if 在突变概率 m 下发生突变  then
        switch ( random(0,1,2) ) then
            case 0：OD := "keep" ;   break;
            case 1：OD := "combine" ; break;
            case 2：OD := "split" ; break;
```

```
        end switch
    if(OD == "keep")then
        保持状态不变;
    else if(OD == "combine") then
        执行合并操作;
    else if(OD == "split")then
        执行分裂操作;
    end if
End
```

连接器连接其他交易主体，在其他交易主体的行为结果中学习，作为负反馈作用于下一轮的演化。随机选择一定数量 $x(i\text{=random()})$的其他生产商，比较收益，然后以一定的概率复制收益更高的生产商的生产经营模式，及其对交易必须服务的接受价格，即

$$P_i^{\mathrm{p}}=\frac{I_i^{\mathrm{p}}}{\sum_{i=1}^{n} I_i^{\mathrm{p}}} \quad P_i^{\mathrm{s}}=\frac{I_i^{\mathrm{s}}}{\sum_{i=1}^{n} I_i^{\mathrm{s}}} \quad P_i^{\mathrm{m}}=\frac{I_i^{\mathrm{m}}}{\sum_{i=1}^{n} I_i^{\mathrm{m}}} \tag{7-3}$$

$$M=\max\{P_1^{\mathrm{p}}, P_2^{\mathrm{p}},\cdots, P_n^{\mathrm{p}}\} \tag{7-4}$$

其中，I_i^{p} 为生产商 i 的收益；I_i^{s} 为服务商 i 的收益；I_i^{m} 为中介商 i 的收益；P_i^{p} 为生产商 i 的收益比概率；P_i^{s} 为服务商 i 的收益比概率；P_i^{m} 为中介商 i 的收益比概率；M 为生产商最大概率的生产经营模式。

连接器算法(算法 7-9)如下。

算法 7-9　连接器算法

输入：邻接成员列表{ CL}

　　交易效率 k

　　销售价格 P

　　销售数量 Q

　　交易禀赋 L

```
    批发单价 w
    交易必需服务销售单价 p_s
    交易必需服务销售数量 s_s
    交易必需服务购买单价 p_b
    交易必需服务购买数量 s_b
输出：收益 I
    邻近成员中收益最大成员的生产经营模式 cMode
Begin
   //通过自身状态计算自身收益
   if (currentSelfState == "a" ) then
       I=k * p * Q − L ;
   else if (currentSelfState == "b" ) then
       I=k * p * Q − w * Q / k + k * p_s * s_s − p_b * s_b / k − L ;
   else if (currentSelfState == "c" ) then
       I=k * p * Q − p_b * s_b / k − L;
   end if
foreach CL in {CL} then
   比较相邻单元 CL 的收益，获得最大收益成员对应的生产经营模式 cMode;
   end foreach
 return  I ,cMode;
End
```

7.3　多源信息传播仿真实例

7.3.1　信息传播及事件演进仿真实例

信息传播及事件演进仿真模型如图 7-3 所示。

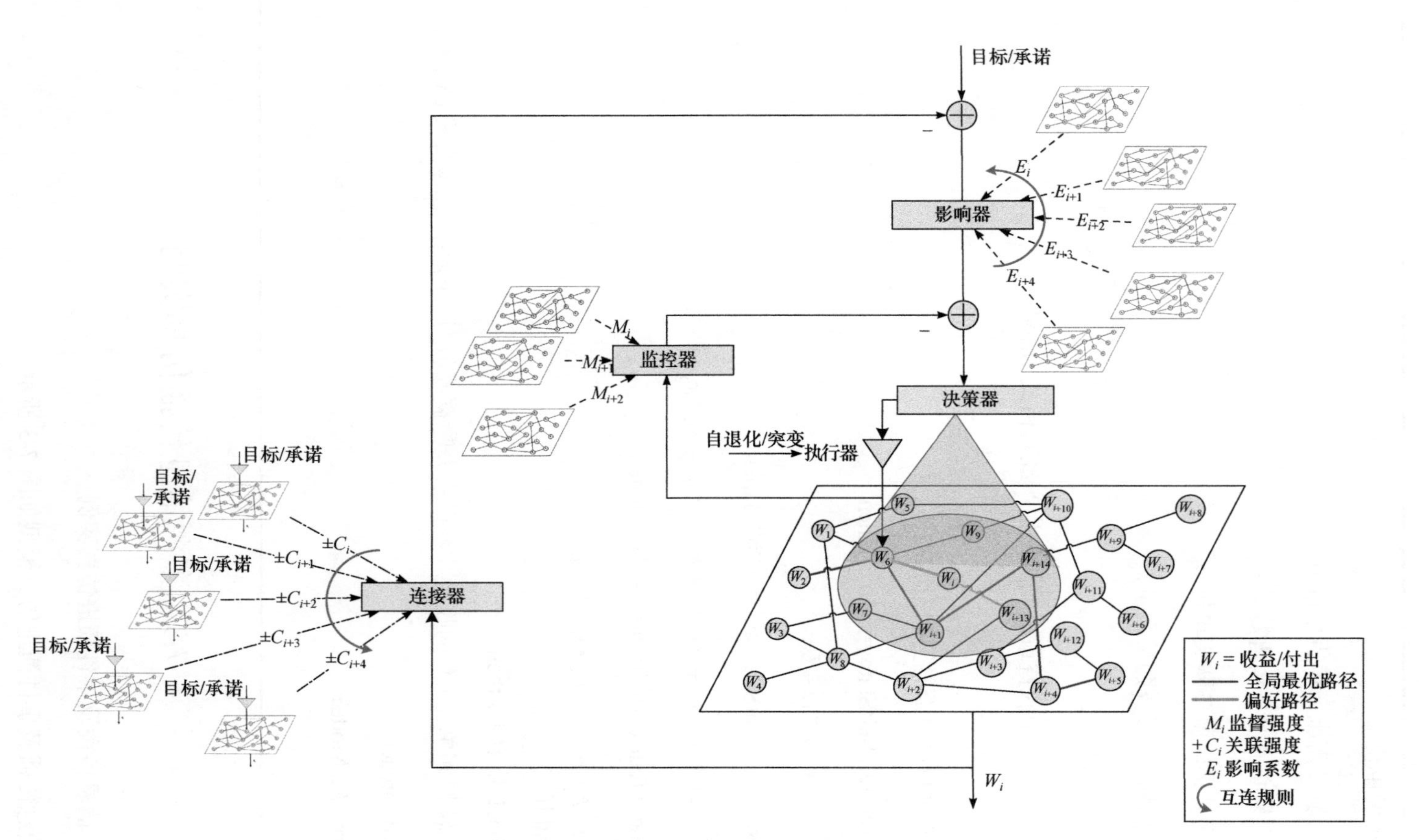

图7-3　信息传播及事件演进仿真模型

在社交网络中，用户成员根据自己收到的信息形成相应的格局。由于每一个用户收到的信息所属领域和数量不同，每个成员格局也不相同。但就某一条信息来说，用户成员对该信息的行为有五种行为选择(Path)，即转发、群发、改变连接强度、减弱信息强度、静默。信息传播及事件演进仿真格局如图 7-4 所示。

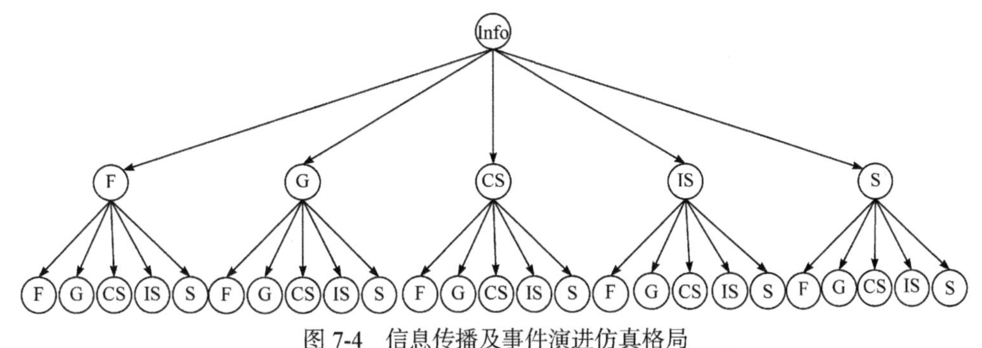

图 7-4 信息传播及事件演进仿真格局

① 转发(forward，F)，即成员收到消息后以一对一的形式进行传播。

② 群发(group sending，G)，即成员收到消息后以一对多的形式进行传播。

③ 改变连接结构(change connection structure，CS)，即成员收到消息后将发送此消息的成员移出自己的关系网。

④ 减弱信息强度(reduce information strength，IS)，即成员收到消息后不仅自己不再传播，同时也阻止将此消息发送给它的成员。

⑤ 静默(silence，S)，即成员收到消息后不做任何事情。

在信息传播的过程中，社交网络用户在收到某一信息时，对该信息采取的行为策略同样也会受到影响器相互连接的个体对该信息所采取的行为策略的影响。这种影响因素的存在会在一定程度上影响该用户个体的行为决策。在社交网络中，一个用户对信息采取行为策略的影响因素主要受周围接触到的人的影响，并且这种影响因素与用户个体关系紧密程度有关，衡量一个用户个体与其他个体关系紧密程度的度量方式往往采用两者之间的连接强度。两者的连接强度越大，影响强度越大。假设外界的影响系数用 E_i 表示，取值大小为[0, 1]。

执行器汇聚决策器和影响器的结果，即接受影响器的建议和决策器的个人决策。同时，受用户自信水平和自退化因素的影响，在一定程度上影响信息传播的速度与范围。自信水平可以体现用户个体易受影响的程度。在执行决策时，仿真成员依据外界影响力的强度和自我决策两个因素综合考虑自身执行决策的方式。其自信水平值体现的意义可表示为决策行为受外界影响的比例。假设某用户自信水平值用 λ 表示，$\lambda \in (0,1)$，数值大小满足正态分布的特征。除此之外，针对用户在执行策略时对决策结果的执行有折损的现象，引入自退化的概念，对该现象进行描述。自退化现象使用ε表示。其值的大小可以使用[0, 1]之间的随机数值进行表示并且满足正态分布的特征。

仿真变量定义如下。

```
Struct advisorList  //建议者列表
{
    int Id;  //建议者 ID
    float ImCo;  //影响系数
}
Struct Message
{
        int angle;  //角度[0，360]
        int intensity;  //强度(正实数)
        int sourceId;  //(发送消息的众智单元 ID)
        int domain;  //信息所属领域(枚举类型，可用数字标识)
        bool isNew;  //是否是新收到的消息(boolean 类型)
}
messageList = message[i]    //接收的信息数组
Pattern p  //格局
struct  Preferences  //成员偏好
{
        angle  //角度[0，360]
        intensity  //强度(正实数)
        domain  //偏好所属领域(枚举类型，可用数字标识)
}
messageListmessageList = message[i]  //接收的信息数组
float Tf;  //转发阈值[-1，1]
float Tg;  //群发阈值[-1，1]
float Tc;  //改变强度阈值[-1，1]
float Tn;  //改变连接结构阈值[-1，1]
float Mp;  //突变概率
int Es;  //信息存储禀赋众智单元能够存储的信息的总量
int Eg;  //信息浏览禀赋众智单元能用于搜集信息的时间
float Tr;  //发送阈值(转发时候使用发送阈值)
Mess
```

```
{
        int angle;    //角度[0,360]
        int intensity;    //强度(正实数)
        int domain;    //信息所属领域(枚举类型，可用数字标识)
}
// 众智单元禀赋记忆中信息数据类型
endowMessageSave= mess [i]    //存放在众智单元禀赋中的信息
float Df    //衰变系数
float Confidence-level    //自信水平
监控区间 C={监控区域 c}
c：{
        int domain    //领域(枚举类型)
        beginAngle    //开始角度
        endAngle    //结束角度
}
```

主要流程伪代码如下。

```
    Foreach(mSi in MSi)
    {
      mSi.强度-=衰变系数;
//信息存储列表中的信息按照衰减系数进行衰减
     }
     Foreach(m in Mi)
     {  //遍历每一条信息
       m.强度 = m.强度*影响系数;
//不同建议者发送的信息影响是不同的
决策 D= 决策器计算(个体的偏好，存储的信息，m);
决策 D= 自退化(决策 D);
执行(决策 D);
        Return;
```

7.3.2 基于多源信息传播的不动点仿真实例

基于多源信息传播的不动点仿真的研究目标是在信息传播模型的基础上，通过仿真的方式找到多源信息共同传播的环境下系统状态的变化规律，识别系统状态变化的慢变量，并以此界定系统不动点(稳态)的范围。仿真在多元信息传播状态下不动点的特性及稳定性，研究不动点随参数变化的状况，找出各不动点形成的边界值，并在给定深度、广度、互连水平和资源总量的情况下，仿真自退化水平、交易效率、收益率对稳态和演进的影响。

多源信息传播下的系统状态γ_c存在一个临界值γ，只有$\gamma_c \leqslant \gamma$时，系统才能继续保持稳定状态。当信息传播达到一定规模时，系统状态γ_c无限接近γ。此时，只要一个很弱的带有指向性的信息就可以导致系统崩溃，产生涌现。临界值γ即所求的不动点。

系统状态变化是信息传播过程中仿真成员对于信息的偏好，以及相应行为操作引起的。当系统中传播的信息所处的领域不同时，类型较为分散，并且没有指向成员偏好的某个敏感点，不能引起成员的一致偏向时，系统基本不会出现涌现状态。即使存在某些敏感话题引起较高的关注度，经过一段时间后也都会转为稳态。

对于系统的稳态界定，主要是对成员与信息间的偏好一致性进行界定。在某一领域内，若信息指向不同的方向，成员对这些信息的偏好也没有集中在某一角度范围，同样是呈分散状态的，则在该领域范围内，各个方向的信息矢量和相加越接近于 0，则系统状态越稳定。单个领域内的信息与偏好的方向关系如图 7-5 所示。

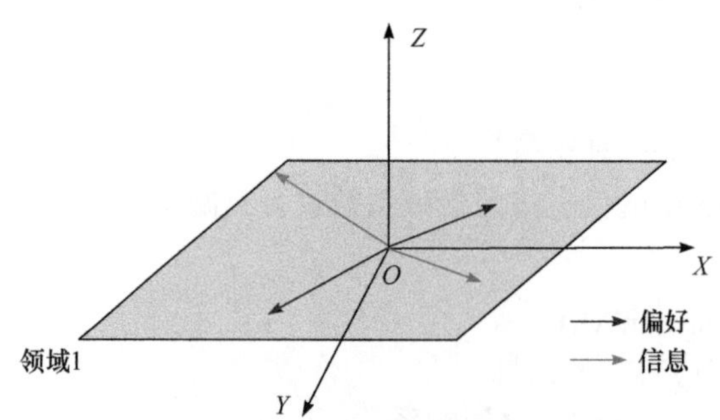

图 7-5　单个领域内信息与偏好的方向关系

当某个领域存在两个不同方向的极端偏好人群时，即使最后得到的信息矢量和可能接近 0，系统此时也不一定处于稳定状态。一个小的敏感点便可能引起两方人群的矛盾。因此，在得到各个方向信息矢量和正常范围的情况下，可以设定一个偏好阈值ρ对其进行验证。在任何一个领域内，某个角度范围内的对于信息偏好的矢量和绝对值小于偏好阈值ρ，则系统可视为稳定状态。偏好阈值ρ的取值需要根据系统已有信息领域内的偏好值来设定。极端关系情况如图 7-6 所示。

不动点的大小可以通过仿真进行验证，将各个领域求得的信息矢量和相加求得系统内信息矢量总和α，并根据单个领域的矢量和进行推断，设定几个可能的不动点值，通过仿真进行验证，确定不动点的值，当信息矢量总和α在此范围内时，系统可视为稳定。

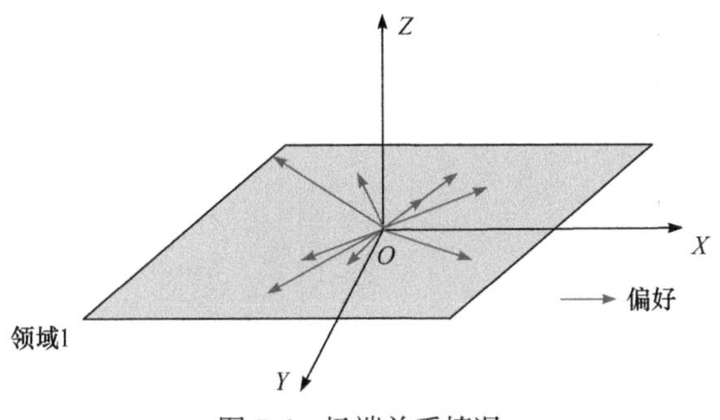

图 7-6　极端关系情况

基于多源信息传播的不动点仿真模型包含众智网络的两类成员通用模型。其中，原子型众智单元模型如图 7-7 所示。

对于众智单元来说，格局是无限的，并且前进的每一步都包括五种行为选择(Path)，即转发(F)、群发(G)、改变连接强度(CS)、减弱信息强度(IS)、静默(S)。上述五种行为在仿真成员接收到新消息的前提下才能存在。当某一轮的成员并未收到任何消息，则不产生任何行为。基于多源信息传播的不动点仿真格局如图 7-8 所示。

影响器主要受若干与其相连接的建议者众智单元的影响，包括建议者众智单元的数量、影响系数 C_i 与建议路径。信息强度在传播过程中会发生衰减。其衰减程度受众智单元与建议者众智单元之间的影响系数 C_i 影响。建议者众智单元与该成员的连接强度越强，二者之间传播的信息强度衰减越弱。其计算公式为

$$m.\text{强度} := m.\text{强度} \times C_i \tag{7-5}$$

监控器通过对比该仿真成员曾经所做出的决策，以及现在所做的决策偏离程度，对现实出现的偏离进行修正。个体在决策时往往容易受到自身偏好的影响，使决策结果朝着对自身利益最大化的方向偏离，因此需要对其进行监控。监控器的自律水平代表众智单元自我纠正的能力，而监控者的干涉代表外部的纠正能力。其监控强度由互连规则确定。对原子型众智单元来说，监控强度主要指外部监控强度 M_i。每个监控器都有自己的监控禀赋 B^m，即监控器所能监控的最大成员数量。其监控强度是一个$(0,1)$的概率值。

决策结果主要与待处理信息与个人信息存储禀赋 M_i^S 相关，并且受到个人自信水平 conf 的影响。系统内设定一个指示器 I，I 的值域在$[-1,1]$之间。该指示器主要用于标识待处理信息与个人偏好的吻合程度，将信息矢量在偏好矢量上的投

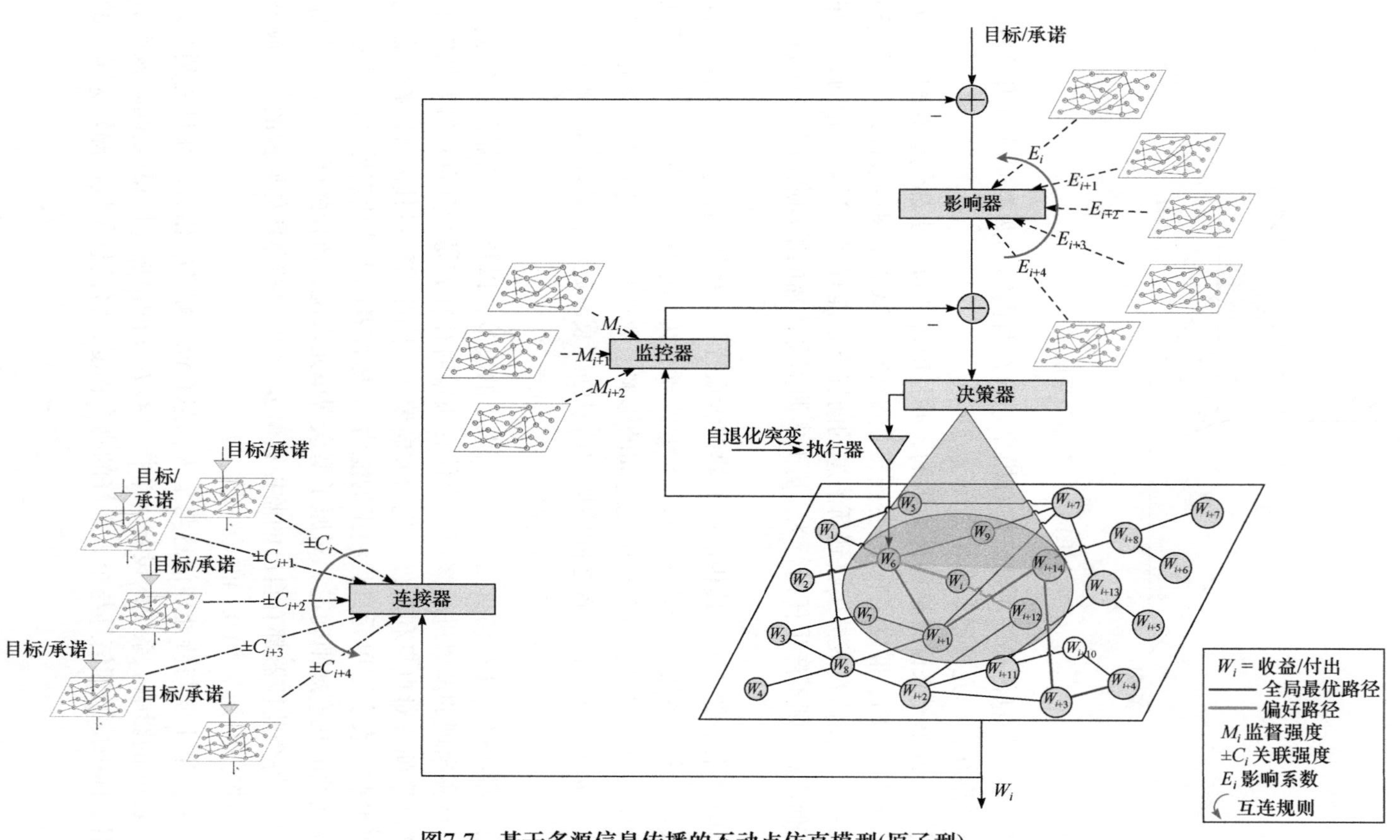

图7-7　基于多源信息传播的不动点仿真模型(原子型)

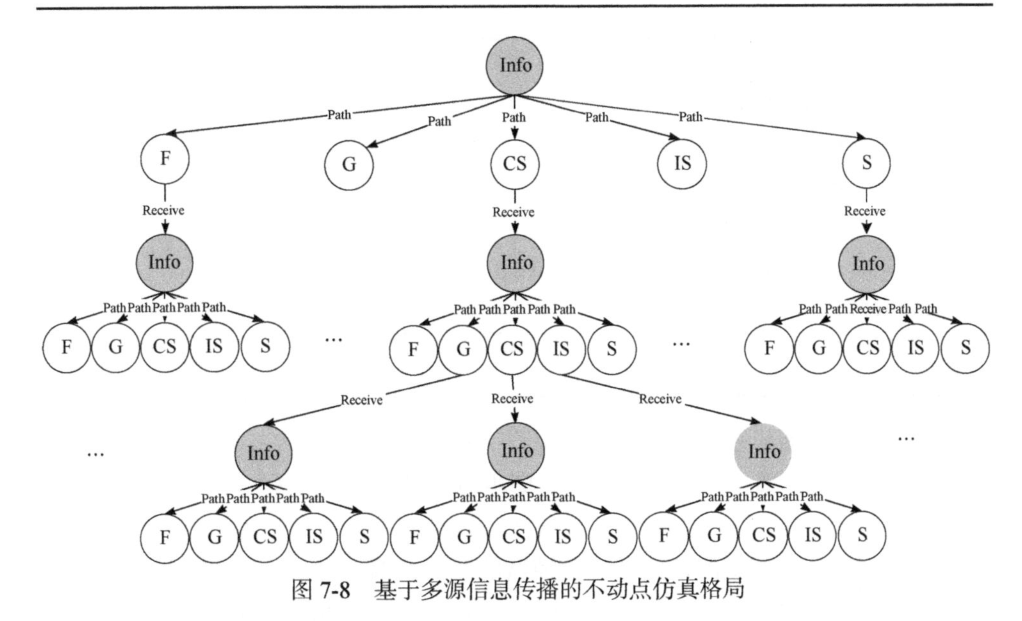

图 7-8　基于多源信息传播的不动点仿真格局

影 pro 与指示器的区间值进行比较：当 pro $\geqslant 1$ 时，$I=1$；当 pro $\in[-1,1]$ 时，$I=$pro；当 pro $\leqslant -1$ 时，$I=-1$；其他情况 $I=0$。

对指示器的值进行划分后，设定成员的行为阈值，包括转发阈值 T_f、群发阈值 T_g、改变连接强度阈值 T_n、减弱信息强度阈值 T_c，并将划分后的 I 值与上述行为阈值进行比较：当 $I\geqslant T_f$ 时，转发行为；当 $I\geqslant T_g$ 时，群发行为；当 $I\leqslant T_n$ 时，改变连接结构；当 $I\leqslant T_c$ 时，减弱信息强度；其他情况静默。影响器算法(算法 7-10)如下。

算法 7-10　影响器算法

输入：传入的信息 message
　　　建议者列表 advisorList
输出：格局上的一种行为 node

```
Begin
  if 信息 message 角度落入监控区域 then
      node := 静默；
      return node;
  end if
      {sug} := advisorList(sug)；//获得所有建议者的建议
  foreach sug in {sug} then
```

```
        Switch (sug)  then
            case 转发：T_weight++;
            case 群发：B_weight++;
            case 静默：S_weight++;
            case 改变信息强度：CM_weight++;
            case 改变连接结构：CC_weight++;
    end foreach
    return  node := max (T_weight, B_weight, S_weight, CM_weight, CC_weight);
End
```

根据决策器的决策，在监控器的监控下执行选择。首先，任何执行都有发生突变的可能，突变概率极小但是存在，即决策结果以概率 p^r 转变为其他决策，没有任何方向性，在没有突变发生的情况下，执行器按照决策结果进行。受监控器的影响，当待处理信息的角度位于监控器的监控范围内时，该信息会被屏蔽，所有行为都转变为静默，若不处于监控区间，则继续进行其他行为。决策器算法(算法 7-11)、突变算法(算法 7-12)，以及执行器算法(算法 7-13)如下。

① 转发行为是有针对性的一对一转发，通常是选择影响系数高的成员进行传播，因此设定一个传播阈值 T_r，转发只针对影响系数高于 T_r 的仿真成员。转发后，将该信息存储在成员自身的存储列表中，将该信息与存储列表中已有的信息进行信息强度的比较，将强度最小的信息替换。

② 群发行为不同于转发，接收者并不一定会接收该信息，存在一定的接收概率。接收概率与待接收者的建议规模 m_c 成反比，与其浏览禀赋 E_G 成正比。群发后，将信息存储在自身的存储列表中，根据信息强度进行信息的替换。

③ 减弱信息强度行为主要是将传送 m_i 的众智单元存储的该信息强度减弱。其减弱程度与源头众智单元的影响系数成正比，与自信水平 conf 成反比，$\text{m.强度} := \text{m.强度} \times \text{conf} \times \left(1 - C_i\right)$。在减弱信息强度后，信息存储在自身的存储列表中，根据信息强度进行信息的替换。

④ 改变连接结构行为主要是将传播此信息的上一成员从该成员的连接结构中移除，之后将信息存储在自身的存储列表中，根据信息强度进行信息的替换。

⑤ 静默不产生任何行为。

算法 7-11　决策器算法

输入：偏好 $\{\text{Preferences}\}$

　　存储信息集合 {mess[*i*]}

接收信息集合{message[i]}

自信水平 cLevel

输出：决策结果 D

Begin

foreach m_i in{message[i]} then

if m_i in {mess[i]} then

//计算当前信息 m_{i+1} 的强度 intensity

m_{i+1}.intensity := mess[i].intensity*cLevel + m_i.intensity*(1 − cLevel)

else then

m_{i+1}.intensity := m_i.intensity

end if

end foreach

foreach p_i in{Preferences} then

Set indicator ∈ [−1,1]；//手动设置阈值

if(m_{i+1} in (Preferences)) then

Proj := m_{i+1} / p_i //信息在偏好上的投影

end if

对比 Proj 与阈值，选择转发、群发、静默、减弱信息强度、改变连接结构“D”；

End

算法 7-12　突变算法

输入：旧决策结果 D

接收信息集合{message[i]}

突变概率 P_{r}

输出：新决策结果 D'

Begin

foreach m_i in{message[i]} then

　　　$D' := D(P_r)$；//在突变概率下计算新的 D'
　　end foreach
　　对于每一条 m_i，返回对于此 m_i 相应的 D'；
End

算法 7-13　执行器算法

输入：决策结果 D

　　信息存储集合 {mess[i]}

　　接收信息集合 {message[i]}

　　自信水平 cLevel

　　成员列表 $\{C\}$

输出：格局上的一个决策节点 node

Begin

　　foreach　m_{i+1}　in {message[i]}　then

　　　if (m_{i+1}.perforance.angle $\in \{c\}$, mess[i]in{mess[i]} ,and
　　　mess[i].intensity < m_{i+1}.intensity) then

　　　　node := silent

　　　　{mess[$i-1$]} := {mess[i]} − mess[i]

　　　　{mess[i]} := {mess[$i+1$]} + m_{i+1}

　　　　执行转发、群发、静默、减弱信息强度或改变连接强度行为决策 node

　　　end if
　　end foreach
End

基于多源信息传播的不动点仿真模型(集合型)如图 7-9 所示。

在普通互联网中，集合型众智单元可视为有组织的网络推手。他们有目的地散播某些信息。同时，他们作为一个多成员的集合，自身便具有一定的关联结构，在共同完成任务时会将任务分解，最后将结果汇聚。

集合型中的决策器主要根据已传播信息的当前的信息强度与对此信息期望的

信息强度进行比较。若当前信息强度已达到期望强度，则进行下一个任务；否则，延长传播时间，使其继续传播。集合型决策器算法(算法 7-14)如下。

算法 7-14　集合型决策器算法

输入：目标信息 $\{m[i]\}$

当前信息强度 I_{m}

期望信息强度 E_{m}

输出：决策结果 D

```
Begin
    foreach  m_i  in {m[i]}  then
        if (I_m ⩾ E_m) then
            D := 下一项任务；
        else if (I_m < E_m) then
            D := 继续当前任务；
        end if
        return D;
    end foreach
End
```

针对原始目标/承诺的分解能力，选择器根据分解的结果选择下层的众智单元。例如，网络推手在散播信息时通常有目的地传播特定的信息，并将任务分解为几部分，分工合作。根据信息的类型有针对性地选择偏好类型与其相对应的人群进行传播，部分体现智能的广度。在群体智慧中，主要将目标/承诺进行水平分解(在时间上可以并发的几个部分)。当决策器给出的决策是进行下一个任务分解时，分解器根据待传播信息的所属领域对成员进行筛选，将任务分配给适合传播此信息的仿真成员。集合型分解器算法(算法 7-15)如下。

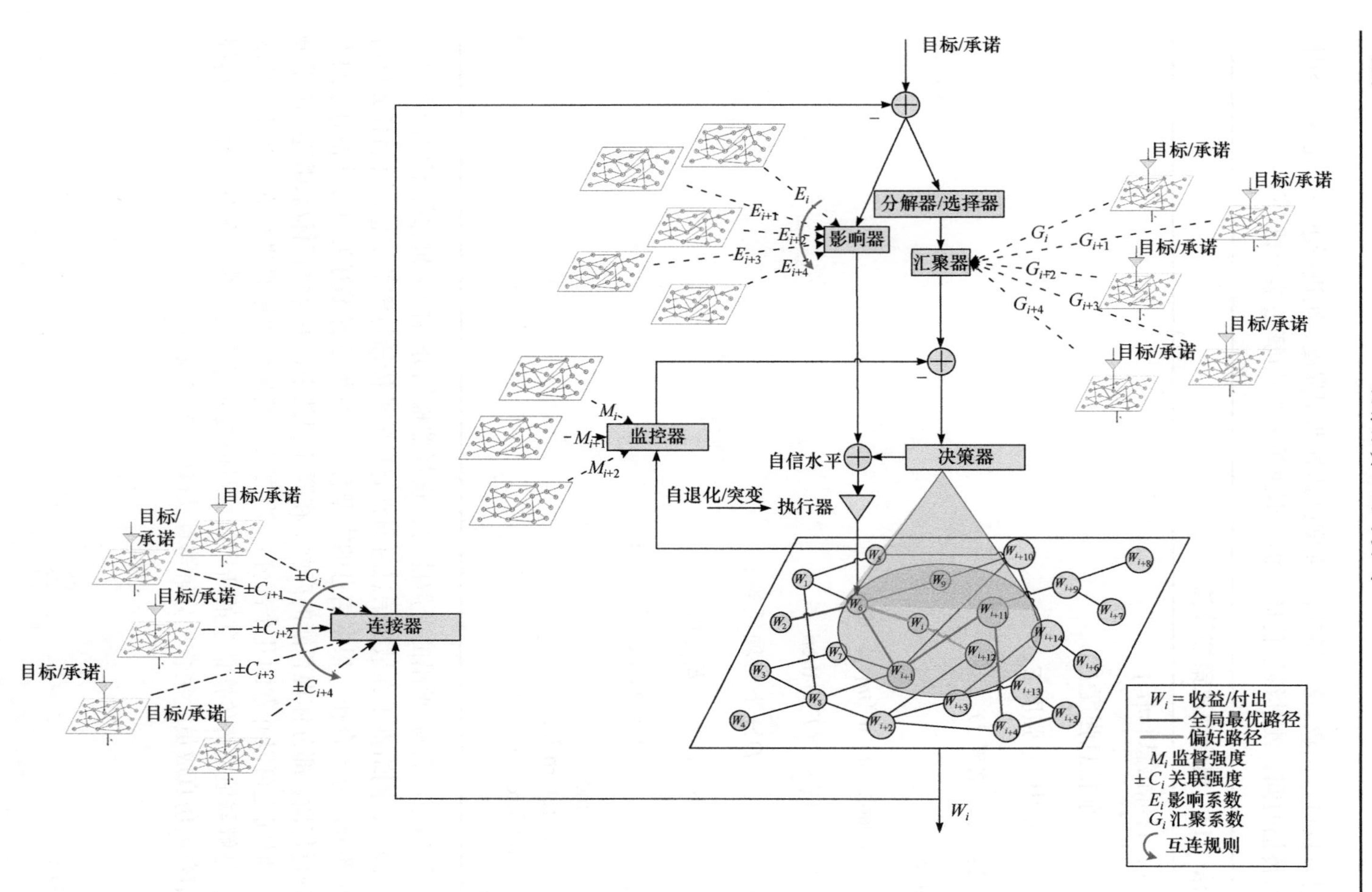

图7-9 基于多源信息传播的不动点仿真模型(集合型)

算法 7-15　集合型分解器算法

输入：目标信息$\{m[i]\}$

　　信息存储集合$\{\text{mess}[i]\}$

　　成员列表$\{C\}$

　　偏好角度阈值T_{p}

　　决策结果D

输出：执行任务的成员集合$\{S\}$

Begin

foreach C in$\{C\}$ then

　if $m[i]$ in $\{m[i]\}$ and $|C.\text{performance.angle} - m_i.\text{performance.angle}| \leqslant T_{\text{p}}$) then

　let $C \in \{S\}$;

　end if

end foreach

while($\text{mess}[i]\text{in}\{\text{mess}[i]\}$ & & $\text{mess}[i].\text{intensity} < m_{i+1}.\text{intensity}$) do

$\{\text{mess}[i-1]\} := \{\text{mess}[i]\} - \text{mess}[i]$;

$\{\text{mess}[i]\} := \{\text{mess}[i+1]\} + m_{i+1}$;

end while

return$\{S\}$;

End

执行器根据决策器决策结果执行下一步内容。若继续执行下一个任务，则选择待传播信息，对其设置传播频率、传播途径、传播时间；若继续传播当前信息，则根据其当前信息强度与期望值的差计算其待传播的时间。执行器算法(算法 7-16)如下。

算法 7-16　执行器算法

输入：决策结果D

　　目标信息$\{m[i]\}$

　　任务时间T_{i-1}

原始信息强度 m_i

期望信息强度 m_e

输出：需要执行的任务 task

Begin

foreach $m[i]$ in $\{m[i]\}$ then

if D为执行下一条任务的分解 then

let task := $m[i]$;

let $m[i] := \{P_i, W_i, T_i\}$；//设置偏好、强度与传播时间

return task;

else then

$T_i := T_{i-1} / [1-(m_e - m_i)/m_e]$;

$\Delta t := T_i - T_{i-1}$;

let task := $m[i](\Delta t)$ //给 $m[i]$ 设定传播时间增量 Δt

return task;

end if

end foreach

End

汇聚器将分解后完成的结果进行综合，可以通过求和、取平均值等方式得出结论，供决策器进行下一步决策。汇聚器算法(算法 7-17)如下。

算法 7-17　汇聚器算法

输入：执行任务的成员集合 $\{S\}$

目标信息 $\{m[i]\}$

原始信息强度 I_m

目标信息强度总和 m_{total}

目标任务 task

输出：待增强信息强度 R_m

```
Begin
    foreach m_i in {m[i]} then
        if(task= task1) then //执行新的任务
```

$$R_{\mathrm{m}} := I_{\mathrm{m}} \times \left(1 + \left| \{S\} * \frac{T_i}{P_i} * W_i \right| \Big/ m_{\mathrm{total}} \right);$$

```
        end if
        if( task = task2 ) then
```

$$R_{\mathrm{m}} := R_{\mathrm{m}} + I_{\mathrm{m}} \times \left(1 + \left| \{S\} * \frac{\Delta t}{P_i} * W_i \right| \Big/ m_{\mathrm{total}} \right);$$

```
        end if
    end foreach
    return R_m ;
End
```

7.3.3　基于多源信息传播的控制条件仿真实例

多源信息传播的控制条件是在多源信息传播不动点的基础上进行研究。多源信息传播不动点仿真的研究目标是，找到多源信息传播条件下系统保持稳态的边界值(不动点)，而多源信息传播控制条件的研究则是当不动点(稳态)发生变化，系统由稳态转变为非稳态时，如何将系统状态从非稳态拉回稳态。

对多源信息传播的控制条件主要包括禁言、改变监控区域、投放新信息等三种方式。

控制条件计算过程是，建立独立的控制系统，设置监控区域，实时监测信息传播系统的状态，一旦涌现，则立即寻找非法信息，施加控制条件(禁言、投放新信息源)。控制条件算法(算法 7-18)如下。

算法 7-18　控制条件算法

输入：信息强度集合 $\{Y_{\mathrm{m}}\}$

　　期望系统状态 Y_{sp}

　　信息集合$\{S_{\mathrm{m}}\}$

　　禁言集合$\{C\}$

　　新信息集合{M}

输出：无

Begin

　　while $E(\{Y_m\})$ not inY_{sp} do //$E(\{Y_m\})$ 为当前系统状态期望

　　　　m := search_message($\{S_m\}$)；//搜寻扰动信息

　　　　$\{C\}$ += forbid(m)；//将扰动信息禁止

　　　　$\{M\}$:= anti_message(m)；//投放反向信息

　　end while

End

扰动信息搜寻算法(算法 7-19)如下。

算法 7-19　扰动信息搜寻算法

输入：信息集合$\{S_m\}$

　　待检测信息$\{M_c\}$

输出：信息 m

Begin

　　if $m \in \{S_m\}$ in $\{M_c\}$ then

　　　　$\{S_m\} := \{S_m\} - m$；

　　end if

　　foreach m in S_m then //遍历

　　　　interval $:= \sum_{i=1}^{n}(m.\text{end} - m.\text{start})$；//$n$ 为拥有信息 m 的单元个数

　　　　interval := average(interval);

　　　　if interval then

　　　　　　continue;

　　　　else

　　　　　　return m；

```
        end if
    end foreach
End
```

反向信息投放算法(算法 7-20)如下。

算法 7-20　反向信息投放算法

输入：信息 m

输出：新信息集合 $\{M\}$

```
Begin
    M[0] := m.angle+180 //counter-rumor
    foreach i in range(x) then //x 为需要产生新的信息数量
    {M} += m.topic ± random(); //新信息带有随机偏移量
     if m ∈ {M} && m.topic == m then//新生成的信息不合规
          {M} −= m;
     end if
     return {M};
   end foreach
End
```

参考文献

[1] Michelucci P, Dickinson J L. The power of crowds. Science, 2016, 351(6268): 32-33.

[2] Bonabeau E. Decisions 2.0: the power of collective intelligence. MIT Sloan Management Review, 2009, 50(2): 45.

[3] Kutsenok A. Swarm AI: a solution to soccer. Terre Haute: Rose-Human Institute of Technology, 2004.

[4] Bernstein J, Long J S, Veillette C, et al. Crowd intelligence for the classification of fractures and beyond. PloS one, 2011, 6(11): 1-5.

[5] Kennedy J, Eberhart R C.Swarm Intelligence. New York:Academic Press, 2001

[6] Woolley A W, Chabris C F, Pentland A, et al. Evidence for a collective intelligence factor in the performance of human groups. Science, 2010, 330(6004):686-688.

[7] Chai Y, Miao C, Sun B, et al. Crowd science and engineering: concept and research framework. International Journal of Crowd Science, 2017, 1(1): 2-8.

[8] Yu C, Chai Y T, Liu R. Literature review on collective intelligence: a crowd science perspective. International Journal of Crowd Science, 2018, 2(1): 64-73.

[9] Wang L, Chai Y T. E-commerce market structure evolution mechanism research. Beijing: Tsinghua University, 2018.

[10] Nelson R R, Winter S. An Evolutionary Theory of Economic Change. New York: Social Science Electronic Publishing, 1982.

[11] Smith M. Evolution and the Theory of Games. Cambridge: Cambridge University Press, 1982.

[12] Nurmi T, Parvinen K. Evolution of specialization under non-equilibrium population dynamics. Journal of Theoretical Biology, 2013, 321: 63-77.

[13] Chandler M . Models of voting behavior in survey research. Synthese, 1988, 76(1): 25-48.

[14] 张咪. 众决策仿真系统研究与实现. 烟台: 烟台大学, 2019.

[15] 邹艳. 基于不同个体偏好表现形式的多阶段投票选择方法研究. 天津: 南开大学, 2010.

[16] 杨涛. 美国累积投票制分析. 上海: 复旦大学, 2013.

[17] Henry O I, Mustafa I, Abubakar A M, et al. Crowd-sourcing (who, why and what). International Journal of Crowd Science, 2018, 2(1): 27-41.

[18] Tan T T, Cai S Q, Hu M H. Research status of crowdsourcing abroad. Journal of Wuhan University of Technology (Information and Management Engineering Edition), 2011, 33(2): 263-266.

[19] Xia E J, Zhao X W, Li S. Current situation and trend of overseas crowdsourcing research. Technology and Economy, 2015,34 (1): 28-36.

[20] Feng J H, Li G L, Feng J H. Review of crowdsourcing technology research. Journal of Computer Science, 2015,38 (9): 1713-1726.

[21] Lu W, Zhu H D, Pan C C, et al. Agent evolution simulation analysis of university research organizations. Computer Simulation, 2011, 28(10):121-129.

[22] Dong W Y, Li Y X, Zhen B J, et al. Evolutionary computation applied in simulation and control system. System Simulation Technology & Application, 2001, 8(3): 139-146.

[23] Stone P, Veloso M. Multiagent systems: a survey from a machine learning perspective. Autonomous Robots, 2000, 8(3): 345-383.

[24] 王小立.智能多 Agent 网络的微信信息传播仿真研究. 现代图书情报技术, 2015, 259(6): 88-89.

[25] 李兰瑛. 基于 CA 的网络舆论传播研究. 科学技术与工程, 2008, 8(22): 6179-6183.

[26] 李志宏, 何济乐, 吴鹏飞. 突发性公共危机信息传播模式的时段性特征及管理对策. 图书情报工作, 2007, (10): 88-91.

[27] 谷学伟, 陈义. 不动点理论及其应用. 太原师范学院学报(自然科学版), 2009, 8(2): 34-37.

[28] 黄宝华. 关于不动点理论的一些问题. 福州: 福建师范大学, 2011.

[29] Law A M, Kelton W D. Simulation Modeling and Analysis. New York: McGraw-Hill,1986.

[30] Gordon G. System simulation. Computer Physics Communications, 2006, 174(7):560-568.

[31] Shannon R E. Introduction to the art and science of simulation//Simulation Conference, Washington D. C., 1998:1-14.

[32] Shechter M, Lucas R C. Validating a large scale simulation model of wilderness recreational travel. Interfaces, 1980, 10(5): 11-18.

[33] Balci O. A methodology for certification of modeling and simulation applications. ACM Transactions on Modeling and Computer Simulation, 2001, 11(4): 352-377.

[34] Montgomery D C. Design and Analysis of Experiments. New York: John Wiley, 2008.

[35] Fu M C. Optimization for simulation: theory vs. practice. INFORMS Journal on Computing, 2002, 14(3): 192-215.

[36] Nelson B L, Carson J S, Banks J. Discrete Event System Simulation. New York: Prentice Hall, 2001.

[37] Bangsow S. Manufacturing Simulation with Plant Simulation and SimTalk. Berlin: Springer, 2010.

[38] 熊光楞, 王昕. 仿真技术在制造业中的应用与发展. 系统仿真学报, 1999, 11(3): 145-151.

[39] 卫军胡, 韩九强. 离散事件系统仿真技术在制造系统调度中的应用. 系统仿真学报, 2000, 12(1): 27-30.

[40] 王万良, 吴启迪. 基于遗传算法的混合 Flow-shop 调度方法. 系统仿真学报, 2002, 14(7): 863-865.

[41] 卫东. 基于业务过程的生产系统仿真模型. 上海交通大学学报, 2004, 38(6): 870-873.

[42] 王建青, 邵延君. 基于 WITNESS 的排队系统仿真. 机械管理开发, 2008, 23(1): 96-99.

[43] 王红军. 基于 eM-Plant 的 FMS 仿真建模技术研究. 新技术新工艺, 2005, 1(7):9-11.

[44] 张晓光, 林财兴, 赵翠莲. 基于 Quest 的生产线物流系统仿真. 上海大学学报 (自然科学版), 2012, 5: 13-14.

[45] Forrester J W. Industrial dynamics: a major breakthrough for decision makers. Harvard Business Review, 1958, 36(4): 37-66.

[46] Forrester J W. Industrial dynamics. Journal of the Operational Research Society, 1997, 48(10): 1037-1041.
[47] Forrester J W. Grundzüge Einer System Theorie: Principles of Systems. London: Springer, 2013.
[48] Forrester J W. Urban dynamics. Industrial Management Review, 1970, 11(3): 67-70.
[49] Mass N J. Readings in Urban Dynamics. Cambridge: Wright-Allen Press, 1974.
[50] Schroeder W W, Sweeney R E, Alfeld A K. Readings in Urban Dynamics. Cambridge: Wright-Allen, 1975.
[51] Alfeld L E, Graham A K. Introduction to Urban Dynamics. Cambridge: Wright-Allen, 1976.
[52] Rodrigues A, Bowers J. The role of system dynamics in project management. International Journal of Project Management, 1996, 14(4): 213-220.
[53] Abdel-Hamid T, Madnick S E. Software Project Dynamics: An Integrated Approach. New York: Prentice-Hall, 1991.
[54] Senge P M, Suzuki J. The Fifth Discipline: The Art and Practice of the Learning Organization. New York: Currency Doubleday, 1994.
[55] Senge P M. The Fifth Discipline Fieldbook. New York:Random House, 2014.
[56] Sterman J D. Modeling managerial behavior: misperceptions of feedback in a dynamic decision making experiment. Management Science, 1987, 35(3): 321-339.
[57] Disney S M, Potter A T, Gardner B M. The impact of vendor managed inventory on transport operations. Transportation Research, 2003, 39(5): 363-380.
[58] Crespo M A, Bianchi C, Gupta J N. Operational and financial effectiveness of e-collaboration tools in supply chain integration. European Journal of Operational Research, 2004, 159(2): 348-363.
[59] Lyneis J M. Corporate Planning and Policy Design: A System Dynamics Approach. Cambridge: MIT Press, 1980.
[60] Warren K. Competitive Strategy Dynamics. Cambridge:John Wiley, 2002.
[61] Morecroft J. Strategic Modelling and Business Dynamics: A Feedback Systems Approach. New York: John Wiley, 2007.
[62] Warren K. Strategic Management Dynamics. New York: John Wiley, 2008.
[63] 宋世涛, 魏一鸣, 范英. 中国可持续发展问题的系统动力学研究进展. 中国人口资源与环境, 2004, 14(2): 42-48.
[64] 洪佩军, 陈思根. 企业过程改进成败原因的系统动力学分析. 系统工程, 1999, 17(2): 46-50.
[65] 王其藩. 系统动力学. 北京: 清华大学出版社, 1994.
[66] 王其藩. 高级系统动力学. 北京: 清华大学出版社, 1995.
[67] 丁荣华, 贾仁安. 系统动力学: 反馈动态性复杂分析. 北京: 高等教育出版社, 2002.
[68] 胡玉奎, 韩天羹. 系统动力学模型的进化. 系统工程理论与实践, 1997, 17(10): 132-136.
[69] 程进, 王华伟, 何祖玉. 基于遗传算法的系统动力学仿真模型研究. 系统工程, 2002, (3):78-81.
[70] Chaib-Draa B, Moulin B, Mandiau R, et al. Trends in distributed artificial intelligence. Artificial Intelligence Review, 1992, 6(1): 35-66.
[71] Nwana H S. Software agents: an overview. The Knowledge Engineering Review, 1996, 11(3):

205-244.

[72] Wooldridge M, Jennings N R, Kinny D. The Gaia methodology for agent-oriented analysis and design. Autonomous Agents and Multi-Agent Systems, 2000, 3(3): 285-312.

[73] Berry B J L, Kiel L D, Elliott E. Adaptive agents, intelligence, and emergent human organization: capturing complexity through agent-based modeling. Proceedings of the National Academy of Sciences, 2002, 99(s3): 7187-7188.

[74] Helbing D. Simulation of pedestrian crowds in normal and evacuation situations. Pedestrian and Evacuation Dynamics, 2002, 21(2): 21-58.

[75] Barrett C, Hunt M, Marathe M, et al. Gardens of eden and fixed points in sequential dynamical systems//Discrete Mathematics and Theoretical Computer Science, New York, 2001: 95-110.

[76] Schreiber D. The emergence of parties: an agent-based simulation. Political Research Quarterly, 2014, 67(1): 136-151.

[77] Lawe S, Lobb J, Sadek A W, et al. TRANSIMS implementation in Chittenden county, vermont: development, calibration, and preliminary sensitivity analysis. Transportation Research Record, 2009, 2132(1): 113-121.

[78] Catsimatidis L. 虚实世界：计算机仿真如何改变科学的疆域. 王千祥, 权利宁, 译. 上海：上海科技教育出版社, 1998.

[79] Raney B, Cetin N, Völlmy A, et al. An agent-based microsimulation model of Swiss travel: first results. Networks and Spatial Economics, 2003, 3(1): 23-41.

[80] Epstein J M, Axtell R, Tesfatsion L. Growing artificial societies: social science from the bottom up. Journal of Economic Literature, 1998, 36(1): 233-234.

[81] Bilge U. Agent Based Modeling and the Global Trade Network. London: Edward Elgar Publishing, 2015.

[82] Pryor R J, Basu N, Quint T. Development of Aspen: a microanalytic simulation model of the US economy. Albuquerque: Sandia National Labs, 1996.

[83] Basu N, Pryor R J. Growing a market economy. Albuquerque: Sandia National Labs, 1997.

[84] Arthur W B. Complexity and the Economy. Oxford: Oxford University Press, 2014.

[85] Arthur W B. Out-of-equilibrium economics and agent-based modeling. Handbook of Computational Economics, 2006, (2): 1551-1564.

[86] Ilachinski A. Irreducible semi-autonomous adaptive combat(ISAAC): an artificial-life approach to land combat. Military Operations Research, 2000, 1: 29-46.

[87] Ilachinski A. Towards a science of experimental complexity: an artificial-life approach to modeling warfare. Alexandria: Center for Naval Analyses, 1999.

[88] Hunt C W. Simulation-uncertainty factor drives new approach to building simulations. Signal-Fairfax, 1998, 53(2): 75-78.

[89] Bryant E. Tsunami: the Underrated Hazard. Berlin :Springer, 2014.

[90] Cares J R. The use of agent-based models in military concept development// Proceedings of the Winter Simulation Conference, New York, 2002: 935-939.

[91] Darbyshire P, Abbass H, Barlow M, et al. A prototype design for studying emergent battlefield behaviour through multi-agent simulation// Proceedings of Japan-Australia Workshop on

Intelligent and Evolutionary Systems, New York, 2000: 71-78.
[92] Heinze C, Smith B, Cross M. Thinking quickly: agents for modeling air warfare//Australian Joint Conference on Artificial Intelligence, Heidelberg, 1998: 47-58.
[93] Coradeschi S, Karlsson L, Törne A. Intelligent agents for aircraft combat simulation// Proceedings of the 6th Conference on Computer Generated Forces and Behavioral Representation, New York, 1996: 165-178.
[94] 于卫红. 基于 JAD 平台的多 Agent 系统开发技术. 北京: 国防工业出版社, 2011.
[95] 朱朝磊. 基于多智能体系统的快速路宏微观交通流建模与仿真. 北京:北京工业大学, 2016.
[96] 廖守亿, 陈坚, 陆宏伟. 基于 Agent 的建模与仿真概述. 计算机仿真, 2008, 25(12):1-7.
[97] 周德超. 基于 repast 仿真框架的蚁群算法设计与实现. 武汉理工大学学报, 2007, 29(8): 121-124.
[98] Luke S, Cioffi-Revilla C, Panait L, et al. Mason: a multiagent simulation environment. Simulation, 2005, 81(7): 517-527.
[99] Borshchev A, Brailsford S, Churilov L, et al. Multi-method modelling: AnyLogic. Discrete-Event Simulation and System Dynamics for Management Decision Making, 2014,6: 248-279.
[100] 周蔓. 复杂系统分布仿真平台中 Agent 建模技术的研究与实现. 长沙:国防科技大学, 2013.
[101] Dahmann J S. High level architecture for simulation// Proceedings First International Workshop on Distributed Interactive Simulation and Real Time Applications, Montreal, 1997: 9-14.
[102] Dahmann J S, Kuhl F, Weatherly R. Standards for simulation: as simple as possible but not simpler the high level architecture for simulation. Simulation, 1998, 71(6): 378-387.
[103] 周彦, 戴建伟. HLA 仿真程序设计. 北京:电子工业出版社, 2002.
[104] 刘震宇. HLA 仿真系统互联工具研究. 哈尔滨:哈尔滨工业大学, 2013.
[105] Han Z, Sun H, Fan B, et al. The general model of atom-type simulation members in crowd network// Proceedings of the 4th International Conference on Crowd Science and Engineering, Beijing, 2019: 161-167.
[106] Zou J, Wang K, Sun H. An implementation architecture for crowd network simulations. International Journal of Crowd Science, 2020, 9:97-106.
[107] Zou J, Sun H, Fan B, et al. A general simulation framework for crowd network simulations// Proceedings of the 4th International Conference on Crowd Science and Engineering, Shanghai, 2019:12-19.
[108] Anylogic. Anylogic 中国. http://www. anylogic-china. com/about/[2020-9-13].
[109] 寇力, 范文慧, 宋爽, 等. 基于多智能体的装备保障体系建模与仿真. 中国科学, 2018, 48(7):794-809.
[110] 邢彪, 曹军海, 宋太亮. 基于多 Agent 仿真的装备保障体系供应保障系统设计与实现. 指挥控制与仿真, 2016, 38(2):103-105.
[111] 尹丽丽, 寇力, 范文慧. 基于多 Agent 的装备保障体系分布式建模与仿真方法. 系统仿真学报, 2017, 29(12):3185-3194.